由于我国国土面积庞大，山地丘陵众多，边坡地质灾害频发，柔性防护系统应用场
阔，使其发展迅速，目前已有 500 余家公司从事相关产业。自 2010 年起，西南交通
防护结构研究中心依托陆地交通地质灾害防治技术国家工程研究中心，通过 300 余
尺冲击试验、多次原位冲击试验以及上千次高精度数值仿真分析，在耗能元件升级、
装置研制、新型系统开发等多方面取得了研究成果，获授权 60 余项国内外发明专利。
深知专利在科研创新、技术进步、产品迭代、市场竞争等各方面扮演着重要角色，
编写了本书，以期通过对国内外专利情况的分析和对比，为柔性防护工程领域从业
提供参考，进一步助推行业整体技术水平的提升。

书从国内柔性防护工程专利申请趋势、区域分布、技术分布、主要申请人等方面
整体情况分析，从结构体系、柔性网片、耗能装置、支撑连接节点等专业方向进
体分析，选取柔性棚洞、主动防护系统、被动防护系统、引导式防护系统等具有
的柔性防护产品进行了举例与分析，针对易安拆维护技术、高能级防护技术、灾
预报技术等柔性防护领域关键性重难点技术进行了分析。同时，本书还梳理了本
重要申请人及其核心技术，列举了近期发生的柔性防护工程相关专利诉讼案件，
本领域国外专利的情况。希望通过对柔性防护领域国内外现有专利的梳理分析，
防护领域的关键技术、研究进展以及发展方向。

共包含 8 章，作者团队由富有柔性防护领域专利创造经验的高校教师和研究生
中，第 1 章和第 2 章由齐欣编写，第 3 章和第 4 章由许浒编写，第 5 章和第 6
编写，第 7 章和第 8 章由田永丁编写，余志祥负责全书的审核工作，赵世春负
审定工作。此外，廖林绪、余子涵、郝超然、邓芊芊、杨德帅、罗锦涛参与了
校工作。本书编写过程中还得到了北京大地智谷知识产权代理事务所（特殊普
和北京正华智诚专利代理事务所（普通合伙人）等专利代理公司的数据支持。
专利检索难免会有遗漏，书中不足之处恳请广大读者批评指正，欢迎业内同行
大学防护结构研究中心联系交流。

西南交通大学防护结构研究中心
成都西南交通大学设计研究院有限公司
2022 年 4 月 24 日

柔性防护工程
专利技术分析

余志祥　许浒　齐欣　赵雷　田永丁　赵世春 ◎ 编著

西南交通大学出版社
·成 都·

图书在版编目（ＣＩＰ）数据

柔性防护工程专利技术分析 / 余志祥等编著. —— 成
都：西南交通大学出版社，2023.10
ISBN 978-7-5643-9494-3

Ⅰ. ①柔… Ⅱ. ①余… Ⅲ. ①防护工程－专利技术
Ⅳ. ①TU761.1②G306.0

中国国家版本馆 CIP 数据核字（2023）第 184202 号

Rouxing Fanghu Gongcheng Zhuanli Jishu Fenxi
柔性防护工程专利技术分析

余志祥 　许浒 　齐欣 　赵雷 　田永丁 　赵世春 　**编著**

责任编辑	韩洪黎
封面设计	GT 工作室

出版发行	西南交通大学出版社 （四川省成都市金牛区二环路北一段 111 号 西南交通大学创新大厦 21 楼）
邮政编码	610031
营销部电话	028-87600564　028-87600533
网址	http://www.xnjdcbs.com
印刷	成都蜀雅印务有限公司

成品尺寸	185 mm×260 mm
印张	15.75
字数	346 千
版次	2023 年 10 月第 1 版
印次	2023 年 10 月第 1 次
定价	60.00 元
书号	ISBN 978-7-5643-9494-3

前言

科技创新与进步是经济增长的引擎、社会发展的重要驱动力。改革
了四十余年的飞速发展，我国经济实力、科技实力、综合国力跃上了新
国家正处于重要战略机遇期，新一轮科技革命持续深入发展，带来了□
挑战。国家"十四五"规划提出，坚持创新在我国现代化建设全局中□
技自立自强作为国家发展的战略支撑。在激烈的科技竞争中，专利作□
的代表性输出成果，象征着专利权人的科技创新能力。

创新性成果形成专利具有重要意义。对于科研工作者来说，获职
想或某项技术在创新性及实用性方面得到认可，可为相关科研工作□
和系统的研究思路；对于专利权人来说，专利在市场占比、产品宣□
面都有积极影响，专利保护了专利权人的创新成果，可以防止他人□
自身的竞争力，专利还能够通过出售、转让、授权等方式为专利□
于市场来说，专利刺激着各个企业活跃地投入市场竞争中，保持□
业进步。国家"十四五"规划明确指出，要加强知识产权保护，□
转化成效。在这种背景下，我们针对"柔性防护工程"领域的专□

柔性防护系统施工快速、安装便捷、防护能力突出，在防□
独特的优势，其工作原理可概括为"以柔克刚"，能达到"事半□
受到冲击时，它会发生柔性大变形，在同等能级下能形成较大□
平均冲击力。早期的柔性防护工程主要用于军事用途，例如□
北欧一些国家将其用于雪崩拦截。20 世纪 60 年代以后，欧洲□
其应用于拦截崩塌滚石、坡面碎屑流或泥石流。经过约 60 年□
护能级以及防护性能得到极大提升，逐渐由单一的拦截部件□

目　录

第 1 章

PART ONE

研究概况

1.1 研究背景

中国大陆约有 2/3 的面积为山地，自古以来，我国便是滑坡、崩塌、泥石流等坡面地质灾害高发的国家。近年来，地壳运动活跃、地震频发，特别是 2008 年"5·12"汶川特大地震的发生使得灾区山体进一步破碎，岩土体的稳定性大大降低。同时，相关研究表明，地震灾区坡面地质灾害的时间滞后效应显著，其影响往往可持续 30 年甚至更长时间。据统计，近年来我国坡面地质灾害呈现逐年剧增的趋势，且危害性、影响性日益增大，灾害防治所面临的形势愈加严峻。

随着西部大开发的深入、交通强国战略的实施以及川藏铁路的建设，坡面地质灾害的有效防治在民生安全与重要基础设施建设及有效运营方面的重要性愈加突出。习近平总书记也多次强调："加强自然灾害防治关系国计民生，要建立高效科学的自然灾害防治体系，提高全社会自然灾害防治能力，为保护人民群众生命财产安全和国家安全提供有力保障。"国家对防灾减灾事业的重视程度不断提升以及对科学防灾的规划布局日益清晰，也将高性能防护结构的研发工作推向了更高的战略定位。

对于目前坡面地质灾害的防护，柔性防护系统施工快速、安装便捷、防护能力突出，具有独特的优势。柔性防护结构的工作原理可概括为"以柔克刚"，能达到"事半功倍"的效果。在受载时，柔性防护结构会发生柔性大变形，在同等能级下能形成较大的冲击距离，可降低平均冲击力。早期的柔性防护网主要用于军事用途，例如拦截水下潜艇和鱼雷。第二次世界大战以后，北欧一些国家将其用于雪崩拦截。20 世纪 60 年代以后，欧洲各国对柔性网进行了改进，并将其应用于拦截崩塌滚石、坡面碎屑流或泥石流。经过约 60 年的发展，柔性防护网的防护能级以及防护性能得到极大提升，逐渐由单一的拦截部件转变为精密灵巧的拦截系统。

经过多年研究，中国在柔性防护网系统试验、检验平台研制、柔性防护结构系统多柔体系统动力学理论创建、体系化高性能柔性防护结构技术与产品开发、柔性防护网结构技术标准体系建立等方面取得重要突破，研究成果已广泛应用在中国大陆的铁路、公路、水利等行业领域，并跟随"一带一路"倡议步伐，成功推广至中国台湾、中国香港、印度、印度尼西亚、马来西亚等地。从整体形势来看，中国柔性防护系统技术已经处于国际先进水平，但自主知识产权在国际上的认可度尚不明了，相关专利技术在国际市场中的竞争力还有待提高，明确柔性防护系统领域专利现状对行业发展有重要意义。

1.2　研究目的

本书对技术、技术领域和特定产品均进行了详细分析，以了解本技术领域的发展现状、发展方向、发展路线和潜在改进方向。

本书的检索分析主要是FTO检索，即自由实施分析（Freedom-to-Operate Search），通过检索特定领域和特定申请人的现有专利技术、产品，以标识出高相关度、高创新性的专利，从而为甲方的技术实施、专利研发提供导向和指引，避免后续专利申请和研发实施中，出现侵权或重复研究等问题。

同时，通过检索分析对特定领域的专利申请人进行标识，以便甲方在后续生产、科研等活动中，明确该特定领域的竞争现状，从而为更有效的决策提供参考。

1.3　研究领域

本书主要针对柔性防护技术，其具体属于土木建筑、水利、交通运输施工及地质灾害研究相关技术领域，而不属于建筑结构、抗震技术、电气设备以及保护特定设备用的防护工具（如电网中设备对应的防护网）等技术领域。

本书的柔性防护系统主要为用于地质灾害防治的防护结构，使用时，主要用于拦截危岩落石、泥石流、崩塌、滑坡和雪崩等地质灾害。

具体来讲，本书主要针对柔性防护系统结构体系、柔性网片、耗能器、支撑及连接节点等相关专利进行分析，其功能可以细分为防护、缓冲、消能和耗能等。进一步地说，本书主要研究在土木工程、交通工程中用于防冲击、冲撞、坠落等情况的防护技术和设备。

本书主要包括两个重点，一是前期的专利检索，二是基于检索的专利文献进行专利分析，其中柔性防护系统相关技术的检索式示例如下：

TI=防护网 OR TI=支护网 OR(TI=冲击 OR TI=缓冲)AND(TIABC=柔性 AND TIABC=引导) AND IPC=E

TI=防护网 OR TI=支护网 OR(TI=冲击 OR TI=缓冲)AND(TIABC=柔性 AND TIABC=引导 AND TIABC=耗能) AND （ TI=网 OR TI=器 OR TI=件 OR TI=装置) AND IPC=E

其中，TI为标题，TIABC即关键词，IPC为专利的分类号（例如分类号E为土建工程技术领域）。

耗能器相关技术的检索式示例如下：

（TI=耗能 OR TI=消能 OR TI=阻尼 ）AND（TI=器 OR TI=件 OR TI=装置 ）AND（ TIABC=自复位 OR TIABC=减震 ）AND IPC=E

本书检索分析中还包括一类特殊的防护结构，即明洞/棚洞/挑棚。这一类结构除前述技术领域外，还存在于物理实验技术领域。

另外，本书检索分析除上面提到的防护、缓冲、消能和耗能等技术功效外，还包括防坠、防爆等领域的柔性防护技术。

1.4　技术内容

分析路线：先对整体技术进行分析，再将技术精确到具体领域，对具体细分领域的发展状况进行精确分析。

本书主要包括基于各领域的整体检索结果概况，如申请人整体的时间和区域分布，以及技术分类的时间和区域分布。

其次，针对重点领域或者高相关度领域的专利技术，进行进一步详细检索分析，并给出针对该领域分析结果的总结。

然后，对本领域投入较多或成果较多的重点申请人，进行针对性分析和说明，以明确其对应的基本信息和在本领域的现状。

同时，本书还对国际上的边坡柔性防护技术进行针对性检索分析，给出其在本领域的技术分布概况。

最后，根据上述分析，给出在柔性防护领域的专利分布情况和走向的整体评估预测结果。

PART TWO

第 2 章

检索分析范围及方法

本章节主要基于前述要求和内容，简述在实际分析中所涉及的具体数据库范围和检索分析方法。检索范围包括国内申请、授权发明、实用专利，PCT 进入中国专利，以及国外数据库中对应的专利。检索分析方法包括通过 TIABC 关键词、TI 关键词、IPC 关键词进行联合检索。

2.1 检索范围

本书检索分析中涉及的数据库如表 2.1 所示。

表 2.1 本书检索涉及数据库及其网址

专利数据库	专利数据库网址
中国国家知识产权局	http://www.pss-system.gov.cn/sipopublicsearch/
美国专利商标局	http://patft.uspto.gov/
英国专利局	https://www.gov.uk/government/organisations/intellectual-property-office
日本特许厅	http://www.jpo.go.jp/
欧洲专利局	http://ep.espacenet.com/
世界知识产权组织	http://www.wipo.int/

由于 2007 年之前的专利文献很少，检索的时间范围以 2007—2020 年为主。其中，2021 年上半年的申请量数据由于距现在时间过近，绝大部分尚未公开，因此不具有参考价值，本书不做分析。

2.2 检索方法

下面介绍本次分析中，检索评估准确性的方法。

本次检索主要是以关键词检索为主，主要包括结构特征、应用领域和解决问题几个方面,同时排除非目标领域和目标用途的专利。

中文整体检索式如下:

(((TI=(防护 OR 支护 OR 冲击 OR 缓冲 OR 泥石流 OR 滚石 OR 落石 OR 耗能 OR 消能 OR 灾害 OR 柔性 OR 网) AND TIABC=(消能 OR 柔性 OR 防护 OR 支护 OR 落石) AND DES=(植被 OR 边坡 OR 地质 OR 灾害 OR 落石 OR 泥石流 OR 崩塌 OR 滑坡 OR 雪崩 OR 隧道)) AND ((TI=(网 OR 石笼 OR 棚洞 OR 棚架 OR 石 OR 试验 OR 柔性 OR 消能 OR 耗能 OR 拦) AND TIABC=(支撑 OR 棚洞 OR 棚架 OR 柱 OR 系统 OR 消能器 OR 消能装置 OR 耗能器 OR 耗能装置 OR 柔性 OR 落石)))OR TI=棚洞)AND IPC=(E01D OR E01F OR E02B OR E02D OR E21D OR G01)) AND ((PNC=("CN")) NOT (IPC=(H01 OR C OR A OR E21B OR H02) OR TIABC=(气体 OR 医学 OR 溶 OR 家具 OR 电网 OR 电器 OR 信息处理) OR TI=(维修 OR 车 OR 扣 OR 生产 OR 预警 OR 压桩 OR 监测 OR 导航 OR 定位 OR 传感 OR 电子) OR AP=(船舶 OR 家 OR 汽车) OR DES=(劳动强度 OR 采气 OR 采油 OR 保温 OR 加强绿化 OR 污染))

其中,如下部分为功能相关限定:

((TI=(防护 OR 支护 OR 冲击 OR 缓冲 OR 泥石流 OR 滚石 OR 落石 OR 耗能 OR 消能 OR 灾害 OR 柔性 OR 网) AND TIABC=(消能 OR 柔性 OR 防护 OR 支护 OR 落石) AND DES=(植被 OR 边坡 OR 地质 OR 灾害 OR 落石 OR 泥石流 OR 崩塌 OR 滑坡 OR 雪崩 OR 隧道))

如下部分为结构相关限定:

((TI=(网 OR 石笼 OR 棚洞 OR 棚架 OR 石 OR 试验 OR 柔性 OR 消能 OR 耗能 OR 拦) AND TIABC=(支撑 OR 棚洞 OR 棚架 OR 柱 OR 系统 OR 消能器 OR 消能装置 OR 耗能器 OR 耗能装置 OR 柔性 OR 落石))) OR TI=棚洞)

如下部分为领域限定:

IPC=(E01D OR E01F OR E02B OR E02D OR E21D OR G01)) AND((PNC=("CN"))

如下部分为否定性限定:

NOT (IPC=(H01 OR C OR A OR E21B OR H02) OR TIABC=(气体 OR 医学 OR 溶 OR 家具 OR 电网 OR 电器 OR 信息处理) OR TI=(维修 OR 车 OR 扣 OR 生产 OR 预警 OR 压桩 OR 监测 OR 导航 OR 定位 OR 传感 OR 电子) OR AP=(船舶 OR 家 OR 汽车) OR DES=(劳动强度 OR 采气 OR 采油 OR 保温 OR 加强绿化 OR 污染)

英文整体检索式如下:

(TI=((Protective) OR (retaining) OR (Shock) OR (buffer) OR (debris flows) OR (Rolling Stone) OR (rockfall) OR (energy consumption) OR (energy-minimized) OR(disaster)OR(flexible)OR(net)) AND TIABC=((energy-minimized)OR(Protective) OR (Support) OR (rockfall)) AND DES=((vegetation) OR (slopes) OR (Geological) OR(disaster)OR(debris flows)OR(collapse)OR(landslide)OR(avalanche)OR(tunnel)) AND TI=((net) OR (Stone cage) OR (Shed) OR (rock) OR (test) OR (Flexible) OR

(Energy dissipation) OR (Energy consumption) OR (bar)) AND TIABC= ((support) OR (Shed) OR (colum) OR (system) OR (Energy dissipater) OR (Energy dissipation device) OR (Energy dissipater) OR (Energy consuming device) OR (Flexible) OR (Falling rock)) OR TI= (Shed) AND IPC= (E01D OR E01F OR E02B OR E02D OR E21D)) NOT (IPC= (H01 OR C OR A OR E21B OR H02 OR G01 OR A01 OR H04 OR F16)OR TIABC=(((gas) OR (gaseous fluid)) OR ((medical science) OR (medicine) OR (iatrology) OR (physic)) OR ((dissolve) OR (dissolution) OR (lution) OR (lysis)) OR ((furniture) OR (house furnishings) OR (gear) OR (encoignure)) OR ((electrified wire netting) OR (live wire entanglement) OR (power grid)) OR ((electrical equipment) OR (electric appliance)) OR ((information processing) OR (information handin))) OR TI= (((repair) OR (service) OR (aintain)) OR ((vehicle) OR (wheeled machine) OR (instrument) OR (machine)) OR ((knot) OR (buckle) OR (button)) OR ((production) OR (produce) OR (manufacture) OR(childbirth))OR((Piling)OR(over-pressured pile))OR((testing check)OR(detection) OR (gauging)) OR (Navigation) OR ((fixed position) OR (location) OR (orientation)) OR ((Sensing) OR (sense)) OR ((Electronics) OR (electron))) OR AP= (((a ship) OR(ping)OR(boats AND ships)OR(vessel)OR(watercraft))OR((family)OR(household) OR(home))OR((automobile)OR(motor vehicle)OR(car)))OR DES=((labour intensity) OR((Gas recovery)OR(gas collection))OR((extract oil)OR(extraction)OR(oil recovery)) OR ((keep warm) OR (preserve heat)) OR ((heat preservation) OR (insulation work)) OR (Strengthen greening) OR ((pollute) OR (contaminate))))

第3章
PART THREE

柔性防护系统领域专利分析

本章是基于第 2 章中 2.2 节的整体检索式检索得到的近 1 700 项专利文献（含未授权专利申请、已授权专利及失效的专利）进行的整体分析。

本章在分析过程中将对应于同一个技术的公开专利申请及专利授权进行合并，同时排除大量与本项目完全不相关的专利文献，最终挑选出 1 281 项与边坡灾害防护系统相关度比较大的专利文献进行分析。

本章在对上述 1 281 项专利文献分析时，主要先从整体上进行分析，之后再对边坡灾害防护系统中的柔性防护系统、柔性防护系统结构体系、柔性网片、耗能器、支撑及连接节点等具体分支的专利申请趋势、专利区域分布、专利技术分布及主要申请人进行分析。

本章的分析主要集中于国内专利。

3.1 边坡灾害防护系统专利总体分析

下面以图表的形式对边坡灾害防护系统涉及的专利进行展示，并辅以文字对图表表征的信息进行详细说明。

本节主要对边坡灾害防护系统 2007—2020 年的全部专利文献从整体趋势、专利区域分布和专利技术等角度进行分析。

在进行分析之前，首先对筛选出的 1 281 项专利文献最新法律信息进行分析，专利的法律状态在侵权诉讼、产品引进、产品出口、技术转让、企业并购、新产品开发、新项目申报等方面都有重要作用。通过分析当前法律状态的分布情况，可以了解分析目标中专利的权利状态及失效原因，以作为专利价值或管理能力评估、风险分析、技术引进或专利运营等决策行动的参考依据。

边坡灾害防护系统整体法律状态参考图 3.1。

一项专利仅在处于有效状态时，才能对其请求的技术方案进行保护。如图 3.1 所示，在边坡灾害防护技术领域，当前处于有效状态的专利总量为 704 项，处于实质审查和公开阶段的专利申请 253 项，这一部分专利能否授权还处于待定状态。

其中，未缴纳年费、撤回、驳回和期限届满合计 302 件，这 302 项专利文献虽然已处于失效状态，但是这一批专利文献对相应领域的研发人员/企业而言，是一笔巨大的财富，研发人员/企业可以灵活使用其认为有价值的专利技术。

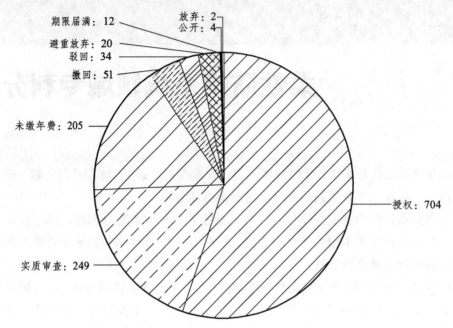

图 3.1 边坡灾害防护系统整体法律状态

避重放弃的 20 项专利，是发明和实用新型专利同时申报的专利申请，虽然已失效，但是在利用这一部分资源时，需要先确认其对应的发明是否处于有效状态，使用这部分技术时还需慎重。

3.1.1 专利申请趋势

专利申请趋势可以从宏观层面把握分析对象在各时期的专利申请热度变化，申请数量的统计范围是目前已公开的专利。一般发明专利在申请后 3～18 个月公开，实用新型专利和外观设计专利在申请后 6 个月左右公开。

由于 2002—2006 年的专利数据量很小，2021 年公开的数据有限，分析相对不准确，为了方便数据的展示及图表的绘制，此处进行专利申请趋势分析时采用的专利数据覆盖年度为 2007—2020 年。

行业在发展中，其生命发展周期主要包括四个发展阶段：萌芽期、成长期、成熟期、衰退期。

从检索的数据统计看，在 2002 年—2006 年期间专利公开数据不足 10 项，此时期为技术的萌芽期。

如图 3.2 所示，2007—2019 年期间专利申请量由年均 4 件逐渐增长至年均 250 件左右，这一时期可以认定为技术成长期，其中 2014 年和 2015 年的数据基本无太大变化，很大可能是这两年期间遇到了技术瓶颈，致使专利数据没有出现太大的变化。

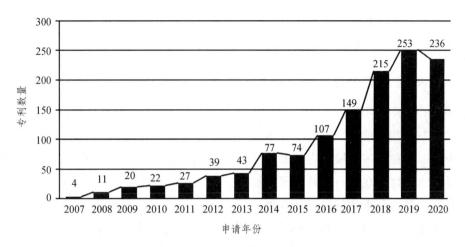

图 3.2　2007—2020 年专利申请趋势

其中，2019 年和 2020 年的专利数据虽然有小幅下降，但是从技术生命发展周期看，由于还未进入成熟期，行业不太可能直接从成长期进入衰退期，专利量出现的小幅下降极有可能是 2020 年离现在时间较近，分布数量不足导致。

图 3.3 展示的是专利申请量和公开量的发展趋势，通过趋势可以从宏观层面把握分析对象在各时期的专利布局变化。

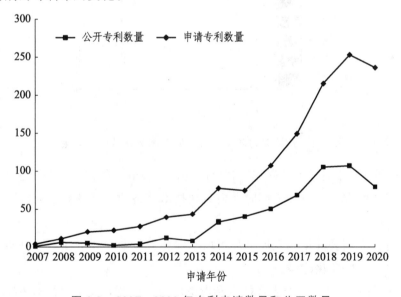

图 3.3　2007—2020 年专利申请数量和公开数量

如图 3.3 所示，在 2007—2020 年这 13 年期间，本领域专利的申请和公开趋势基本一致，其中公开专利数据略低于申请专利数据，这主要是发明专利在申请后 3～18 个月公开，实用新型专利和外观设计专利在申请后 1～15 个月公开。

走势一致的申请和公开数据可以表明本领域技术正处于持续发展阶段，技术处于持续创新中，申请的发明创造性普遍性较高，专利的整体技术价值较高。

两者的趋势走向并未出现明显拐点，表明目前本行业并未出现难以攻克的技术瓶颈，因而整体申请量和授权率能够保持正向增长的趋势。

3.1.2 专利区域分布

如图 3.4 所示，国内在边坡灾害防护系统领域的专利主要分布在四川、陕西、山东、北京、重庆、江苏、浙江、湖北、安徽和河南等省市。

其中，四川在这一领域的专利数量高达 470 件左右，超过第二至第五名的申请量之和，这说明四川地区在这一领域的研究投入最多，成果也最多。除此之外，主要是陕西、山东和北京，其专利申请量接近 100 件。

其后的重庆、江苏、浙江、湖北、安徽和河南等省市的专利申请数量则整体持平，处于 60～100 件的区间中。

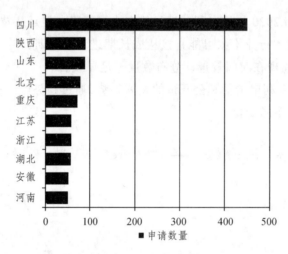

图 3.4　边坡灾害防护系统领域专利分布的省市排名

图 3.5 和图 3.6 分别展示了存在专利申请的各专利申请量和专利公开趋势，通过申请趋势分析，可以掌握各省市在不同时期内专利技术储备的数量及技术创新活跃程度的发展变化趋势。

通过各省市专利公开量的发展趋势可以掌握各省市专利技术在不同时期内公开或授权的专利数量及发展变化趋势。

对比图 3.5 和图 3.6，每个省市的专利申请区域与公开趋势走向基本一致，表明每个省市的技术储备及创新活跃程度都在持续增加，专利量的增加进一步表明边坡灾害防护系统的市场正在逐渐打开。

对比所有省市的专利申请趋势和公开趋势，可以发现四川在 2013—2019 年专利申请量呈现出爆发式增长，远远大于其他省市，这从某种程度上可以反映，四川省在柔性防护系统方面拥有大量的研发投入、技术成果产出及较大的产品市场规模。

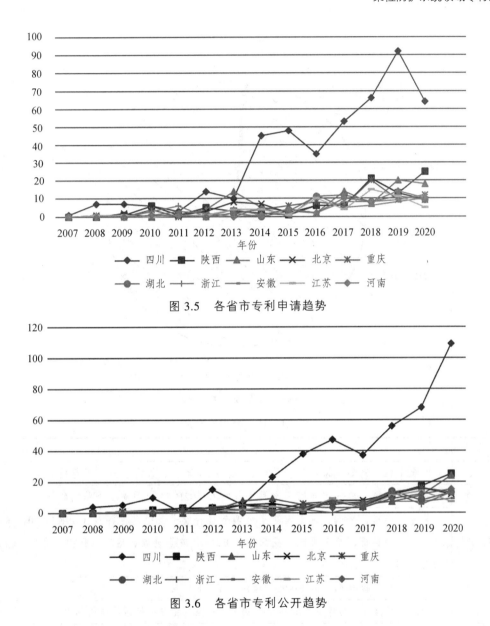

图 3.5 各省市专利申请趋势

图 3.6 各省市专利公开趋势

3.1.3 专利技术分布

图 3.7 展示的是边坡灾害防护技术在各技术方向的数量分布情况,通过该图可以了解分析对象覆盖的技术类别,以及各技术分支的创新热度。可以看出,E01F、E02D、E21D 和 E02B 的专利数量分别为 495、428、197 和 196,四个类别占比在 80% 左右。图 3.7 中各 IPC 分类号的含义参见表 3.1。

从技术分支 E01F、E02D、E21D 和 E02B 的占比看,这些方向是目前的热门发展方向;从专利申请量看,这些方向的专利布局相对比较完善,若企业打算从这几个方向进入边坡灾害防护产品市场,容易受先入企业布局的基础专利的制约,若资金充足,可以采用并购、合作、购买专利等方式进入热门技术发展方向。

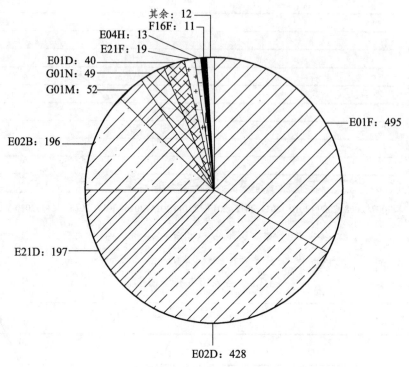

图 3.7 边坡灾害防护系统的技术构成

表 3.1 IPC 分类号含义

分类号	含义
E01F	附属工程（例如道路设备和月台、直升机降落台、标志、防雪栅等的修建）
E02D	基础，挖方，填方（专用于水利工程的入 E02B），地下或水下结构物
E21D	竖井，隧道，平硐，地下室（土壤调节材料或土壤稳定材料入 C09K17/00，采矿或采石用的钻机、开采机械、截割机入 E21C，安全装置、运输、救护、通风或排水入 E21F）
E02B	水利工程（提升船舶入 E02C，疏浚入 E02F）
G01M	机器或结构部件的静平衡或动平衡测试，其他类目中不包括的结构部件或设备的测试
G01N	借助测定材料的化学或物理性质来测试或分析材料（除免疫测定法以外包括酶或微生物的测量或试验入 C12M、C12Q）
E01D	桥梁（在航站楼和飞机之间架设的供乘客上下飞机用的桥入 B64F1/305）
E21F	矿井或隧道中或其自身的安全装置，运输、充填、救护、通风或排水
E04H	专门用途的建筑物或类似的构筑物，游泳或喷水浴槽或池，桅杆，围栏，一般帐篷或天篷（基础入 E02D）
F16F	弹簧，减震器，减振装置

图 3.8 展示的是各技术分支的专利申请量的分布情况和发展趋势，通过分析各阶段的技术分布情况，有助于了解特定时期的重要技术分布，挖掘近期的热门技术方向和未来

的发展动向，有助于对行业有一个整体认识，并对研发重点和研发路线进行适应性调整，对比各技术方向的发展趋势，有助于识别哪些技术发展更早、更快、更强。

从发展时间上看，边坡灾害防护柔性防护技术最早应用于水利工程的基础或构筑物（E02D）、道路等建设工程的附属工程（E01F）和井/隧道/地下室内设备（E21D）三个领域，并持续发展，然后逐渐在水利工程（E02B）、机器或结构部件的静平衡或动平衡测试（G01M）和用于物理性质测量的试验（G01N）等领域开始投入。

而在道路等建设工程的附属工程（E01F）领域是 2007 年开始有正式投入和成果，从 2014 年开始，道路等建设工程的附属工程（E01F）领域专利成果数量超过用于水利工程的基础或构筑物（E02D），成为全球技术领域中申请量最高的领域。

由此可以表明，道路等建设工程的附属工程（E01F）的技术在逐步成为边坡灾害防护技术的最热门领域。

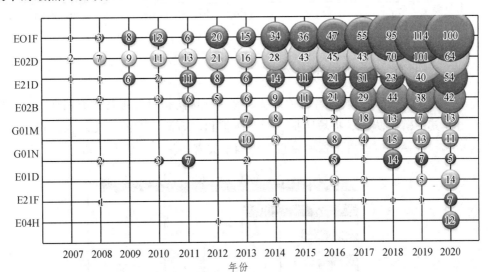

图 3.8　边坡灾害防护系统各技术分支的专利申请趋势

图 3.9 展示的是各技术领域不同功效的专利数量分布情况，有助于了解各类技术的主要应用特征，从而对研发路线进行适应性调整。

从图 3.9 中可以看出，目前在边坡灾害防护领域，主流技术功效包括提高便利性、安全性、可靠性、稳定性、防护性、速度、能力、效率以及降低成本、复杂性。

其中，E02B、E21D、E02D 和 E01F 在每个技术功效上都存在大量的专利申请，尤其是在提高便利性、安全性、稳定性、防护性和降低成本、复杂性方面。由此可以表明，这些技术方向是目前发展的主流方向，后入企业想立足这些技术分支难度较大。

基于边坡灾害防护系统的技术功效分析可知，后入企业若想在边坡灾害防护拥有市场，可以从 G01M、G01N、E01D、E21F、E04H、F16F 等领域着手进行技术研发，进行专利布局。

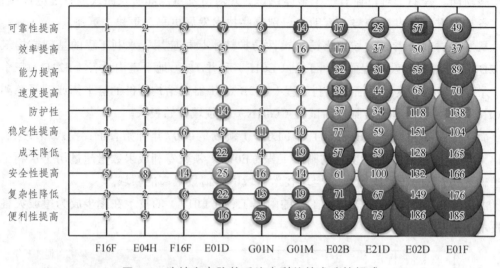

图 3.9　边坡灾害防护系统专利的技术功效组成

3.1.4　边坡防护系统类型分布

图 3.10 展示的是对边坡灾害防护系统所有专利按防护目标进行的类别划分。从图中可以看出，其中落石防护、护坡防护、隧洞防护和泥石流防护的占比较大，几乎占所有灾害的 90%，进一步可以看出这些是目前市面上灾害防护产品的主要市场。

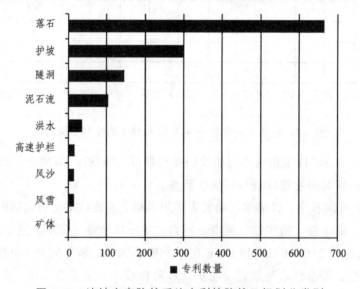

图 3.10　边坡灾害防护系统专利按防护目标划分类别

图 3.11 是基于边坡灾害防护系统所有专利按刚度进行的类别划分，专利申请对应的产品刚度分别为刚性、柔性和半刚性三种类型，其中柔性的防护系统占比最大，约占所有专利的 60%，进一步印证了目前柔性的防护系统对各种边坡灾害防护效果更好，市场应用前景相对更广。

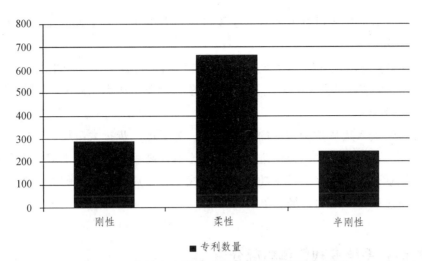

图 3.11　边坡灾害防护系统专利按刚度划分类别

图 3.12 是将边坡灾害防护系统所有专利按结构体系进行的类别划分。从图中可以看出，目前被动网、支撑锚固装置、棚洞、支挡拦截结构和主动网占比相对比较大，其中被动网尤为突出。

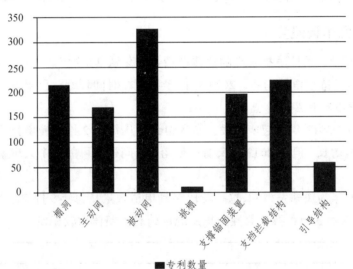

图 3.12　边坡灾害防护系统专利按结构体系划分类别

结合上述防护目标、刚度及结构体系三个类别看，落石防护、柔性防护系统及被动网三个方向布局的专利数量最多，企业在发展中，从这几个角度进行综合考虑无疑是至关重要的。

3.1.5　小　结

（1）边坡灾害防护领域整体专利申请趋势持续增加，且授权率较高；申请人数量持续扩大，处于技术发展期，研发和应用前景较好。

（2）边坡灾害防护领域的专利布局主要以四川省为主，多个省市在这一领域的申请量分布较为平均。

（3）边坡灾害防护领域相关专利主要集中在 E01F（附属工程，例如道路修建）、E02D（基础，挖方，填方）、E21D（竖井，隧道，平硐，地下室）和 E02B（水利工程），在其他领域则分布较少。

（4）对于已进入边坡防护领域的企业而言，为了进一步扩大市场，可以从技术功效图中寻找专利布局相对较少的方向进行突破，比如提高可靠性。对于即将进入边坡灾害防护领域的企业而言，可以从技术功效图中寻找专利布局相对较少的方向进行突破，或者通过技术引进取得一定的市场竞争力。

3.2　柔性防护系统专利整体情况分析

本节研究的对象为边坡灾害防护系统中按刚度划分后的柔性防护系统，筛选出 667 项关于柔性防护系统的专利文献进行分析，此次分析主要从专利的申请趋势、专利区域分布、专利技术分布、专利申请人及柔性防护系统类型分布几个角度出发。

3.2.1　专利申请趋势

如图 3.13 所示，柔性防护系统的整体申请量变化从 2007 年的 2 件，新增至 2019 年的 135 件，整体呈持续增长趋势，2020 年由于距现在时间较近，已申请专利大部分处于未公开状态，故不具有参考价值。

其中，2007—2013 年为起步阶段，专利申请量从每年 2 件缓慢增长至每年 9 件，在 2012 年出现小幅增长，但在 2013 年又有所回落，其间极有可能受个人申请或单个技术布局的影响。

2013—2019 年为快速发展期，这一阶段专利申请数量从每年 9 件快速增长至每年 135 件，从 10 多年的发展历程看，柔性防护系统申请趋势整体比较稳定。

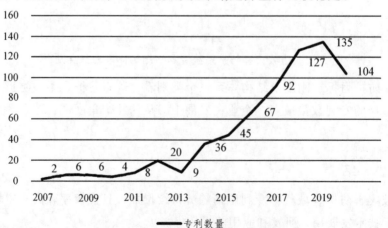

图 3.13　柔性防护系统专利申请趋势

3.2.2 柔性防护系统专利区域分布

从图 3.14 中可以看出柔性防护系统在各个省（市）的专利分布情况，其中四川的专利总申请量占比最大，为 39.89%，其次是陕西和重庆，占比均为 5.1%，其他省（市）占比依次减小。从目前占比可以看出，四川在柔性防护领域处于行业领先地位，专利的申请量一定程度上反映了目前产品市场的占比及重要技术分布的地区。

从图 3.14 的专利申请量占比看，企业想在柔性防护领域有较好的发展市场，可以在申请量占比较大的区域寻找合作伙伴或者进行研发合作和技术引进；客户想寻找比较好的供应商，也可以从占比较大的区域寻找最佳供应商。

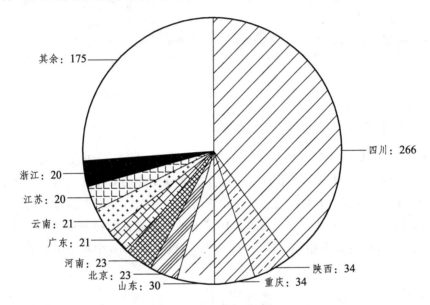

图 3.14　各省（市）柔性防护系统专利分布情况

通过分析各省（市）专利申请量的发展趋势，可以掌握各省（市）在不同时期内专利技术储备的数量及技术创新活跃程度的发展变化趋势。

从图 3.15 中可以看出，在各省（市）中，四川是最早进入柔性防护领域的，专利申请量从 2007—2013 年小幅上涨，2014 年之后一直处于快速增长阶段。其他省（市）在 2016 年之前，大部分都是每年偶有 1 至 2 件专利的申请量，大部分在 2016 年之后陆续才有专利数据呈现，且增长比较缓慢。

从每年申请量看，四川从 2014 年起，其申请量突破了每年 10 件，发展至 2019 年已突破每年 50 件；除四川外的其他省（市），仅重庆、山东和陕西偶有一次突破每年 10 件的数据量，其他省市都在接近 10 件的关卡徘徊。

从各省（市）申请趋势的走势看，都存在多个起伏点，可见在柔性防护技术发展过程中并非一路平坦，极有可能在发展过程中需要不断攻克技术壁垒。

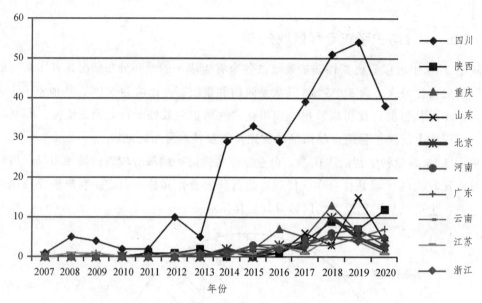

图 3.15 各省（市）柔性防护系统专利申请趋势

3.2.3 柔性防护系统专利技术分布

图 3.16 展示的是柔性防护技术在各技术方向（IPC 分类号）的数量分布情况，通过该图可以了解分析对象覆盖的技术类别以及各技术分支的创新热度。可以看出，技术分支 E01F、E02D、E21D 和 E02B 仍是目前的热门发展方向，专利申请量分别为 317 项、259 项、70 项和 82 项，对比图 3.7 和图 3.16，不难发现柔性防护领域与其上位的边坡灾害防护领域的技术构成基本相同，热门方向完全一致。图 3.16 中各个 IPC 分类号的含义参见表 3.2。

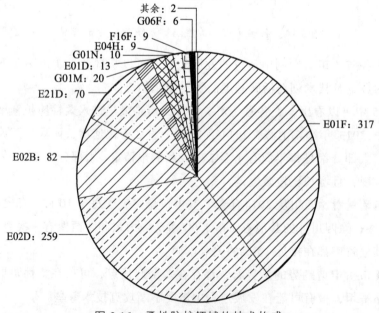

图 3.16 柔性防护领域的技术构成

表 3.2 IPC 分类号含义

分类号	含义
E01F	附属工程（例如道路设备和月台、直升机降落台、标志、防雪栅等的修建）
E02D	基础，挖方，填方（专用于水利工程的入 E02B），地下或水下结构物
E02B	水利工程（提升船舶入 E02C，疏浚入 E02F）
E21D	竖井，隧道，平硐，地下室（土壤调节材料或土壤稳定材料入 C09K17/00，采矿或采石用的钻机、开采机械、截割机入 E21C，安全装置、运输、救护、通风或排水入 E21F）
G01M	机器或结构部件的静平衡或动平衡测试，其他类目中不包括的结构部件或设备的测试
E01D	桥梁（在航站楼和飞机之间架设的供乘客上下飞机用的桥入 B64F1/305）
G01N	借助测定材料的化学或物理性质来测试或分析材料（除免疫测定法以外包括酶或微生物的测量或试验入 C12M、C12Q）
E04H	专门用途的建筑物或类似的构筑物，游泳或喷水浴槽或池，桅杆，围栏，一般帐篷或天篷（基础入 E02D）
F16F	弹簧，减震器，减振装置
G06F	电数字数据处理（基于特定计算模型的计算机系统入 G06N）

在边坡灾害防护领域中，E01F、E02D、E21D 和 E02B 的专利数据分别为 495 项、428 项、197 项和 196 项，柔性防护领域的 E01F、E02D、E21D 和 E02B 相对边坡灾害防护领域 E01F、E02D、E21D 和 E02B 的专利量的占比分别高达 53.11%、60.41%、35.53%、41.84%，而就柔性防护领域的专利申请量而言，E01F、E02D 仍保持原有的第一、第二名。

图 3.17 展示的是柔性防护领域的各技术方向专利在每个省（市）的分布情况，前五名分别为四川、陕西、重庆、山东和北京，其与图 3.14 中省（市）排名一致。从分类号看，四川在附属工程和基础建设方面遥遥领先于其他省（市）。

除四川的专利数据高达 370 项外，其他城市的整体专利数据不足 50 项，就每个城市研究的热点方向而言，仅四川可以快速辨识出热门方向为 E01F，其城市都不明显。

从图 3.14 中看出，四川在柔性防护领域的专利数量为 266 项，但是从图 3.17 看，其专利数量为 370 余项，远超出 266 项，其中主要原因为不少专利文献对应了多个主分类项。

图 3.18 展示的是柔性防护技术在各技术领域不同功效的专利数量分布情况，有助于了解各类技术的主要应用特征，从而对研发路线进行适应性的调整。

从图中气泡的大小可以看出，在各个功效布局的专利主要集中在 E01F、E02D、E02B 和 E21D，这些技术领域涵盖了 80% 以上的专利文献，可见在这些领域都比较关注便利性、复杂性、安全性、防护性、成本、稳定性、速度及能力等方面的突破，也进一步反映了目前市场对柔性防护产品性能的需求。

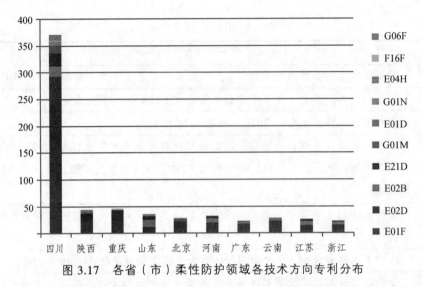

图 3.17　各省（市）柔性防护领域各技术方向专利分布

从图 3.18 中气泡的密集点和大小还可以看出，这些方向专利布局比较完整，企业若想在这些领域有所突破，难度会相对比较大；从密集度较小的区域看，这些地方专利布局较少，存在大量的技术空白点（没有企业在这些方向进行深入研究），企业想赶超行业佼佼者，可以从这些技术空白点入手。

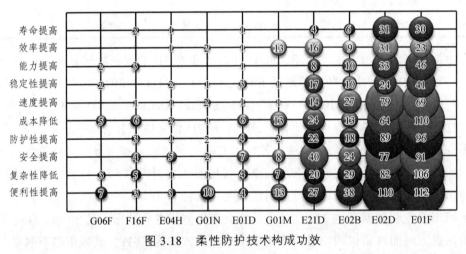

图 3.18　柔性防护技术构成功效

3.2.4　柔性防护系统主要申请人

图 3.19 是按照所属申请人（专利权人）的专利数量统计的申请人前十名情况，从前10 名企业（院校）所在省（市）看，除了中铁第一勘察设计院集团有限公司非四川的企业外，其他企业（院校）都位于四川，从申请人排名也进一步印证了四川在柔性防护领域具有领先地位。

通过企业（院校）申请量的排名，可以直观地看到目前行业中哪些企业（院校）积累有较多的技术成果，进一步反映出相应企业（院校）在这方面具有的独特领先优势，通过排名可以进一步分析其专利竞争实力。

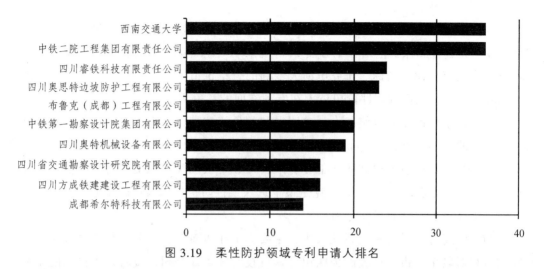

图 3.19　柔性防护领域专利申请人排名

图 3.20 展示了前 10 名企业的申请趋势，从图中可以看出，起步比较早的企业是布鲁克（成都）工程有限公司，其在 2008 年就有相应的专利申请，其他大部分企业（院校）主要在 2013 年开始有少量的专利申请；其中，西南交通大学虽然排名第一，但是其起步较晚，基本上在 2016 年才进军该领域，其专利申请数量主要集中在 2018 年，从数据突增看，应该是在某个技术分支出现了技术突破，才会在某一年有大量的专利布局。

从各个企业（院校）的专利申请量走势看，大部分企业（院校）都存在多个波动点，可以看出在柔性防护领域发展并不是很平稳，其中有许多的技术难点需要突破。

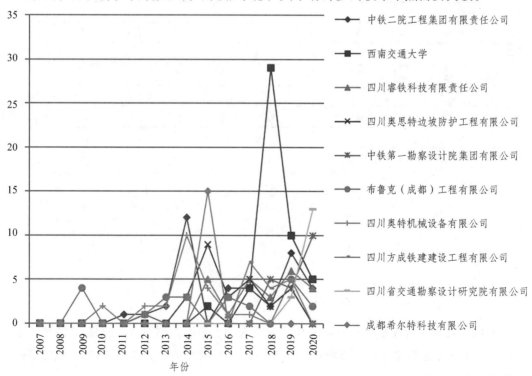

图 3.20　专利申请人申请趋势

图 3.21 展示的是各申请人专利的合享价值度的分布情况，合享价值度是参考技术稳定性、技术先进性和保护范围 3 个方面 20 余个参数，对专利进行分析后得出的关于专利合享价值度的综合评价指标。研究申请人专利的合享价值度分布情况，可以宏观了解申请人的专利质量，从而客观评价申请人在专利方面的竞争实力。

其中，合享价值度的数值越大，表明专利的价值越高，越小则专利价值含量越低。从图中气泡的大小可以看出，布鲁克（成都）工程有限公司拥有专利价值度为 9 的专利最多，其次为四川奥思特边坡防护工程有限公司、中铁二院工程集团有限责任公司和西南交通大学，结合图 3.20 可知布鲁克是最早进入柔性防护技术领域的企业，其一定程度上掌握了柔性防护领域的基础专利。

专利价值度为 8 的专利数量比较少，主要集中在西南交通大学，专利价值度为 7 的专利数量相对较多，占比最大的为四川睿铁科技有限责任公司，接着是中铁二院工程集团有限责任公司、西南交通大学和四川奥斯特边坡防护工程有限公司；从合享价值度在 7～8 的专利总数量而言，西南交通大学的专利数量相对最多，出现赶超先入企业中铁二院工程集团有限责任公司和布鲁克（成都）工程有限公司的趋势。

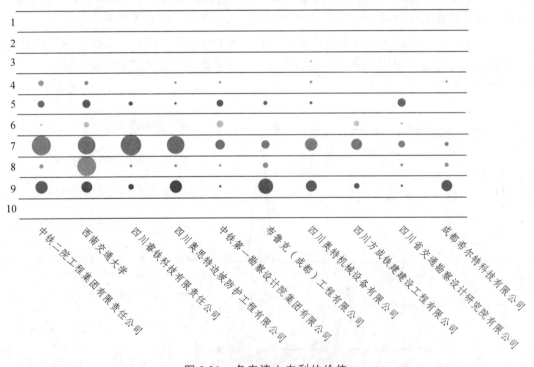

图 3.21　各申请人专利的价值

图 3.22 展示的是按照专利数量统计的发明人排名情况，通过分析该统计数据，可以确定分析对象的主要发明人，帮助进一步厘清该技术领域的核心技术人才，为人才的挖掘和评价提供帮助。

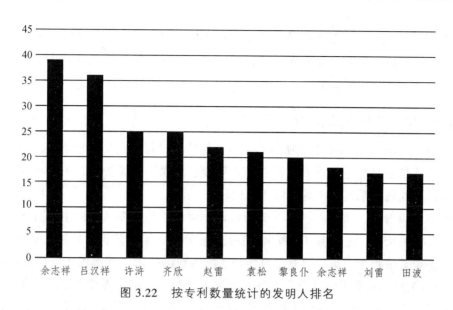

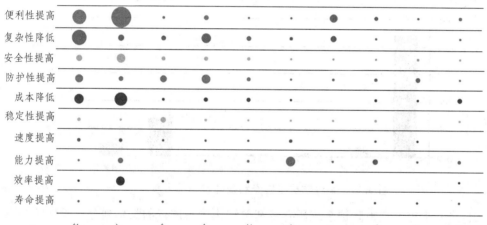
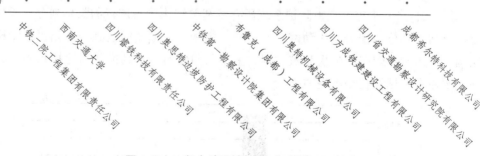

图 3.22　按专利数量统计的发明人排名

图 3.23 展示的是各申请人的专利技术功效的分布情况，有助于了解各申请人的重点技术特征，从而掌握申请人针对产品的主要研究方向。

图 3.23　各申请人专利技术功效

从图中各企业（院校）气泡大小可以看出，在提高寿命、效率、能力、稳定性、防护性和安全性等方面，布局的专利数量相对比较少，有可能这些方向存在难以攻克的技术难点，或者从市场角度而言，这些方向不太符合市场需求，另一方面又可以表明这些点是技术空白点，企业可以从这些方向进行研发，以切入市场。

其中，便利性提高、复杂性降低和成本降低等方向存在一定数量的大气泡，表明这些技术方向是目前市场的主导方向，或者说目前在灾害防护领域，具有这些功能的产品防护效果更好，所以主导了市场向着这些方向深入研发。

3.2.5 柔性防护系统类型分布

图 3.24 是基于柔性防护系统所有专利涉及的防护目标进行的类别划分，目前柔性防护系统可以防护的目标包括落石、泥石流、风沙、洪水、高速护栏、护坡和隧洞矿体。由此可见，柔性防护系统应用的方向还是比较广。

从图中可以看出，落石、护坡、隧洞矿体和泥石流是需要防护的主要自然灾害，几乎占所有灾害的 95%，进一步可以看出这些是目前市面上柔性防护产品的主要市场。企业在发展中主要是依赖于市场，只有尽可能地匹配客户的需求，其市场才能拓展得更广。

基于图 3.24，企业可以找准目前的主要灾害类型，再结合柔性系统的目的主要是防护，那么其防护性能和安全性能必然是产品比较重要的性能，但是结合图 3.23 可以看出，目前各大企业在安全性和防护性方面布局的专利数量比较少，企业在进行市场拓宽中，可以基于安全性、防护性和寿命等角度着手研发，以期望拓宽市场。

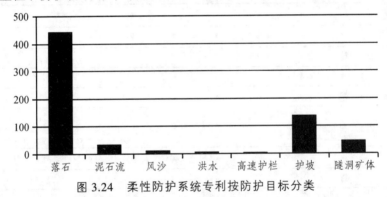

图 3.24　柔性防护系统专利按防护目标分类

图 3.25 是基于边坡灾害防护系统所有专利按结构体系进行的类别划分，柔性防护系统从结构上划分为棚洞、主动网、被动网、挑棚、支撑锚固装置、支挡拦截结构和引导结构，其中占比较多的依次是被动网、主动网和棚洞，被动网的占比接近 60%，主动网在 25% 左右，棚洞在 20% 左右。

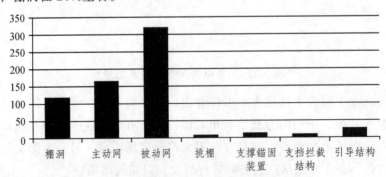

图 3.25　柔性防护系统专利按结构体系分类

从上述占比看，目前灾害防护主要通过被动网进行灾害防护，以对边坡灾害进行拦截，保证交通、基建、路建等的安全性。

图 3.26 是将边坡灾害防护系统所有专利按方法与装置进行的类别划分，具体划分为设计方法类、施工方法类、试验装备类和技术发明类，其中占比接近 90% 的为技术类发明，余下几类占比均不到 5%。

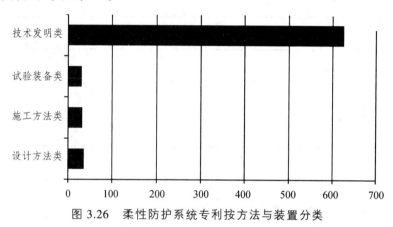

图 3.26　柔性防护系统专利按方法与装置分类

3.2.6　小　结

（1）通过上述分析可知，目前柔性防护系统对应的技术主要处于快速发展阶段，主要应用于落石、护坡、隧洞矿体和泥石流等地质灾害。

（2）从专利布局看，目前技术主要掌握在四川企业中，可见目前柔性防护系统的主要市场掌握在四川企业手中。

（3）对于技术引用、合作开发、产品采购，可以直接在四川省寻找资源。

3.3　柔性防护系统结构体系专利分析

本节在柔性防护系统基础上，对柔性结构构件中的系统-体系专利进行分析，共筛选出 497 项专利文献。此次分析主要从专利的申请趋势、专利区域分布、专利技术分布、专利申请人几个角度出发。

3.3.1　专利申请趋势

如图 3.27 所示，柔性防护系统的整体申请量变化从 2008 年的 2 件新增至 2019 年的 113 件，呈整体持续增长趋势，2020 年由于距现在时间较近，已申请专利大部分处于未公开状态，故不具有参考价值。

其中，2008—2012 年为起步阶段，专利申请量从每年 2 件缓慢增长至每年 13 件，从 2011 年和 2013 年的申请数据看，在 2012 年申请数据出现了一个小高峰，但是 2013 年出现了回落，数据的突变可能存在多种原因，比如受个人申请或单个技术布局的影响，或者受政策影响等。

2013—2019 年为专利申请快速发展期，这一阶段专利申请数量从每年 3 件快速增长至每年 113 件，从 10 多年的发展历程看，柔性防护系统结构体系仅出现了一次突变，可见技术整体处于持续发展阶段，也进一步表征对应的产品逐渐通过技术来提高其竞争力，且技术的参与程度越来越高。

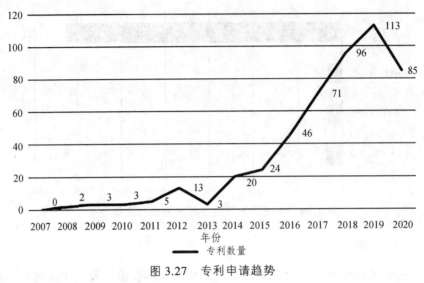

图 3.27 专利申请趋势

图 3.28 反映了柔性防护系统结构体系的专利申请数量和公开数量趋势，在 2007—2020 年这 13 年期间，本领域专利的申请和公开趋势大体相同，尤其是 2007—2014 年，申请趋势和公开趋势基本重合，可能原因是前期基础专利布局主要是实用新型，实用新型申请周期短，上半年申请的专利基本上下半年就能授权。

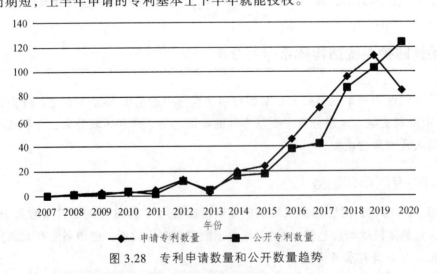

图 3.28 专利申请数量和公开数量趋势

2014—2019 年，申请趋势曲线位于公开趋势曲线上方，一定程度上表明后期市场对发明的认可度更高或者说发明的保护周期更长，申请人趋向于申请发明，而发明需要在申请后 3～18 个月公开，一定程度上使得公开趋势相对申请趋势具有一定的延迟性。

　　图 3.29 展示了柔性防护系统结构体系的生命周期,图中横坐标表示专利申请数量,纵坐标表示进入行业的企业数量。

　　生命周期分析是专利定量分析中最常用的方法之一。通过分析专利技术所处的发展阶段,推测未来技术发展方向。它针对的研究对象可以是某件专利文献所代表技术的生命周期,也可以是某一技术领域整体技术生命周期。

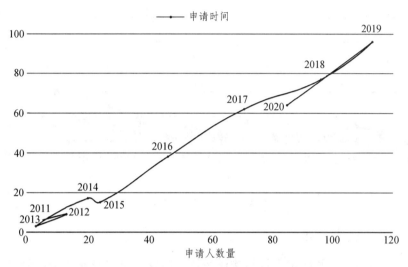

图 3.29　柔性防护系统结构体系的生命周期

　　从生命周期的走势可以看出,2012 年和 2013 年加入柔性防护系统结构体系的申请人数量由 9 家下滑至 3 家,再结合申请趋势看,这两年专利申请很少,很可能由于这段时间存在难以攻克的技术,致使部分企业退出了市场。

　　2013—2019 年,进入柔性防护系统结构体系的企业数量由 3 家逐渐增加至 96 家,可见行业处于快速发展阶段,同时还印证了前述分析中柔性防护系统结构体系的技术整体处于持续发展阶段的描述。

　　而 2020 年由于公布专利数量有限,因此,从申请量和申请人数量上都相比 2019 年有显著回调,但并不代表这一时期实际的专利申请量和申请人数量发生了明显变化。

3.3.2　专利区域分布

　　图 3.30 展示了柔性防护系统结构体系前 10 名省市专利的申请趋势。从图中可以看出,起步最早的是四川,其在 2008 年就有相应的专利申请数据,其他大部分省市在 2008—2013 年处于波动期,专利技术不太稳定,从 2013 年起,大部分省市陆续存在专利申请数据。

　　从每年申请量看,四川从 2014 年开始,其申请量突破了每年 10 件,发展至 2019 年已达每年 45 件;除四川外的其他省市,都在接近 10 件的关卡徘徊。

　　从各省市专利申请趋势来看,除四川外都存在多个起伏点,可见在柔性防护系统结构体系技术发展过程中并非一路平坦,极有可能在发展过程中需要不断攻克技术壁垒,这也进一步印证了四川在柔性防护系统结构体系方面的雄厚实力。

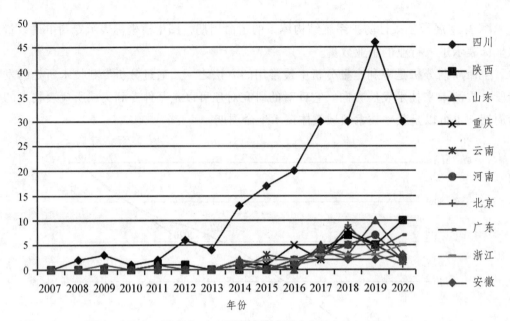

图 3.30　各省市专利申请趋势

3.3.3　专利技术分布

图 3.31 展示的是柔性防护系统结构体系技术构成，图中的各个 IPC 分类号的含义具体可以参考表 3.1 和表 3.2，此处就不再赘述。

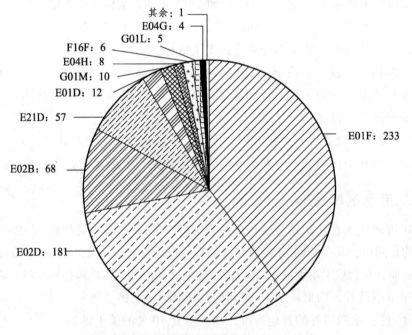

图 3.31　柔性防护系统结构体系技术构成

从图中可以看出，专利申请量占比较大的 IPC 分类号分别是 E01F、E02D、E02B 和 E21D，四个技术分支占了整体的 80%左右。

通过该图可以了解分析对象覆盖的技术类别，以及各技术分支的创新热度。可以看出，技术分支 E01F、E02D、E02B 和 E21D 仍是目前的热门发展方向，专利申请量分别为 233 项、181 项、68 项和 57 项，对比图 3.16 和图 3.31 不难发现，柔性防护系统结构体系与其上位的领域柔性防护领域及边坡灾害防护领域的技术构成基本相同，热门方向完全一致的。

从图 3.32 可以看出，目前专利申请量具有遥遥领先地位的城市是成都市，其次是西安市，第一名差不多是第二名的五倍申请量。成都各个分类号中 E01F 的申请量超过了100 件，分类号 E02D 对应申请数据在 70 件左右，分类号 E02B 在 20 件左右，对比发现成都排名第二的分类号 E02D 的申请数据远大于其他城市数据，由此可知成都在柔性防护系统结构体系技术方面的实力还是相当不错的。

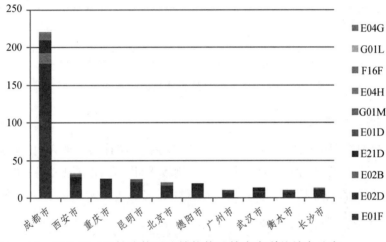

图 3.32　柔性防护系统结构体系技术专利的地市分布

由图 3.32 不难发现，四川省中还有德阳市排名进入了前十名，且还处于中间位置，10 个城市中有 2 个城市位于四川省，进一步印证了四川在柔性防护系统结构体系上做出的贡献是巨大的。

由图 3.33 可以看出，气泡密集区主要集中在 E01F、E02D 对应的便利性提高、防护性提高、安全性提高、复杂性降低及成本降低等方面，分类号 G01M、E04H、F16F、G01L和 E04G 对应的速度提高、效率提高、能力提高和强度提高等基本上都属于技术空白点，其他区域仅存在少量的专利申请数据。

通过气泡的密集区可以看出，这些分类号对应的技术构成功效目前主要是本领域的技术热点，存在大量的专利布局，亦存在大量的雷区，若是贸然进入这些市场，企业很难占有一席之地。

而空白点可以认为是技术盲点，无专利布局，企业若是从这些角度进行市场切入，相对比较容易，但是同样会存在一些问题，比如市场没有先驱者，需要企业仔细进行开拓性发明，没有雄厚的资金及优秀的研发团队，其发展很大程度也会受到一定的阻碍。

其中仅有少量专利申请的区域，表明目前已经有部分企业在尝试从这些角度占领市场，或者说市场对这方面的技术存在一定的需求量，在由县区企业作为导向的情况下，后进入企业有一定的参考基础，发展相对也比较容易。

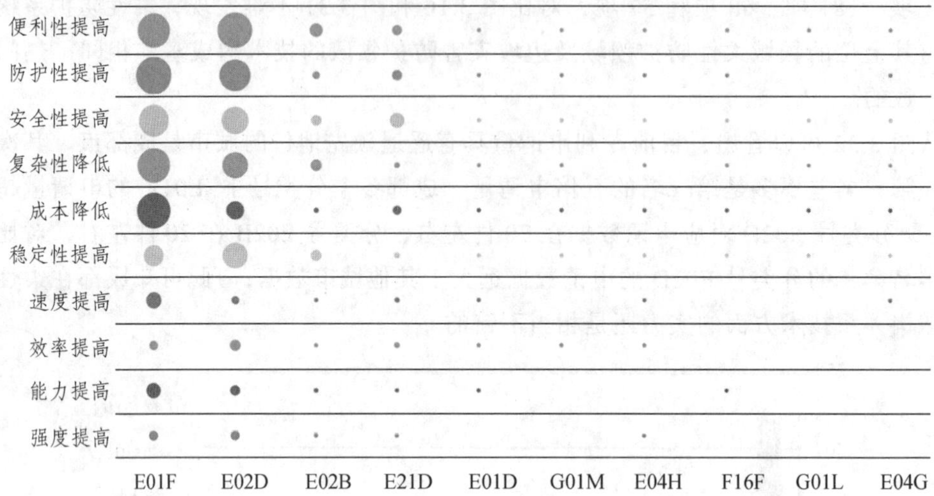

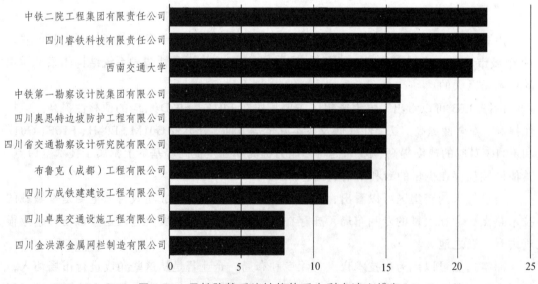

图 3.33　柔性防护系统结构体系的技术构成功效

3.3.4　主要申请人

图 3.34 是按照所属申请人（专利权人）的专利数量统计的申请人前 10 名情况。从前 10 名企业（院校）所在省市看，除了中铁第一勘察设计院集团有限公司非四川的企业外，其他企业（院校）都位于四川，从企业（院校）排名也进一步印证了四川在柔性防护系统结构体系领域具有领先地位。

图 3.34　柔性防护系统结构体系专利申请人排名

从图中还可以看出，中铁二院工程集团有限责任公司和四川睿铁科技有限责任公司申请数量相同，并列第一，其次是西南交通大学，三家单位的申请数据均大于 20 件，余下企业的申请数量逐渐降低。从前 10 名单位性质来看，仅西南交通大学属于高校，其他单位都为企业，可见目前主要是企业需要占领市场，所以其申请数量整体占比最大。

通过企业申请量的排名，可以直观地看到目前行业中哪些企业积累了较多的技术成果，进一步反映出相应企业在这方面具有的独特领先优势，通过企业排名可以进一步分析其专利竞争实力。

图 3.35 展示了前 10 名企业的申请趋势。从图中可以看出，起步比较早的企业是布鲁克（成都）工程有限公司，其在 2008 年就有相应的专利申请，中铁二院工程集团有限责任公司是第二个拥有柔性防护系统结构体系专利申请的企业，再之后是中铁第一勘察设计院集团有限公司，余下大部分单位基本上在 2013 年和 2014 年陆续有类似专利申请。

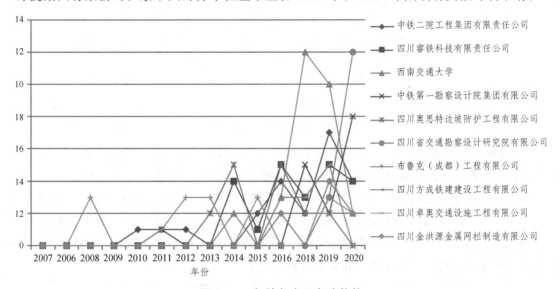

图 3.35　专利申请人申请趋势

其中，西南交通大学虽然起步较晚，但其整体专利数据量排名第一，从图中可以看出，西南交通大学的专利申请主要集中在 2018 年，从数据突增看，应该是在某个技术分支出现了技术突破，才会在某一年有大量的专利布局。

从各个企业的专利申请量走势看，大部分企业都存在多个波动点，可以看出柔性防护系统结构体系的发展并不是很平稳，其中有许多的技术难点需要突破。

图 3.36 展示的是柔性防护系统结构体系的申请人专利价值，在图中气泡越大表明专利申请量越多，反之则专利申请量就越小，专利价值度分值越大则对应行气泡对应的专利越有价值。

从图中可以看出，专利价值度分值为 9 时，拥有高价值专利数量最多的企业是布鲁克（成都）工程有限公司。由前述可知，布鲁克（成都）工程有限公司是最早进行柔性防护系统结构体系专利申请的企业，有一定量高价值的基础专利。

专利价值度分值为 8 时，西南交通大学具有较多的专利申请量，部分企业仅有 1~2 项专利申请量，甚至部分企业在该分值处没有专利申请量。

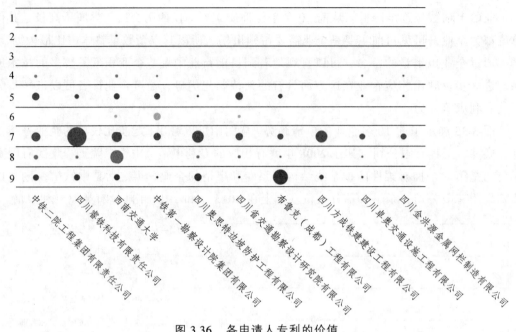

图 3.36　各申请人专利的价值

　　专利价值度分值为 7 时，几乎前 10 名的所有企业都进行了专利布局，但是从气泡大小看，四川睿铁科技有限责任公司拥有的专利申请量最多。对于企业而言，其拥有越多价值度分值高的专利（授权且处于有效状态），其在市场上就越有竞争力，市场份额占比就越大。

　　图 3.37 展示的是柔性防护系统结构体系的申请人专利技术功效，在图中气泡密集点主要集中在图的左上方，从本节的分析看，虽然西南交通大学的专利申请排名第三，但是从其技术功效看，其主要集中在便利性提高上。

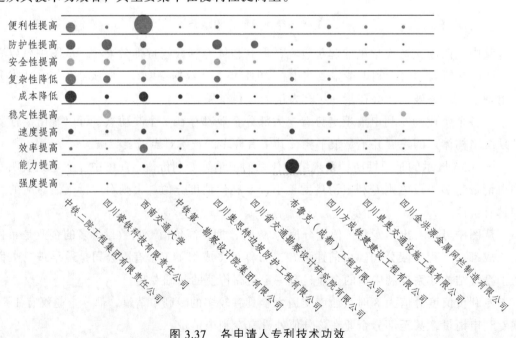

图 3.37　各申请人专利技术功效

对于用于灾害防护的系统而言，其复杂性、安全性、成本、防护性和稳定性相对于便利性而言，应该更具有市场价值，从目前灾害防护系统的功能角度考虑，目前中铁二院工程集团有限责任公司和四川睿铁科技有限责任公司申请的专利与市场贴合的可能性会更大。

3.3.5 代表性专利

1. 一种复杂边坡用被动防护网

申请号：CN201920604733.4　　　　申请日：2019-04-29

公开号：CN210002286U　　　　　　公告日：2020-01-31

（1）摘要。

本实用新型公开了一种复杂边坡用被动防护网，包括若干钢柱，两端钢柱通过绳卡设置有侧拉锚绳，中间钢柱两侧设置有加固拉锚绳，侧拉锚绳和加固拉锚绳下端通过钢丝绳锚杆固定，钢柱靠近坡面一侧设置有上拉锚绳，上拉锚绳通过钢丝绳锚杆固定在坡面上，钢柱上下两端通过卸扣均设置有两股上支撑绳和下支撑绳，侧拉锚绳、上拉锚绳、上支撑绳和下支撑绳上均设置有减压环，上支撑绳和下支撑绳之间通过卸扣设置有环形网，环形网通过若干环形网片连接而成，环形网上设置有加筋网。本实用新型结构简单，能适用于复杂边坡的防护使用，固定牢靠，有效解决了被动防护网固定不牢靠、易松动、抗冲击能力较弱和维护成本高的问题。

（2）附图。

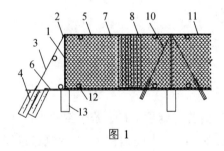

图 1

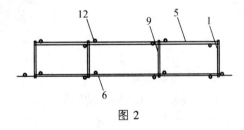

图 2

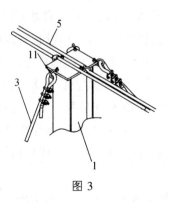

图 3

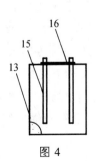

图 4

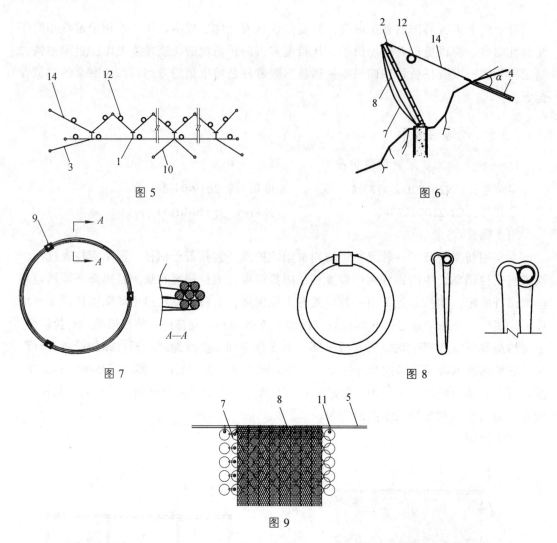

图 5

图 6

图 7

图 8

图 9

（3）权利要求。

①一种复杂边坡用被动防护网，其特征在于：包括若干钢柱（1），若干钢柱（1）间隔设置，两端钢柱（1）通过绳卡（2）设置有侧拉锚绳（3），中间钢柱（1）两侧通过绳卡（2）设置有加固拉锚绳（10），侧拉锚绳（3）和加固拉锚绳（10）下端通过钢丝绳锚杆（4）固定，钢柱（1）靠近坡面一侧设置有上拉锚绳（14），上拉锚绳（14）通过钢丝绳锚杆（4）固定在坡面上，钢柱（1）上下两端通过卸扣（11）均设置有两股上支撑绳（5）和下支撑绳（6），下支撑绳（6）两端通过绳卡（2）和钢丝绳锚杆（4）固定，侧拉锚绳（3）、上拉锚绳（14）、上支撑绳（5）和下支撑绳（6）上均设置有若干减压环（12），上支撑绳（5）和下支撑绳（6）之间通过卸扣（11）设置有环形网（7），环形网（7）与钢柱（1）之间也通过卸扣（11）固定，环形网（7）通过若干环形网片联结而成，环形网片通过若干股钢丝绳缠绕而成，且通过若干钢制卡扣（9）固定，环形网（7）上设置有加筋网（8）。

②如权利要求①所述的复杂边坡用被动防护网，其特征在于，减压环（12）通过单

根钢丝盘结而成，且端头搭接长度不小于 100 mm。

③ 如权利要求①所述的复杂边坡用被动防护网，其特征在于，上拉锚绳（14）上的钢丝绳锚杆（4）与坡面所成角度 α 为 75°～105°。

④ 如权利要求①所述的复杂边坡用被动防护网，其特征在于，钢柱（1）底部与基座（16）固定连接，所述基座（16）通过地脚螺栓锚杆（15）与下部混凝土柱（13）连接。

⑤ 如权利要求①所述的复杂边坡用被动防护网，其特征在于，加筋网（8）上设置有高尔凡镀层。

⑥ 如权利要求①所述的复杂边坡用被动防护网，其特征在于，钢丝绳锚杆（4）上设置有鸡心环。

⑦ 如权利要求①所述的复杂边坡用被动防护网，其特征在于，钢柱（1）材质为型钢。

⑧ 如权利要求①所述的复杂边坡用被动防护网，其特征在于，相邻钢柱（1）间距为 1 000 mm。

（4）解决的技术问题。

本发明解决了现有被动防护网固定不牢靠易松动、抗冲击能力较弱和维护成本高的问题。

（5）有益效果。

将需要安装被动防护网边坡上的杂物进行清理，挖好基础及锚固钻孔，再进行基础浇筑和锚杆注浆，然后根据设计要求安装钢柱，安装好上支撑绳和下支撑绳，再安装减压环、环形网，最后铺挂加筋网，完成被动防护网的安装工作。本实用新型通过钢柱、上支撑绳和下支撑绳搭建了一个防护框架，在防护框架中安装有环形网和加筋网，进行双重防护，抗冲击能力较好，防护效果较好，同时端部的钢柱通过侧拉锚绳进行固定，中间的钢柱两侧还设置有加固拉锚绳，可以将钢柱固定牢靠，而且在防护网靠近坡面一侧，还在坡面与钢柱之间设置有上拉锚绳，对钢柱进行支撑，通过多方位的锚绳固定，将钢柱固定牢靠，使得防护网整体固定牢靠，不易松动，因此具备较好的抗冲击能力，然后在侧拉锚绳、上拉锚绳、上支撑绳和下支撑绳上设置有多个减压环，可以减缓落石等物体的冲击，增加被动防护网整体的抗冲击能力，使得防护网能适用于更复杂的环境，环形网是通过多个环形网片联结而成，而非一个整体较大的钢丝绳网，若某处被冲击而破损，更换该处的环形网和加筋网即可，且环形网是通过卸扣固定，拆卸安装均比较方便，更方便进行维护，维护成本也比较低，适合于在边坡防护领域推广使用。

进一步，减压环通过单根钢丝盘结而成，且端头搭接长度不小于 100 mm。

采用上述进一步方案的有益效果：当防护网受到强力的外力冲击时，减压环可以通过自身的变形来减缓外力对钢柱的冲击，更好地保护钢柱，增加防护网的抗外力冲击的能力，而搭接长度不小于 100 mm 则是保证减压环的牢固程度，防止其受外力冲击后散开，不能起到减缓冲击的作用。

进一步，上拉锚绳上的钢丝绳锚杆与坡面所成角度 α 为 75°～105°。

采用上述进一步方案的有益效果：钢丝绳锚杆与坡面倾斜设置，可以增加钢丝绳的抗冲击能力，较小外力作用，使得钢丝绳锚杆固定更加牢靠，角度保持在 75°～105°范围效果最好。

进一步，钢柱底部与基座固定连接，基座通过地脚螺栓锚杆与下部砼柱连接。

采用上述进一步方案的有益效果：将钢柱通过基座和地脚螺栓锚杆固定在砼柱中，使得钢柱的固定更加稳固牢靠，可以承受更大的外力冲击，适用于更多更复杂的边坡环境。

进一步，加筋网上设置有高尔凡镀层。

采用上述进一步方案的有益效果：高尔凡镀层具有较高的抗腐蚀性能，为普通镀锌丝的 2～3 倍，同时具有延展性和极强的可变形性，因此在强力作用下，镀层也不会龟裂或脱落。

进一步，钢丝绳锚杆上设置有鸡心环。

采用上述进一步方案的有益效果：鸡心环可以增加钢丝绳锚杆的强度，能承受更大的外力作用，防止其对折处轻易折断，延长了钢丝绳锚杆的使用寿命。

进一步，钢柱材质为 HW150×150 型钢。

进一步，相邻钢柱间距为 1 000 mm。

（6）小结。

该发明专利通过卸扣固定环形网，防护框架中安装有环形网和加筋网，解决了现有被动防护网固定不牢靠、易松动、抗冲击能力较弱和维护成本高的技术难题。

2. 帘式防护网

申请号：CN201720458592.0　　　申请日：2017-04-27

公开号：CN207934047U　　　公告日：2018-10-02

（1）摘要。

本实用新型公开了一种帘式防护网，包括上支撑绳、下支撑绳和纵横交错间隔布置的多条横向拉绳和纵向拉绳，所述横向拉绳位于上支撑绳与下支撑绳之间，在所述上支撑绳、下支撑绳、纵横向拉绳组成的网格上铺挂金属网，在所述网格下部间隔布置有多条加强绳。本实用新型的帘式防护网抗冲击力强，不易损坏。

（2）附图。

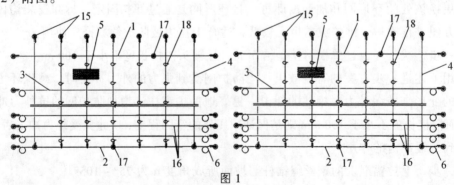

图 1

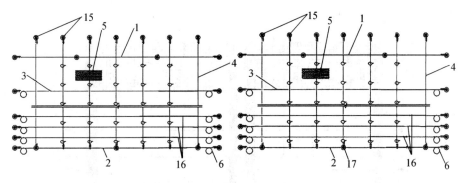

图 2

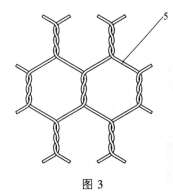

图 3

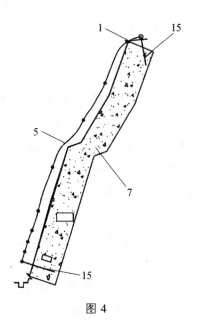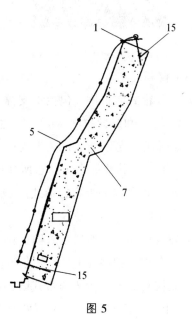

图 4 图 5

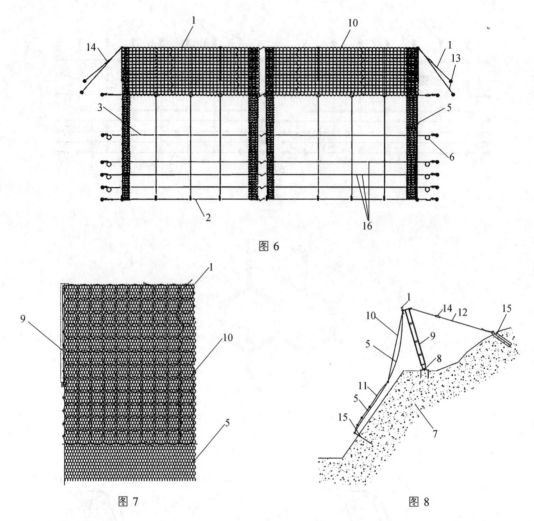

图 6

图 7   图 8

（3）权利要求。

① 一种帘式防护网，包括上支撑绳（1）、下支撑绳（2）和纵横交错间隔布置的多条横向拉绳（3）和纵向拉绳（4），所述横向拉绳（3）位于上支撑绳（1）与下支撑绳（2）之间，在所述上支撑绳（1）、下支撑绳（2）、纵横向拉绳（4、3）组成的网格上铺挂第一金属网（5），其特征在于，在所述网格下部间隔布置有多条加强绳（16）。

② 如权利要求①所述的帘式防护网，其特征在于，所述加强绳（16）上安装有消能装置（6、14）。

③ 如权利要求②所述帘式防护网，其特征在于，在上支撑绳（1）、下支撑绳（2）和/或至少一条横向拉绳（3）上安装有消能装置（6、14）。

④ 如权利要求③所述的帘式防护网，其特征在于，所述帘式防护网的横向拉绳（3）、加强绳（16）、下支撑绳（2）均采用支出的方式与锚固于地底基岩上的锚杆（15）连接，所述消能装置（6、14）设置于横向拉绳（3）、加强绳（16）、下支撑绳（2）的支出部分处。

⑤ 如权利要求④所述的帘式防护网，其特征在于，所述帘式防护网的顶端采用支出

或未支出的方式与锚固于地底基岩的锚杆（15）连接。

⑥ 如权利要求⑤所述的帘式防护网，其特征在于，所述纵向拉绳（4）下部与下支撑绳（2）或底部锚杆固定。

⑦ 如权利要求⑥所述的帘式防护网，其特征在于，所述上支撑绳（1）两端锚固点之间设置有至少一个锚固点（17），所述上支撑绳（1）锚固点（17）处设置有锚杆（15）并锚固于其上。

⑧ 如权利要求⑦所述的帘式防护网，其特征在于，所述下支撑绳两端锚固点之间设置有至少一个锚固点（17），所述下支撑绳（2）锚固点（17）处设置有锚杆（15）并锚固于其上。

⑨ 如权利要求⑧所述的帘式防护网，其特征在于，在所述第一金属网（5）外侧铺挂第二金属网（11）。

⑩ 如权利要求⑨所述的帘式防护网，其特征在于，所述第一金属网（5）、第二金属网（11）为单绞网、双绞六边形网和环形网中的一种或多种组合。

⑪ 如权利要求①～③任一所述的帘式防护网，其特征在于，所述帘式防护网顶端通过钢柱（9）支撑在地底基岩（7）上形成开口，在靠近钢柱（9）的第一金属网（5）外侧铺挂环形网（10），在其他位置的第一金属网（5）外侧铺挂第二金属网（11）。

⑫ 如权利要求 11 所述的帘式防护网，其特征在于，所述第一金属网（5）、第二金属网（11）为单绞网、双绞六边形网和环形网中的一种或多种组合。

⑬ 如权利要求 12 所述的帘式防护网，其特征在于，所述上支撑绳（1）穿过钢柱（9）顶端的平板并锚固于两侧的地底基岩（7）上，上支撑绳（1）的锚固段设有消能装置（6、14）。

（4）解决的技术问题。

现有落石防护技术容易出现"鼓肚子"的现象，不易清理，且防护能力有限，难以防护高能量落石。本发明解决了上述技术问题。

（5）有益效果。

本发明通过在帘式防护网的下部设置多条加强绳，使得防护网下部结构得到加强。

本发明在上下支撑绳和横向拉绳上安装消能装置，增大系统的弹性度，即网片与坡面间的空间得到大大提高，使系统受力后拥有较大的变形空间，解决了现有技术中防护系统与山体间空间小落石不易运动，遇到高能级落石网片易发生破坏的问题。在下支撑绳上设置消能装置，落石落下后冲击系统，系统便会向坡外运动使底部与坡面间形成较大的空间，落石便可自由从网底溜出去，在解决现有技术中落石不易运动、网片易破坏问题的同时还解决了落石运动到系统底部不能正常溜出的问题。

本发明横向拉绳、加强绳、下支撑绳两端支出锚固以及在支出部分处设置消能装置有利于消能环的启动。

本发明纵向拉绳上端采用支出或者未支出的方式锚固，横向拉绳两端采用支出的方式锚固，增大了防护网的变形空间。

本发明在上支撑绳两端锚固点之间另外设置一些锚固点，减少了因绳子过长导致的中部凹陷、防护范围减小的问题。

本发明使用双绞六边形网，即使单个网孔破坏时也不会发生连续破坏的情况。

（6）小结。

该发明专利通过在帘式防护网的下部设置多条加强绳并安装消能装置，解决了现有技术不易清理，且防护能力有限，难以防护高能量落石的技术难题。

3. 泥石流柔性拦挡网及泥石流柔性拦挡坝

申请号：CN201910645413.8　　　　申请日：2019-07-17

公开号：CN110344374A　　　　公告日：2019-10-18

（1）摘要。

本发明公开了一种泥石流柔性拦挡网及泥石流柔性拦挡坝，涉及拦挡设施领域，提供一种施工便捷的泥石流柔性拦挡坝及适用于该拦挡坝的拦挡网。泥石流柔性拦挡网包括柔性网、顶部支撑绳、翼展绳、底部支撑绳和边沿绳；柔性网横向展开设置，柔性网两端上翘形成柔性网翼部，其余部分为柔性网主体；顶部支撑绳横向拉伸设置于柔性网主体顶部，柔性网主体的上边沿网孔与顶部支撑绳可滑动连接；翼展绳沿柔性网上边沿设置，柔性网的上边沿网孔与翼展绳可滑动连接；底部支撑绳横向拉伸设置于柔性网底部，柔性网的下边沿网孔与底部支撑绳可滑动连接；柔性网两端设置边沿绳，柔性网的侧边沿网孔与边沿绳可滑动连接。将拦挡网安装到沟谷内即得到拦挡坝。

（2）附图。

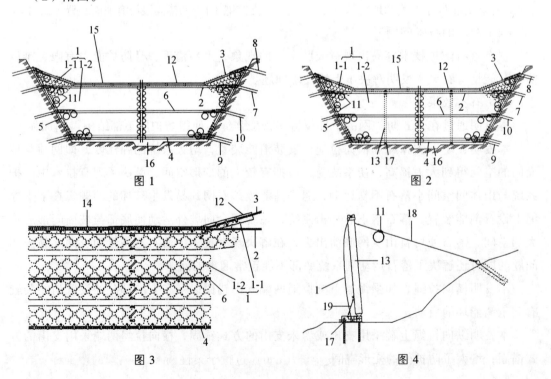

图1　　图2　　图3　　图4

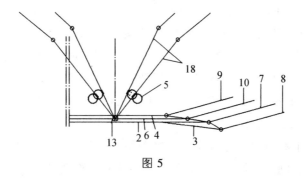

图 5

（3）权利要求。

① 泥石流柔性拦挡网，其特征在于，包括柔性网（1）、顶部支撑绳（2）、翼展绳（3）、底部支撑绳（4）和边沿绳（5）；柔性网（1）横向展开设置，柔性网（1）两端上翘形成柔性网翼部（1-1），柔性网翼部（1-1）之外的柔性网（1）为柔性网主体（1-2）；顶部支撑绳（2）横向拉伸设置于柔性网主体（1-2）顶部，柔性网主体（1-2）的上边沿网孔与顶部支撑绳（2）可滑动连接；翼展绳（3）沿柔性网（1）上边沿设置，柔性网（1）的上边沿网孔与翼展绳（3）可滑动连接；底部支撑绳（4）横向拉伸设置于柔性网底部，柔性网（1）的下边沿网孔与底部支撑绳（4）可滑动连接；柔性网（1）两端均设置边沿绳（5），边沿绳（5）上下方向拉伸设置，柔性网（1）的侧边沿网孔与边沿绳（5）可滑动连接。

② 根据权利要求①所述的泥石流柔性拦挡网，其特征在于，包括中部支撑绳（6），中部支撑绳（6）横向拉伸设置于柔性网（1）中部并与位置对应的柔性网（1）网孔可滑动连接。

③ 根据权利要求②所述的泥石流柔性拦挡网，其特征在于，顶部支撑绳（2）、翼展绳（3）、底部支撑绳（4）、边沿绳（5）和中部支撑绳（6）上均设置有消能器（11）。

④ 根据权利要求③所述的泥石流柔性拦挡网，其特征在于，包括防磨板（12），防磨板（12）沿柔性网（1）上边沿设置于柔性网（1）正前方并与柔性网（1）连接，防磨板（12）保护翼展绳（3）和位于柔性网（1）上边沿处的部分顶部支撑绳（2）。

⑤ 根据权利要求④所述的泥石流柔性拦挡网，其特征在于，包括立柱（13），立柱（13）竖向设置于柔性网（1）中部并支撑顶部支撑绳（2）和翼展绳（3）。

⑥ 泥石流柔性拦挡坝，包括沟谷（15），其特征在于，包括权利要求①所述的泥石流柔性拦挡网，泥石流柔性拦挡网设置在沟谷（15）内，顶部支撑绳（2）通过位于柔性网（1）两端的上锚杆（7）拉紧，翼展绳（3）通过位于柔性网（1）两端的顶锚杆（8）拉紧，底部支撑绳（4）通过位于柔性网（1）两端的下锚杆（9）拉紧，边沿绳（5）至少与顶锚杆（8）和下锚杆（9）连接，顶锚杆（8）、上锚杆（7）和下锚杆（9）均锚固在沟谷（15）的侧壁上；沟谷（15）的底板上设置有过水沟（16）。

⑦ 根据权利要求⑥所述的泥石流柔性拦挡坝，其特征在于，泥石流柔性拦挡网包括中部支撑绳（6），中部支撑绳（6）横向拉伸设置于柔性网（1）中部并与位置对应的柔性网（1）网孔可滑动连接，中部支撑绳（6）通过位于柔性网（1）两端的中锚杆（10）

拉紧；中锚杆（10）锚固在沟谷（15）的侧壁上。

⑧ 根据权利要求⑦所述的泥石流柔性拦挡坝，其特征在于，顶部支撑绳（2）、翼展绳（3）、底部支撑绳（4）、边沿绳（5）和中部支撑绳（6）上均设置有消能器（11）。

⑨ 根据权利要求⑧所述的泥石流柔性拦挡坝，其特征在于，泥石流柔性拦挡网包括防磨板（12），防磨板（12）沿柔性网（1）上边沿设置于柔性网（1）正前方并与柔性网（1）连接，防磨板（12）保护翼展绳（3）和位于柔性网（1）上边沿的顶部支撑绳（2）。

⑩ 根据权利要求⑨所述的泥石流柔性拦挡坝，其特征在于，泥石流柔性拦挡网包括立柱（13），立柱（13）竖向设置于柔性网（1）中部并支撑顶部支撑绳（2）和翼展绳（3）；立柱（13）下端与固定在沟谷（15）底板上的底座（17）铰接，立柱（13）通过前拉绳（18）和后拉绳（19）牵拉防倾倒，前拉绳（18）上设置有消能器（11）。

（4）解决的技术问题。

现有泥石流拦挡结构施工难度大，施工周期长，无法实施传统结构拦挡坝，透水性不好，容易出现堵孔、水侵蚀、坝体开裂等破坏。本发明解决了上述技术问题。

（5）有益效果。

本申请实际使用时，若只设置一道泥石流柔性拦挡坝，泥石流中石块和部分泥浆被柔性网拦截。虽然部分泥浆仍可透过柔性网，但由于石块和部分泥浆被柔性网拦截，泥石流的破坏性大大减弱。泥石流往往流量巨大，因此通常需要设置多道泥石流柔性拦挡坝，一道泥石流柔性拦挡坝拦挡部分泥石流，剩余泥石流翻越该泥石流柔性拦挡坝继续流动，而被后一泥石流柔性拦挡坝拦截，如此层层拦截，可几乎完全拦挡泥石流，将泥石流破坏性减弱至最低。

本申请各部件设计制造完成后，运输至安装位置安装即可。物料运输量远小于现有钢筋混凝土坝、浆砌片石坝或型钢坝。安装时只需将各锚杆锚入沟谷侧壁或底板以及装配各部件即可，安装简便，不需要大型设备。本申请可以设置在泥石流沟的任何位置，地形适应性强；对基础要求低，安装快捷，工程投资少，经济性好。

柔性网具有柔性并且可滑动地连接在各支撑绳上。受泥石流冲击时，柔性网变形延展并沿各支撑绳移动，可缓冲泥石流冲击力；消能器的变形或破坏还可进一步消能提升拦挡坝变形能力，从而进一步提升抗冲击能力；柔性网具有非常明显的全面通透性，部分泥浆可通过柔性网网孔，使得泥石流冲击得以降低。因此，本申请具有抗冲击能力强、不易损坏的优点。

本申请设置了柔性网翼部，泥石流翻越柔性网时，从柔性网中部上方通过，而不从柔性网边缘通过，可以防止满坝后泥石流对坝址处两岸的侵蚀作用，避免泥石流冲刷损坏坝址两岸导致柔性拦挡坝松动。进一步设置防磨板保护翼展绳和顶部支撑绳，可避免泥石流翻越柔性拦挡坝的冲刷损坏柔性拦挡坝顶部。因此本发明具有防止冲刷损坏、寿命长的优点。

在沟谷的底板上设置有过水沟，则沟谷常年正常的流水、泥沙和小石块可通过过水沟流过拦挡坝，保证沟谷畅通，避免拦挡坝堵塞，保证泥石流发生时起到良好的作用。

（6）小结。

该发明专利通过设置多道泥石流柔性拦挡坝，达到几乎完全拦挡泥石流，将泥石流破坏性减弱至最低的效果。

4. 柔性分导系统

申请号：CN201710441295.X　　　　　申请日：2017-06-13

公开号：CN107059670A　　　　　　　公告日：2017-08-18

（1）摘要。

本发明提供一种柔性分导系统，所述柔性分导系统包括：沿纵坡方向布置的若干支撑柱，所述支撑柱的高度沿坡面向下逐渐增加；在所述支撑柱柱顶及两侧边贴地布置的纵向支撑绳，所述支撑绳顶端交汇并锚固在一起，两侧边的纵向支撑绳向外倾斜；在支撑柱两侧沿横坡方向设置的横向支撑绳，横向支撑绳一端连接在支撑柱柱顶上，另一端锚固于纵向支撑绳所在位置的山体上，所述横向支撑绳上设置有耗能器；连接在纵向支撑绳、横向支撑绳上的拦截网，拦截网在纵坡上端起始位置及纵向侧边均贴地闭合，形成柔性的纵向引导坡面和横向分流坡面。本系统可对山地落石、崩岩、散土块等进行分流引导以及定向堆积，实现对目标建造物的有效防护。

（2）附图。

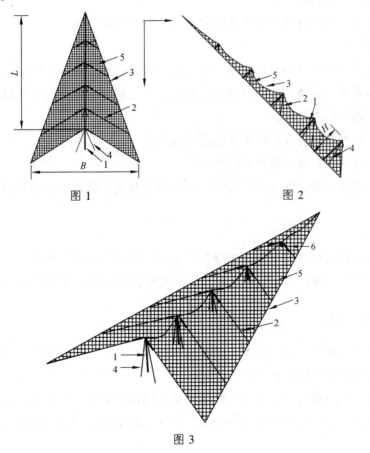

图1　　　　　　　　　　图2

图3

（3）权利要求。

① 一种柔性分导系统，其特征在于，所述柔性分导系统包括：沿纵坡方向布置的若干支撑柱（1），所述支撑柱（1）的长度沿坡面向下逐渐增加；在所述支撑柱（1）柱顶及两侧边贴地布置的纵向支撑绳（3），所述支撑绳顶端交汇并锚固在一起，两侧边的纵向支撑绳（3）向外倾斜；在支撑柱（1）两侧沿横坡方向设置的横向支撑绳（2），横向支撑绳（2）一端连接在支撑柱（1）柱顶上，另一端锚固于纵向支撑绳（3）所在位置的山体上，所述横向支撑绳（2）上设置有耗能器（6）；连接在纵向支撑绳（3）、横向支撑绳（2）上的拦截网（5），拦截网（5）在纵坡上端起始位置及纵向侧边均贴地闭合，形成柔性的纵向引导坡面和横向分流坡面。

② 如权利要求①所述的柔性引导系统，其特征在于，在所述支撑柱（1）两侧设置有拉锚绳（4）。

③ 如权利要求②所述的柔性引导系统，其特征在于，连接于同一支撑柱（1）上的所述拉锚绳（4）锚固位置高于横向支撑绳（2）锚固位置。

④ 如权利要求③所述的柔性分导系统，其特征在于，所述柔性分导系统左右对称设置，其中轴线沿山地纵坡布置，所述若干支撑柱（1）布置在所述中轴线上。

（4）解决的技术问题。

本发明解决了现有隧道洞口边坡防护技术不足的问题。

（5）有益效果。

本发明将帘式网的"引导"理念和"分流"的理念相结合，有效地实现了落石的安全引导及定向堆积。系统可对山地落石、崩岩、散土块等进行分流引导以及定向堆积，实现对目标建造物的有效防护。

本发明可以有效解决落石堆积难以清理的问题。

本发明构造简单，便于维修和更换构件。

本发明具有良好的适配性，可与明、棚洞相互补充，降低明、棚洞的配置要求和设计难度。

（6）小结。

该发明专利通过将帘式网的"引导"理念和"分流"的理念相结合，解决了现有隧道洞口边坡防护落石堆积难于清理，明、棚洞的配置要求和设计难度高的技术难题。

3.3.6 小 结

（1）从专利布局看，目前技术主要掌握在四川企业，可见目前柔性防护系统结构体系的主要市场掌握在四川企业手中。

（2）通过上述分析可知，目前柔性防护系统结构体系对应的技术主要处于快速发展阶段，从专利申请量及申请人技术功效看，中铁二院工程集团有责任公司和四川睿铁科技有限责任公司的专利价值会略微偏高。

（3）对于技术引用、合作开发、产品采购可以直接在四川省寻找资源。

3.4 柔性网片相关专利分析

本节主要是在柔性防护系统基础上，对柔性结构构件中的网片专利进行分析，共筛选出 37 项专利文献。此次分析主要从专利的申请趋势、专利区域分布、专利技术分布、专利申请人几个角度出发。

3.4.1 专利申请趋势

如图 3.38 所示，柔性网片的起步阶段比较早，在 2004 年就存在企业进行专利的布局，前期可能受市场和技术的影响，柔性网片在 2005—2007 年均没有专利布局，直至 2008 年才又有相应的专利布局，并在 2008—2016 年期间呈现出间断性增长。

2008—2019 年期间，虽然数据存在间断性增长，但是增长期间出现多次波动，非常不稳定。这期间专利数量波动，有可能是由于结构简单的柔性网片已经能够实现防护的相应功能，所以产品不需要反复迭代更新。

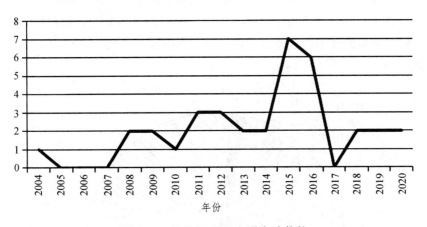

图 3.38　柔性网片的专利申请趋势

3.4.2 专利区域分布

图 3.39 展示的是柔性网片的专利在中国省级行政区域的分布情况，通过该分析可以了解在中国申请专利保护较多的省份，以及各省市的创新活跃程度。

通过图 3.39 还可以看出，目前仅四川具有多件与柔性网片相关的专利申请，其次是江苏和河北，通过柔性网片的申请趋势及专利区域分布，可知柔性网片专利整体布局数量非常少，这极有可能是由于柔性网片的结构简单、技术比较成熟导致。

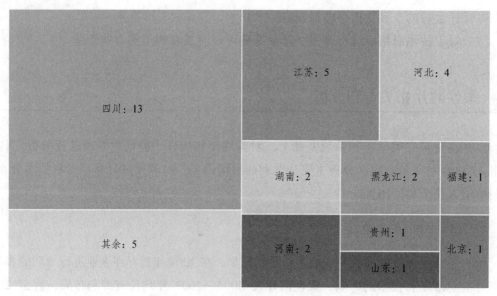

图 3.39　柔性网片的专利区域分布

3.4.3　专利技术分布

图 3.40 中各个 IPC 分类号的含义具体可以参考表 3.1 和表 3.2，此处就不再赘述。从图中可以看出，专利申请量占比较大的 IPC 分类号分别是 E02D、E01F、E02B 和 E21D，四个技术分支占了整体的 70% 左右。不难发现，柔性网片与其上位的领域柔性防护领域及边坡灾害防护领域的技术构成基本相同，热门方向完全一致的。

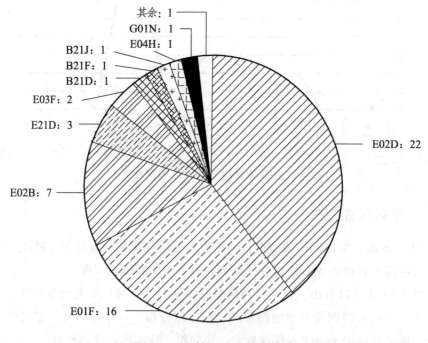

图 3.40　柔性网片的技术构成

3.4.4 主要申请人

图 3.41 展示的是柔性网片申请人的排名，从整体排名看，专利申请数量最多的为衡水力能新材料工程有限公司和中铁二院集团有限责任公司，分别为 3 件，其他企业数据基本上为 2 件和 1 件，由于数据量相对比较小，分析相对不是很准确。通过该部分数据，比较明确的是，大部分企业都存在柔性网片的专利申请，表明目前柔性网片在灾害防护中还是占据一定的比例。

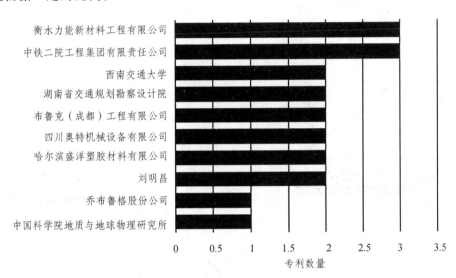

图 3.41 柔性网片专利申请人排名

3.4.5 代表性专利

1. 可扩展模块化耗能防护网单元组及其构成的防护网系统

申请号：CN202010369545.5　　　申请日：2020-05-05
公开号：CN111424573A　　　　　公告日：2020-07-17

（1）摘要。

本发明公开了一种可扩展模块化耗能防护网单元组，包括：支撑柱，所述支撑柱两端分别安装有位于左侧的第一水平纵向转动换向装置、位于右侧的第二水平纵向转动换向装置和位于底部的横向转动换向装置；横向环形支撑绳、纵向环形支撑绳以及连接件。本申请的单元组可独立工作，能量消耗约束在一个耗能单元内，每个模块单元独立耗能、单独工作，规避了传统技术贯通式纵向支撑绳工作时各个柱间单元的关联损伤，提高了系统的防护效果。

（2）附图。

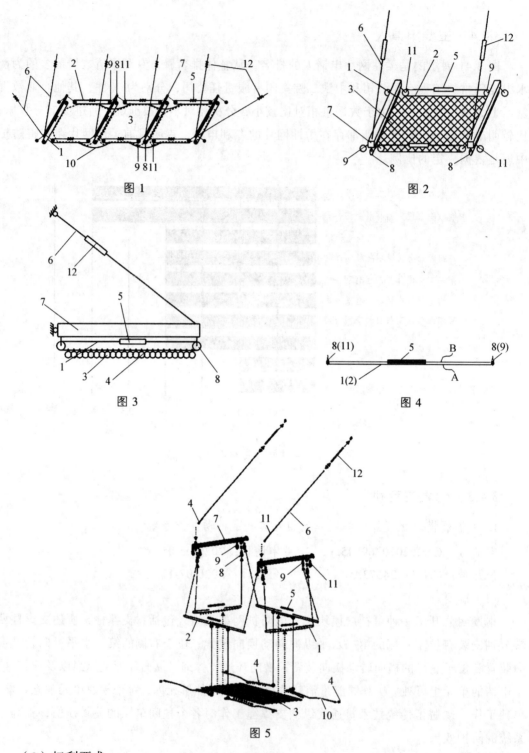

图1

图2

图3

图4

图5

（3）权利要求。

① 一种可扩展模块化耗能防护网单元组，其特征在于，其组成包括：支撑柱（7），所述支撑柱（7）两端分别安装有位于左侧的第一水平纵向转动换向装置（9）、位于右侧

的第二水平纵向转动换向装置（11）和位于底部的横向转动换向装置（8）；横向环形支撑绳（1），所述环形支撑绳（1）缠绕在支撑柱（7）两端的横向转动换向装置（8）上；纵向环形支撑绳（2），所述纵向环形支撑绳（2）缠绕在相邻的第一水平纵行转动换向装置（9）和第二水平纵行转动换向装置（10）上；连接件（4），金属网片（3）通过连接件（4）系挂在横向环形支撑绳（1）和纵向环形支撑绳（2）上。

② 根据权利要求①所述的一种可扩展模块化耗能防护网单元组，其特征在于，横向环形支撑绳（1）和纵向环形支撑绳（2）由若干根钢丝绳并联组成，包括位于下侧的 A 边和上侧的 B 边，所述连接件（4）系挂在 A 边，B 边连接第一耗能器（5）。

③ 根据权利要求①或②所述的一种可扩展模块化耗能防护网单元组，其特征在于，所述金属网片（3）为由钢丝绳或钢丝环编制而成。

④ 根据权利要求②所述的一种可扩展模块化耗能防护网单元组，其特征在于，其组成还包括稳定锚固钢丝绳（6），所述稳定锚固钢丝绳（6）一端锚固于坡面上，另一端连接在所述支撑柱（7）上。

⑤ 根据权利要求④所述的一种可扩展模块化耗能防护网单元组，其特征在于，所述稳定锚固钢丝绳（6）上连接有第二耗能器（12）。

⑥ 根据权利要求①～⑤之一所述的一种可扩展模块化耗能防护网单元组，其特征在于，所述水平纵向转动换向装置（9）、第二水平纵向转动换向装置（10）和横向转动换向装置（8）为定滑轮。

⑦ 根据权利要求①～⑥之一所述的一种可扩展模块化耗能防护网单元组，其特征在于，所述第一耗能器（5）和第二耗能器（12）为牵引式耗能器，并且第一耗能器（5）和第二耗能器（12）的耗能能力、数量及排列方式可调。

⑧ 一种模块单元化均布式耗能防护网系统，其特征在于，包括若干个如权利要求①～⑧之一所述的可扩展模块化单元组，相邻的可扩展模块化单元组共用一根支撑柱（7）。

⑨ 根据权利要求⑧所述的一种模块单元化均布式耗能防护网系统，其特征在于，还包括分段式纵向联系绳（10），相邻的支撑柱（7）之间通过所述分段式纵向联系绳（10）连接。

⑩ 一种如权利要求⑧、⑨之一所述的模块单元化均布式耗能防护网系统的安装方法，其特征在于，包括如下施工步骤：

（a）根据系统总体布置，施工支撑柱（7）基础，并安装支撑柱（7），支撑柱（7）底部为铰接，支撑柱（7）可平铺于坡面；

（b）安装支撑柱（7）两端的水平纵向转动换向装置（9）、第二水平纵向转动换向装置（10）和横向转动换向装置（8）；

（c）钢丝绳绕过水平纵向转动换向装置（9）、第二水平纵向转动换向装置（10）和横向转动换向装置（8），连接钢丝绳并形成模块化单元的横向环形支撑绳（1）和纵向环形支撑绳（2）；

（d）安装模块化单元的金属网片（3），金属网片（3）与横向环形支撑绳（1）和纵向环形支撑绳（2）通过连接件（4）相连；

（e）安装模块化单元的柱间分段式纵向联系绳（10）；

（f）安装支撑柱（7）的稳定锚固钢丝绳（6），先不锚固；

（g）安装临时施工用缆风绳于支撑柱（7）的柱端，通过卷扬设备牵引缆风绳将支撑柱（7）从地面拉起，直至支撑柱（7）的柱身与坡面达到设计规定的倾角姿态，并通过缆风绳临时固定系统；

（h）张紧纵向联系绳（10），并张紧锚固支撑柱（7）的抗拉钢丝绳和侧向稳定锚固钢丝绳于地面；

（i）撤掉临时固定用缆风绳，安装结束。

（4）解决的技术问题。

现有被动柔性防护系统支撑绳锚固点施工难度大、工作量大、柱间防护单元无法独立工作及独立更换、防护系统无法任意扩展。本发明解决了上述技术问题。

（5）有益效果。

① 柱间采用纵横两个方向布置的环形支撑绳系挂金属网片，取代传统被动网系统中整体拉通的纵向上、下支撑绳，降低了纵向支撑绳的滑移路径和拉力损失，提高了纵向支撑绳的耗能能力。

② 每个模块单元内独立工作的环形支撑绳，能量消耗约束在一个耗能单元内，每个模块单元独立耗能、单独工作，规避了传统技术贯通式纵向支撑绳工作时各个柱间单元的关联损伤，提高了系统的防护效果。

③ 通过增设横向环形支撑绳，进一步提升了柱间单元耗能能力。

④ 系统各单元独立工作，便于更换和维修，规避了传统防护网系统防护工作时由于系统整体具有强关联性而导致大面积损伤的问题。

⑤ 各模块单元耗能能力可任意组合，实现柔性防护系统不分段连续作业施工，解决了传统防护网系统必须分段设置的难题，可根据防护需求，任意扩展拦截防护长度。

⑥ 通过设置环形支撑绳，大量减少了贯通支撑绳的锚点设置，每个模块化单元内支撑绳与支撑柱形成自平衡约束，节约材料成本，降低施工难度。

（6）小结。

该发明专利通过一种具有变形路径短、耗能效率高、锚固点少、独立分布式耗能、可独立拆装等特点的模块化单元式分布耗能被动防护网系统及安装方法，解决了现有被动柔性防护系统支撑绳锚固点施工难度大且工作量大、柱间防护单元无法独立工作及独立更换、防护系统无法任意扩展的技术问题。

2. 用作碎石护屏或用于保护土壤表层的丝网及其制造方法和装置

申请号：CN99800172.4　　　申请日：1999-02-02

公开号：CN1152991C　　　公告日：2004-06-09

（1）摘要。

本发明涉及一种编织的丝网（10），最好用作对落石的防护体或用以固定土壤的表面层，丝网用耐蚀丝线（11、12、13、14）编织而成，并将其铺放在地面上或坡面上或类似地形上作大体上垂直状固定。用以编织丝网（10）的丝线（11、12、13、14）用高强度钢制作。所述高强度钢丝的标称强度在 1 000 ~ 2 200 N/mm²，并可由适用于钢索或弹簧钢丝的钢丝构成。编织的丝网由长方的菱形网体构成而具有三维垫子状结构。

（2）附图。

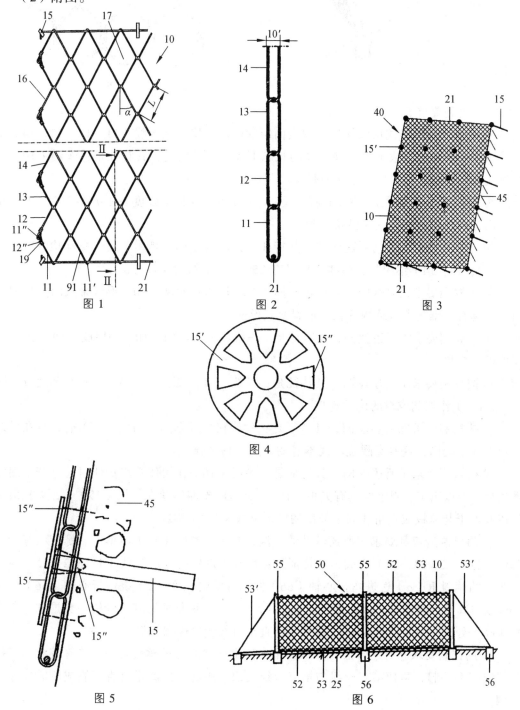

图 1

图 2

图 3

图 4

图 5

图 6

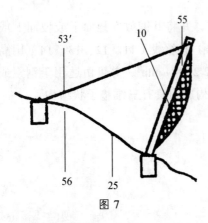

图 7

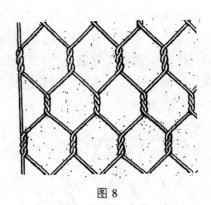

图 8

（3）权利要求。

①用作碎石网屏或用以保护土壤表面层的丝网，用耐蚀丝线（11、12、13、14）予以编织，铺装在土壤表面上或在直立的状态下固定在坡面上，其特征是：丝网（10）内的丝线（11、12、13、14）是用高强度钢制成的。

②按权利要求①所述丝网，其特征是：高强度钢丝的标称强度在 1 000 ~ 2 200 N/mm^2 范围内，钢丝包括绞合丝或弹簧钢丝。

③按权利要求①或②所述丝网，其特征是：丝网（10）是用单股、螺旋状弯折丝线（11、12、13、14）编织的，丝线分别具有 25° ~ 35° 的倾斜角度（α）。

④按权利要求①~③中之一所述丝网，其特征是：丝网（10）形成带长斜方形网孔（17）、具有三维垫子状结构的长方形斜交式丝网。

⑤按权利要求④所述丝网，其特征是：三维成形的丝网（10）的厚度（10′）为丝线厚度的许多倍。

⑥按权利要求①所述丝网，其特征是：丝线（11、12、13、14）在其端部通过套圈（11″、12″）作彼此成对的挠性连接。

⑦按权利要求⑥所述丝网，其特征是：丝线在弯成套圈（11″、12″）后，再在丝线上设置几个套圈，这些套圈绕丝线本身的外周（19）缠绕。

⑧按权利要求①所述丝网，其特征是：丝网（10）在用作筑堤护体时通过若干固定器（15）予以固定，固定器具有夹板（15′），夹板将丝网压紧在筑堤（45）上，夹板由薄板以及若干与薄板成直角并向下伸出的楔形夹头（15″）构成。

⑨用以制造权利要求①所述丝网的方法，其中，丝网（10）由单股、螺旋状弯折的丝线（11、12、13、14）构成，其特征是：由高强度钢构成的丝线（11、12、13、14）以规定的倾斜角（α）送进弯折心轴（66）并以规定的长度（L）绕弯折心轴（66）弯折180°或与其接近的角度，从而以规定长度（L）将丝线重复地沿其纵轴线一直推到弯折心轴（66）处，并每次绕弯折心轴弯折180°直至将丝线弯成螺旋形。

⑩按权利要求⑨所述方法，其特征是：使螺旋状的弯折丝线与一第二螺旋状的弯折丝线交织在一起，再使第二丝线与第三丝线交织在一起，按此重复直至制成所需尺寸的丝网。

⑪ 一种实施权利要求⑨或⑩所述方法的装置，具有一用于将被弯折的丝线（11、12、13、14）的导向面（64'）、一弯折心轴（66）和一由一枢轴驱动器（63）转动的弯折机构（65），通过该装置丝线（11、12、13、14）围绕该弯折心轴（66）被弯折，从而使弯折机构（65）以其转动轴线与弯折心轴（66）同心地对准，其特征是：弯折心轴（66）调整成与导向面（64'）有间隙，弯折机构（65）通过转动绕转动心轴（66）在倾斜角（α）下对由高强度钢制成的耐蚀丝线（11、12、13、14）弯折 180°或与其接近的角度，还具有一给料机构，用以将丝线在导向面（64'）内沿丝线纵轴线推进一个长度（L）。

（4）解决的技术问题。

现有的丝网覆盖重量大、成本高，同时在存放和运输中不易折叠，所占空间大。本发明解决了上述技术问题。

（5）有益效果。

与已知的丝网相比，采用本发明中这种具有一定标称强度的丝网，对某一特定的覆盖面积来说可减少一半以上的重量，因而就所需材料以及装卸这种丝网来说可明显地降低成本。此外，由于丝线的抗弯强度很高，在可能发生丝线断裂的情况下，也可减少出现梯形裂隙的危险。

由于即使在其伸展的状态下也具有较大的抗弯强度，在使用本发明丝网时可取得一种三维的或垫子状的结构。因此，这种丝网可用以覆盖土壤（如用以覆盖筑堤），还可用以保持或稳定植被层或经喷洒的覆盖层。

本丝网的另一优点在于这种丝网是由交织、单股、螺旋状弯曲的丝线构成的，可折叠起来，因而在存放和运输过程中占据的空间较少。

本发明适用于所有类型的土壤表面层的覆盖体，例如，甚至可用于地下矿藏内的覆盖体。这样，在上述方法中，隧道内的壁体和顶拱、棚体、洞穴或类似地方都可用本发明丝网予以覆盖并相应地予以固定。在廉价建造的隧道覆盖体中，从这些壁体上任意脱落、挖出的石块都可用这种丝网覆盖而予以安全地采集。

丝网（10）可按如上所述用以加固或加强公路建筑、道路建造或建造现场中的基础层，这些丝网适用于相应的下层结构或上层结构。此外，丝网还可用以加强柏油或水泥表面（如沥青硬化表面或水硬水泥表面）。

（6）小结。

本专利通过运用由交织、单股、螺旋状弯曲的高强度钢制造丝网，解决了已知丝网覆盖重量大、成本高，同时在存放和运输中不易折叠，所占空间大的技术难题。

3. 一种边坡被动防护系统中的环形钢筋防护网

申请号：CN201520921791.1　　　申请日：2015-11-18

公开号：CN205421280U　　　　　公告日：2016-08-03

（1）摘要。

本实用新型专利公开了一种边坡被动防护系统中的环形钢筋防护网，包括编织网，其中编织网由一个环状的钢筋环组成，且钢筋环的闭合接口处通过钢筋套筒连接。该环形钢筋防护网由普通钢筋环相互套接而成，具有较好的塑性变形性能，可提高防护网的整体耗能能力，优化防护系统的结构体系。

（2）附图。

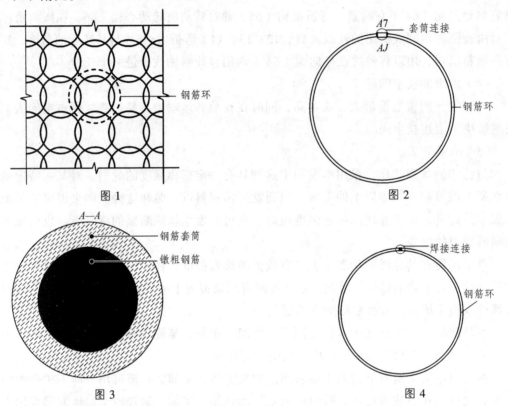

图1　图2　图3　图4

（3）权利要求。

①一种边坡被动防护系统中的环形钢筋防护网，包括编织网，其特征在于：所述编织网由2个以上环状的钢筋环组成，且每个钢筋环的闭合接口处通过钢筋套筒连接。

②根据权利要求①所述的一种边坡被动防护系统中的环形钢筋防护网，其特征在于：每个钢筋环的闭合接口处为镦粗钢筋。

③根据权利要求①所述的一种边坡被动防护系统中的环形钢筋防护网，其特征在于：当所述编织网由5个及5个以上环状的钢筋环组成时，一个钢筋环将4个钢筋环套在一起。

（4）解决的技术问题。

被动柔性防护系统中的网片多采用钢丝绳网或由数股钢丝盘结或缠绕而成的环形网，该类网片具有强度高、延性低的特点，但网片本身耗能能力较低，且成本较高。

（5）有益效果。

①本实用新型的环形钢筋防护网采用钢筋环相互套接形成防护网，具有较好的塑性变形能力，使防护网本身能够耗散大量冲击能量，降低了防护系统中其他构件的内力水平，改善了整体结构的传力路径。

② 本实用新型的环形钢筋防护网显著提高了防护网的耗能能力，进而可以达到优化防护系统结构体系的目的。

③ 本实用新型采用普通钢筋代替常用的钢丝绳和钢丝材料，钢筋环形防护网的加工制造更为简便，而且可以有效降低防护网的成本，增加了被动柔性防护系统的经济性。

（6）小结。

该发明专利提供了一种边坡被动防护系统中的环形钢筋防护网，该环形钢筋防护网由普通钢筋环相互套接而成，具有较好的塑性变形性能，解决了现有网片本身耗能能力较低，且成本较高的问题。

3.4.6　小　结

本节主要对柔性网片的专利申请数据进行分析。从柔性网片的结构看，其呈网状，通过固定件固定在灾害发生地，结构相对简单，专利申请量比较小，极有可能是目前的产品已能保证安全稳定的防护，使得产品更新换代比较慢。

3.5　耗能器相关专利分析

本节在柔性防护系统基础上，对柔性结构构件中的耗能器专利进行分析，共筛选出66 项专利文献。此次分析主要从专利的申请趋势、专利区域分布、专利技术分布、专利申请人几个角度出发。

3.5.1　专利申请趋势

如图 3.42 所示，耗能器与柔性防护系统中的各个分支起步时间基本一致，起步于 2007年，但是从整体情况看，2006—2013 年期间仅有 3 项专利申请，专利申请数据持续增加是在 2014 年之后，通过这些数据可以看出在 2018 年专利申请处于高峰期，为 16 件。

2019—2020 年期间相关专利申请虽然出现小幅度下滑，但并不能代表耗能器进入了衰退期。因为从正常的生长周期看，经历快速发展期后，会进入技术成熟期，这段时间的专利数据相对会比较稳定。但是从申请数据看，并未出现这一阶段，可见 2019—2020年期间出现小幅下滑可能存在以下两方面原因：一方面是整体专利申请量数据不是很大，从统计角度而言，不太具备统计意义；另一方面是 2020 年离现在时间较近，公布数量不足，致使专利量存在小幅下滑。

3.5.2　专利区域分布

如图 3.43 所示，从专利分布区域可知，目前耗能器的分布非常不均匀，主要分布在四川，共 37 项，其次是重庆，拥有 8 项专利申请，前两名占比高达 70.31%，余下省市申请专利数据均在 3 件左右。

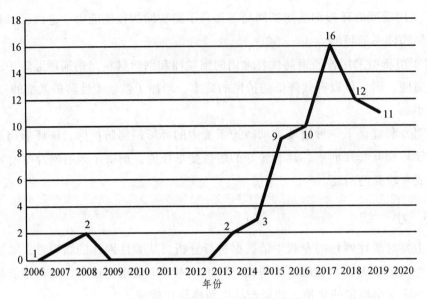

图 3.42　耗能器专利的申请趋势

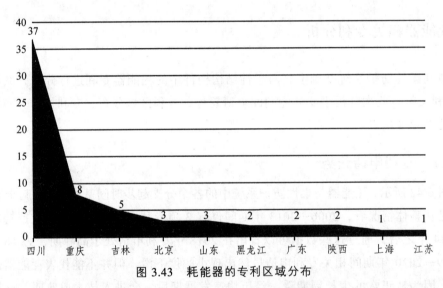

图 3.43　耗能器的专利区域分布

通过上述区域分布可以看出，目前耗能器产品市场主要被四川的企业所占领。

3.5.3　专利技术分布

图 3.44 中各个 IPC 分类号的含义具体可以参考表 3.1 和表 3.2，此处就不再赘述。从图可以看出，专利申请量占比较大的 IPC 分类号分别是 E01F、E02D、E02B 和 E21D，四个技术分支占了整体的 70%左右。

通过分析不难发现，耗能器与其上位的领域柔性防护领域及边坡灾害防护领域的技术构成基本相同，热门方向完全一致的。在排名上基本上是 E01F 和 E02D 轮流排名第一，可见这两个领域在柔性防护的各个细化分支中都占据了比较重要的地位。

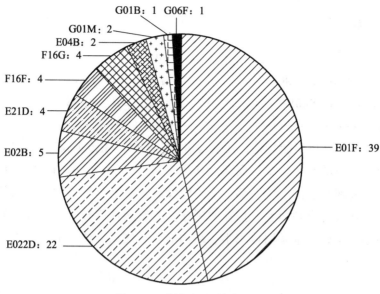

图 3.44 耗能器的技术分布

备注：从技术分布的整体数据看，大于所有数据 66 项，其主要原因是部分专利申请具有至少 2 个主分类项。

3.5.4 主要申请人

图 3.45 展示出了耗能器专利的申请人排名。从排名看，西南交通大学的专利申请量最多，为 9 项，余下企业申请的专利量基本上在 3 项左右。我们可以发现，前 10 名中出现了个人申请，从中国目前申请专利的惯例看，部分私企习惯用法人的名义进行申请，此处的个人申请极有可能是某个企业以个人名义进行的专利申报。

另外，耗能器部分分析的专利数据总量为 66 项，数据量相对比较小，分析相对不是很准确。但通过该部分数据，比较明确的是，大部分企业都存在耗能器的专利申请，表明目前柔性网片在灾害防护中还是占据一定的比例。

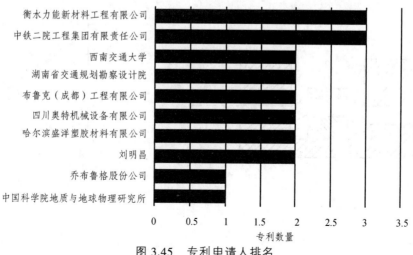

图 3.45 专利申请人排名

3.5.5 代表性专利

1. 一种摩擦消能装置

申请号：CN201610319284.X   申请日：2016-05-13

公开号：CN105803960B   公告日：2017-09-08

（1）摘要。

本发明公开一种摩擦消能装置，其结构包括：主体，主体上设有左右贯穿的中心孔，其内部设有向上开口的空腔，空腔底部设有凸起部；位于空腔内的柱状旋转体，旋转体上侧壁设有与凸起部配合的上凹入部，下侧壁设有与凸起部配合的下凹入部，旋转体靠近上凹入部的一侧设有沿轴向左右贯穿的侧孔，当旋转体旋转至上凹入部与凸起部贴合时，侧孔与中心孔重合。本发明体积小、结构简单、使用方便、消能效果显著，并能重复多次使用。

（2）附图。

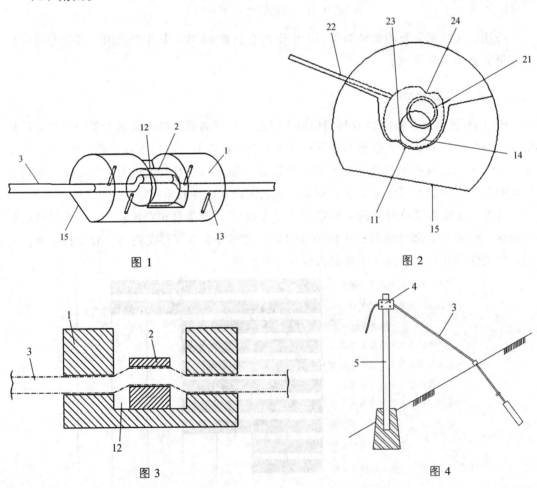

图 1   图 2

图 3   图 4

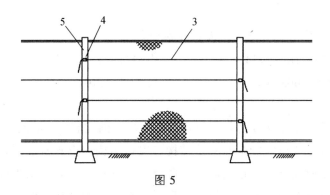

图 5

（3）权利要求。

① 一种摩擦消能装置，其特征在于，其结构包括：主体（1），主体（1）上设有左右贯穿的中心孔（14），其内部设有向上开口的空腔（12），空腔（12）底部设有凸起部（11）；位于空腔（12）内的柱状旋转体（2），旋转体（2）上侧壁设有与凸起部（11）配合的上凹入部（24），下侧壁设有与凸起部（11）配合的下凹入部（23），旋转体（2）靠近上凹入部（24）的一侧设有沿轴向左右贯穿的侧孔（21），当旋转体（2）旋转至上凹入部（24）与凸起部（11）贴合时，侧孔（21）与中心孔（14）重合。

② 根据权利要求①所述的摩擦消能装置，其特征在于，所述旋转体（2）前侧壁或后侧壁上还固定连接有旋转把手（22）。

③ 根据权利要求①所述的摩擦消能装置，其特征在于，所述旋转体（2）前侧壁或后侧壁上还设有用于插入旋转撬杆的插孔。

④ 根据权利要求①所述的摩擦消能装置，其特征在于，所述主体（1）为下侧壁设有平头（15）的圆柱体。

⑤ 根据权利要求①所述的摩擦消能装置，其特征在于，所述主体（1）上设有固定螺栓（13）。

（4）解决的技术问题。

现有摩擦消能装置施工难度较大，会发生不可逆破坏，难以再次使用。本发明解决了上述技术问题。

（5）有益效果。

本发明通过主体和旋转体使钢丝绳发生弯曲，安装时可以达到紧固钢丝绳的作用，而无须再次固定钢丝绳。

本发明在柔性防护系统受到落石冲击时，冲击能量传递到钢丝绳，钢丝绳克服与主体和旋转体之间的摩擦力而发生相对运动，达到消除落石冲击能量的目的。

本发明在主体两端各设有两个螺栓孔，旋转体上设有旋转把手，便于工程施工中安装。

本发明体积小、结构简单、使用方便、消能效果显著，并能重复多次使用。

（6）小结。

该发明专利通过主体和旋转体使钢丝绳发生弯曲以达到紧固钢丝绳的作用，解决了现有消能产品施工难度较大，会发生不可逆破坏，难以再次使用的技术难题。

2. 一种具有启动荷载削峰作用的缓冲消能装置

申请号：CN201710934454.X　　　　申请日：2017-10-10

公开号：CN107700374A　　　　　　公告日：2018-02-16

（1）摘要。

本发明公开了一种具有启动荷载削峰作用的缓冲消能装置，涉及缓冲消能装置领域。该缓冲消能装置包括变形吸能带和夹持结构，夹持结构内设置有变形通道，变形吸能带穿过变形通道，变形通道使变形吸能带弯曲或被压扁；弯曲时，变形吸能带位于变形通道内，邻近变形通道的部分为启动段；压扁时，位于变形通道一侧，临近变形通道的部分为启动段；位于启动段一端的变形吸能带部分为自由段；启动段的惯性矩小于自由段的惯性矩。本发明的启动段横截面惯性矩相对减小，启动段在被拉出通过变形通道的过程中，其弹塑性变形阻力也相对减小，从而削减了缓冲消能装置的启动荷载峰值。

（2）附图。

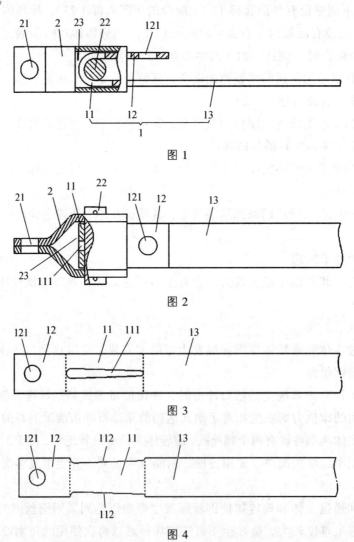

图 1

图 2

图 3

图 4

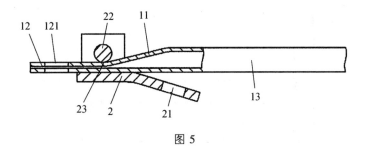

图 5

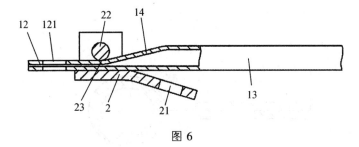

图 6

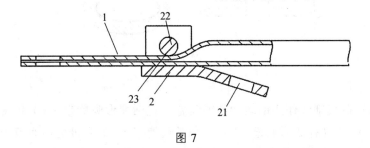

图 7

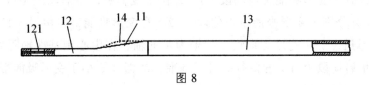

图 8

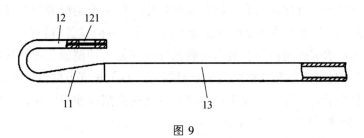

图 9

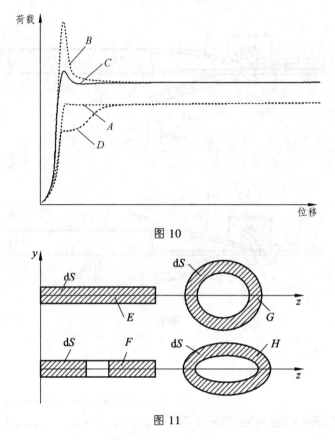

图 10

图 11

（3）权利要求。

① 具有启动荷载削峰作用的缓冲消能装置，包括变形吸能带（1）和夹持结构（2），夹持结构（2）内设置有变形通道（23），变形吸能带（1）穿过变形通道（23），变形通道（23）使变形吸能带（1）弯曲，变形吸能带（1）位于变形通道（23）内，邻近变形通道（23）的部分为变形吸能带启动段（11），位于变形吸能带启动段（11）两端的变形吸能带（1）部分分别为变形吸能带拉伸段（12）和变形吸能带自由段（13），其特征在于：以沿变形通道（23）宽度方向设置的轴为基准轴，在中心距基准轴距离相同的情况下，变形吸能带启动段（11）的横截面对于基准轴的惯性矩小于变形吸能带自由段（13）的横截面对于基准轴的惯性矩。

② 根据权利要求①所述的具有启动荷载削峰作用的缓冲消能装置，其特征在于：变形吸能带启动段（11）的中部沿变形吸能带（11）长度方向设置有长孔（111）。

③ 根据权利要求①所述的具有启动荷载削峰作用的缓冲消能装置，其特征在于：变形吸能带启动段（11）的一侧或两侧沿变形吸能带（11）长度方向设置有长槽（112）。

④ 根据权利要求①～③任一项所述的具有启动荷载削峰作用的缓冲消能装置，其特征在于：变形吸能带（1）为金属板带。

⑤ 具有启动荷载削峰作用的缓冲消能装置，包括变形吸能带（1）和夹持结构（2）。夹持结构（2）内设置有变形通道（23），变形吸能带（1）穿过变形通道（23），变形通

道（23）使变形吸能带（1）被压扁，变形吸能带（1）位于变形通道（23）一侧，临近变形通道（23）的部分为变形吸能带启动段（11），位于变形吸能带启动段（11）两端的变形吸能带（1）部分分别为变形吸能带拉伸段（12）和变形吸能带自由段（13）。其特征在于：以沿变形通道（23）宽度方向设置的轴为基准轴，在中心距基准轴距离相同的情况下，变形吸能带启动段（11）的横截面对于基准轴的惯性矩小于变形吸能带自由段（13）的横截面对于基准轴的惯性矩，并且由靠近变形吸能带拉伸段（12）一端至靠近变形吸能带自由段（13）一端，变形吸能带启动段（11）的横截面对于基准轴的惯性矩平缓增加。

⑥ 根据权利要求⑤所述的具有启动荷载削峰作用的缓冲消能装置，其特征在于：变形通道（23）使变形吸能带（1）被压扁且弯曲。

⑦ 根据权利要求⑤或⑥所述的具有启动荷载削峰作用的缓冲消能装置，其特征在于：变形吸能带（1）内具有沿其长度方向设置的空腔或槽以利于变形吸能带（1）被压扁。

⑧ 根据权利要求⑦所述的具有启动荷载削峰作用的缓冲消能装置，其特征在于：变形吸能带（1）为金属管；变形吸能带启动段（11）被压扁，并且由靠近变形吸能带拉伸段（12）一端至靠近变形吸能带自由段（13）一端，变形吸能带启动段（11）的压扁量平缓减少。

（4）解决的技术问题。

现有耗能器耗能能力弱、狭窄空间安装不便利、不能重复使用。本发明解决了上述技术问题。

（5）有益效果。

本发明的变形吸能带启动段横截面惯性矩相对减小，变形吸能带启动段在被拉出通过变形通道的过程中，其弹塑性变形阻力也相对减小，从而削减了缓冲消能装置的启动荷载峰值（参见图10中曲线 C），使得应用本缓冲消能装置的拦挡结构的其他构件内的荷载峰值也相应减小，可以实现更为经济的拦挡结构设计及其工程应用现场的固定基础设计。

此外，具有启动荷载削峰作用的缓冲消能装置的变形吸能带启动段弹塑性变形阻力相对减小，实际上也必然带来准静态试验条件下该类缓冲消能装置启动荷载的降低，其准静态荷载-位移曲线特征（参见图10中曲线 D）可以用于判定缓冲消能装置在动态荷载作用下是否具有启动荷载削峰作用。

（6）小结。

该发明专利通过依靠变形通道压扁变形吸能带过程中产生的阻力来实现缓冲消能，解决了现有耗能产品拦挡结构设计及其工程应用现场的固定基础设计仍不够经济的技术难题。

3. 一种用于边坡柔性防护系统的簧式屈服型耗能器及设计方法

申请号：CN202010058128　　　　申请日：2020-01-18

公开号：CN111254947A　　　　　公告日：2020-06-09

（1）摘要。

本发明公开了一种用于边坡柔性防护系统的簧式屈服型耗能器及设计方法。该耗能器包括弹簧钢、转轴、销轴、C 形夹具、弧形耳板。其中，弹簧钢紧密缠绕在转轴上，同时带孔一端沿转轴切向伸出一段距离并通过孔洞与柔性防护系统的支撑绳相连，另一端与转轴焊接。转轴内套销轴并留有微小间隙，销轴通过螺栓与 C 形夹具的上下两夹具翼缘板相连，C 形夹具腹板焊接弧形耳板，耳板预留孔洞与柔性防护系统的另一支撑绳相连。当柔性防护系统受到冲击时，连接支撑绳的弹簧钢受拉并绕转轴发生转动，由弯曲状态变为拉直状态，通过其塑性变形消耗能量。冲击结束后，弹簧钢可由拉直状态再次绕转轴盘旋成弹簧状从而实现重复使用。本发明所述耗能器结构设计合理，耗能机制明确，耗能能力强，拆装维修方便，能适用于狭窄空间安装，可重复多次使用。

（2）附图。

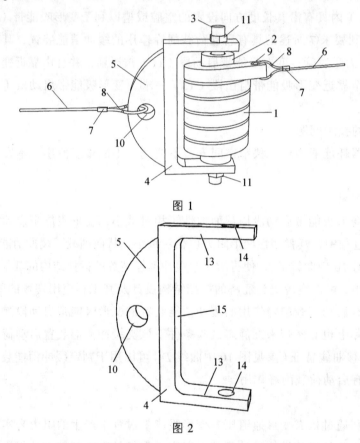

图 1

图 2

（3）权利要求。

① 一种用于边坡柔性防护系统的簧式屈服型耗能器及设计方法，其耗能器特征在于，包括弹簧钢（1）、转轴（2）、销轴（3）、C 形夹具（4）、弧形耳板（5）。

所述弹簧钢（1）紧密缠绕在转轴（2）上，转轴（2）内置销轴（3）形成耗能器主体结构。

销轴（3）通过螺栓（11）与 C 形夹具（4）连接，C 形夹具（4）与弧形耳板（5）焊接形成耗能器附属结构。

所述弹簧钢（1）与柔性防护系统的支撑绳（6）相连，同时，弧形耳板（5）与柔性防护系统另一支撑绳（6）相连形成系统的耗能机制。

② 根据权利要求①所述的一种用于边坡柔性防护系统的簧式屈服型耗能器及设计方法，其耗能器特征在于，所述弹簧钢（1）是由方钢绕转轴（2）机械卷制而成，其一端延转轴切向伸出一段距离，伸出部分带有第一连接孔（9）与柔性防护系统中支撑绳（6）相连，另一端与转轴（2）焊接。

③ 根据权利要求①或②所述的一种用于边坡柔性防护系统的簧式屈服型耗能器及设计方法，其耗能器特征在于，所述转轴（2）是钢制圆筒，其外紧密缠绕弹簧钢（1），内套销轴（3）并留有一定间隙。

④ 根据权利要求①或③所述的一种用于边坡柔性防护系统的簧式屈服型耗能器及设计方法，其耗能器特征在于，所述销轴（3）由钢材制成，其外套转轴（2），两端带螺纹并通过螺栓（11）与 C 形夹具（4）连接。

⑤ 根据权利要求①或④所述的一种用于边坡柔性防护系统的簧式屈服型耗能器及设计方法，其耗能器特征在于，所述 C 形夹具（4）由钢材制成，包括上下两个夹具翼缘板（13）和夹具腹板（15），其两个夹具翼缘板（13）留有夹具连接孔（14）与销轴（3）进行螺栓连接，夹具腹板（15）与弧形耳板（5）焊接。

⑥ 根据权利要求①或⑤所述的一种用于边坡柔性防护系统的簧式屈服型耗能器及设计方法，其耗能器特征在于，所述弧形耳板（5）由钢材制成并带有第二连接孔（10）与柔性防护系统支撑绳（6）相连。

⑦ 根据权利要求①或②或⑥所述的一种用于边坡柔性防护系统的簧式屈服型耗能器及设计方法，其耗能器特征在于，所述柔性防护系统支撑绳（6）通过夹具（7）形成绳套（8）从而与弹簧方钢（1）和弧形耳板（5）连接。

⑧ 根据权利要求⑦所述的一种用于边坡柔性防护系统的簧式屈服型耗能器及设计方法，其耗能器特征在于，所述夹具（7）采用钢丝绳铝合金压制接头或者钢丝绳夹。

⑨ 一种用于边坡柔性防护系统的簧式屈服型耗能器及设计方法，其设计方法包括如下步骤：

（a）预设销轴直径并计算转轴内外径；

（b）预估弹簧钢工作时的拉伸长度；

（c）根据耗能需求和弹簧钢工作时的拉伸长度计算耗能器的平均工作拉力；

（d）根据耗能器的平均工作拉力计算设计弹簧钢截面尺寸；

（e）根据耗能器的平均工作拉力和弹簧钢截面尺寸计算设计弹簧钢伸出部分；

（f）根据弹簧钢工作时的拉伸长度设计弹簧钢的盘旋长度；

（g）根据弹簧钢盘旋长度确定销轴和转轴的高度；

（h）根据构造需求计算设计 C 形夹具各部分尺寸；

（i）校核销轴挠度是否满足使用需求；

（j）计算设计弧形耳板尺寸；

（k）通过数值仿真计算或实验检验耗能器是否满足使用需求。

⑩ 根据权利要求⑨所述的一种用于边坡柔性防护系统的簧式屈服型耗能器及设计方法，其设计方法特征在于所述销轴直径 D_1 根据经验预估。

⑪ 根据权利要求⑨和权利要求⑩所述的一种用于边坡柔性防护系统的簧式屈服型耗能器及设计方法，其设计方法特征在于所述转轴内外径通过下式确定：

$$D_2 = D_1 + 2\delta$$
$$D_3 = D_2 + 2T$$

式中：D_1 为销轴直径；D_2 为转轴内径；δ 为销轴与转轴环向间隙；D_3 为转轴外径；T 为转轴壁厚，取 20 mm。

⑫ 根据权利要求⑨所述的一种用于边坡柔性防护系统的簧式屈服型耗能器及设计方法，其设计方法特征在于所述弹簧钢的拉伸长度 S_1 根据冲击时柔性防护系统支撑绳最大滑移量预估。

⑬ 根据权利要求⑨和权利要求⑫所述的一种用于边坡柔性防护系统的簧式屈服型耗能器及设计方法，其设计方法特征在于所述耗能器的平均工作拉力由下式确定：

$$F_w = \frac{E_e}{S_1}$$

式中：F_w 为耗能器的平均工作拉力；E_e 为耗能期望值；S_1 为弹簧钢的拉伸长度。

⑭ 根据权利要求⑨、权利要求⑪和权利要求⑬所述的一种用于边坡柔性防护系统的簧式屈服型耗能器及设计方法，其设计方法特征在于所述耗能器弹簧钢截面尺寸根据塑性弯曲理论由下式确定：

$$b_1^2 t = \frac{2F_s D_3}{f_1}$$

式中：b_1 为弹簧钢宽度；t 为弹簧钢厚度；F_s 为弹簧钢的启动力，令其等于 F_w；f_1 为弹簧钢的抗弯强度设计值。

⑮ 根据权利要求⑨、权利要求⑬和权利要求⑭所述的一种用于边坡柔性防护系统的簧式屈服型耗能器及设计方法，其设计方法特征在于所述耗能器弹簧钢伸出一端留有第一连接孔，其直径和位置由下式确定：

$$d_1 \leqslant b_1 - \frac{F_w}{f_2 t}$$

$$L_2 \geqslant \frac{3F_w}{2t f_{v1}}$$

式中：d_1 为第一连接孔的直径；f_2 为弹簧钢的抗拉强度；L_2 为第一连接孔边缘与弹簧钢

伸出部分端面的距离；f_{v1} 为弹簧钢抗剪强度设计值。

⑯ 根据权利要求⑨、权利要求⑪、权利要求⑬和权利要求⑮所述的一种用于边坡柔性防护系统的簧式屈服型耗能器及设计方法，其设计方法特征在于所述耗能器弹簧钢一端延转轴切向伸出一段距离，伸出长度由下式确定：

$$L_1 \geqslant \frac{D_3}{2} + b_1 + L_2 + d_1$$

式中：L_1 为弹簧钢伸出长度。

⑰ 根据权利要求⑨和权利要求⑫所述的一种用于边坡柔性防护系统的簧式屈服型耗能器及设计方法，其设计方法特征在于所述弹簧钢的盘旋长度根据下式确定：

$$S_2 = S_1 + S_0$$

式中：S_2 为弹簧钢的盘旋长度；S_0 为弹簧钢的焊接长度，取 100 mm。

⑱ 根据权利要求⑨、权利要求⑪、权利要求⑭和权利要求⑰所述的一种用于边坡柔性防护系统的簧式屈服型耗能器及设计方法，其设计方法特征在于所述销轴和转轴的高度根据下式确定：

$$H_1 = \left[\frac{S_2}{\pi \left(D_3 + \dfrac{b_1}{2} \right)} + 1 \right] (t + t_1) + 2t_2$$

$$H_2 = H_1 + 2t_3 + 2t_4 + 2t_5$$

式中：H_1 为转轴高度；[ ] 表示取整函数；t_1 为弹簧钢螺距；t_2 为弹簧钢末端与转轴末端的距离；H_2 为转轴高度；t_3 为 C 形夹具与转轴轴向间隙；t_4 为 C 形夹具翼缘板厚度；t_5 为销轴锚固长度。

⑲ 根据权利要求⑨、权利要求⑬和权利⑱所述的一种用于边坡柔性防护系统的簧式屈服型耗能器及设计方法，其设计方法特征在于所述夹具连接孔位置由下式确定：

$$L_4 \geqslant \frac{3F_w}{4t_4 f_{v2}}$$

式中：L_4 为夹具翼缘板孔洞边缘到板端的距离；f_{v2} 为 C 形夹具钢材抗剪强度设计值。

⑳ 根据权利要求⑨、权利要求⑩、权利要求⑪、权利要求⑬和权利要求⑲所述的一种用于边坡柔性防护系统的簧式屈服型耗能器及设计方法，其设计方法特征在于所述夹具翼缘板尺寸由下式确定：

$$b_2 \geqslant \frac{F_w}{2f_3 t_4} + D_4$$

$$L_3 \geqslant L_4 + \frac{D_4}{2} + \frac{D_3}{2} + b_1 + t_6$$

式中：b_2 为 C 形夹具翼缘板宽度；f_3 为 C 形夹具钢材抗拉强度设计值；D_4 为夹具翼缘板孔洞直径，计算时取 $D_4 = D_1$；L_3 为夹具翼缘板长度；t_6 为夹具腹板与弹簧钢间距。

㉑根据权利要求⑨和权利要求⑱所述的一种用于边坡柔性防护系统的簧式屈服型耗能器及设计方法，其设计方法特征在于所述夹具腹板尺寸由下式确定：

$$H_3 = H_1 + 2t_3$$

式中：H_3 是夹具腹板高度。此外，夹具腹板与夹具翼缘板保持相同的截面尺寸。

㉒根据权利要求⑨和权利要求⑪所述的一种用于边坡柔性防护系统的簧式屈服型耗能器及设计方法，其设计方法特征在于所述销轴采用材料力学方法根据下式校核：

$$\omega_c = \frac{5ql^4}{384EI} - 2\frac{ql^4}{192EI} \leq \frac{\delta}{2}$$

式中：ω_c 为销轴最大（跨中）挠度；q 为等效均布荷载，取 $q = \frac{F_w}{l}$；l 为销轴计算长度，取 $l = H_3$；EI 为销轴的抗弯刚度。

㉓根据权利要求⑨、权利要求⑬、权利要求⑱和权利要求⑲所述的一种用于边坡柔性防护系统的簧式屈服型耗能器及设计方法，其设计方法特征在于所述弧形耳板各部分尺寸及孔洞位置根据下式确定：

$$r_1 \geq \frac{3F_w}{2t_4 f_{v2}}$$

$$r = d_2 + 2r_1$$

式中：r_1 为第二连接孔边缘到圆弧顶点的距离；d_2 为第二连接孔的直径，取 $d_2 = d_1$；r 为弧形耳板拱高，弦长与夹具腹板高度相等为 H_3。

㉔根据权利要求⑨所述的一种用于边坡柔性防护系统的簧式屈服型耗能器及设计方法，其设计方法特征在于所述试验检验耗能器是否满足使用需求，包括静力拉伸试验和动力冲击试验。

（4）解决的技术问题。

现有耗能器耗能能力弱、狭窄空间安装不便利、不能重复使用。本发明解决了上述技术问题。

（5）有益效果。

本发明所述耗能器的弹簧钢（1）通过方钢卷制成为弹簧状作为初始状态，工作时弹簧钢（1）绕圆筒状转轴，通过弯曲状态变为拉直状态，由其塑性变形耗散能量。作为边坡柔性防护系统的组成部分，本发明可有效地提高防护系统的耗能能力，并有效地延长冲击时间从而减小冲击力。

本发明所述耗能器设计合理，耗能机制明确，可通过调整弹簧钢（1）的截面尺寸与销轴（3）的直径有效地针对耗能需求进行计算设计。

本发明所述耗能器结构简单、轻便，所占用的安装空间较小，安装、拆卸和维护十分方便。

本发明所述耗能器不仅可以单独使用，还可以组合使用，组合使用时可大幅度地提高其耗能能力。

本发明所述耗能器设计巧妙，其主要耗能构件弹簧钢（1）通过方钢绕转轴（2）卷制成为弹簧状态，工作时弹簧钢绕转轴（2）转动，从弯曲状态变为拉直状态，通过其塑性变形消耗能量。冲击结束后，弹簧钢拉直部分可再次绕转轴（2）盘旋成弹簧状从而实现反复使用，大大降低了边坡柔性防护系统中耗能器的使用成本，比现有耗能器更为经济合理。本发明具有实质性特点和进步，拥有十分广泛的市场应用前景，非常适合推广应用。

（6）小结。

该发明专利通过矩形盘旋钢条受力拉直这一塑性变形过程进行耗能，解决了现有耗能产品耗能能力弱、狭窄空间安装不便利、不能重复使用的技术难题。

4. 可重复利用的防护网摩擦消能装置

申请号：CN201721058865.9　　　　申请日：2017-08-23
公开号：CN207211163U　　　　　　公告日：2018-04-10

（1）摘要。

本实用新型公开了一种可重复利用的防护网摩擦消能装置，包括压紧装置、两个弧形弹簧板、卸扣Ⅰ和卸扣Ⅱ，压紧装置包括上下两压板、螺栓螺母结构和弹簧垫片，螺栓螺母结构贯穿上下两压板后，与弹簧垫片共同锁紧压板，弧形弹簧板上下叠放在压紧装置的上下两压板之间，并由螺栓螺母结构进行前后固定，弧形弹簧板为一端向上翘起的钢板，卸扣Ⅰ和卸扣Ⅱ分别位于不同压板的异侧端口处。本装置通过两块弧形弹簧板发生相对滑动和变形，将冲击动能转化为摩擦内能和形变弹性势能，达到消能目的；当能量释放完毕后，只需要对换拉绳的位置，即达到重复利用的目的，可解决现有消能装置在能量释放后不能重复利用的弊端。

（2）附图。

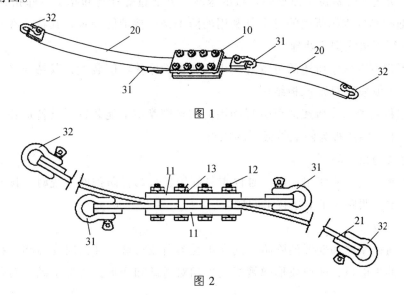

图 1

图 2

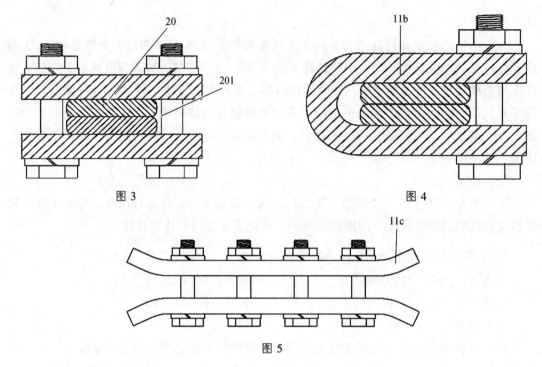

图3   图4

图5

（3）权利要求。

① 可重复利用的防护网摩擦消能装置，其特征在于，包括压紧装置、两个弧形弹簧板、卸扣Ⅰ和卸扣Ⅱ，所述压紧装置包括上下两压板、螺栓螺母结构和弹簧垫片，螺栓螺母结构贯穿上下两压板后，与弹簧垫片共同锁紧压板，所述弧形弹簧板上下叠放在压紧装置的上下两压板之间，并由螺栓螺母结构进行前后固定，所述弧形弹簧板为一端向上翘起的钢板，所述卸扣Ⅰ和卸扣Ⅱ分别位于不同压板的异侧端口处。

② 根据权利要求①所述的可重复利用的防护网摩擦消能装置，其特征在于，还设置有加强板，所述加强板位于弧形弹簧板的末端，并通过螺栓与卸扣Ⅰ、卸扣Ⅱ相连接。

③ 根据权利要求①所述的可重复利用的防护网摩擦消能装置，其特征在于，所述弧形弹簧板进行了边缘倒角处理。

④ 根据权利要求①所述的可重复利用的防护网摩擦消能装置，其特征在于，所述压紧装置中的压板采用U形压板结构。

⑤ 根据权利要求①所述的可重复利用的防护网摩擦消能装置，其特征在于，所述压紧装置中的上下两压板为两端带弧形的压板。

（4）解决的技术问题。

现有消能装置只能使用一次、难以重复利用，且修复防护网系统时对该部件的更换比较困难。本发明解决了上述技术问题。

（5）有益效果。

本装置通过摩擦和变形消除防护网在承受落石或滑坡等冲击时支撑绳、拉锚绳等系统上受到的冲击能量，两块弧形弹簧板发生相对滑动和变形，将冲击动能转化为摩擦内能和形变弹性势能，达到消能目的；当能量释放完毕后，只需要对换拉绳的位置，即达到重复利用的目的，可解决现有消能装置在能量释放后不能重复利用的弊端，且施工相对现有消能装置更加方便。

（6）小结。

该发明专利通过两块弧形弹簧板发生相对滑动和变形，将冲击动能转化为摩擦内能和形变弹性势能进行耗能，解决现有消能装置在能量释放后不能重复利用的弊端，且施工相对现有消能装置更加方便。

3.6　支撑及连接节点相关专利分析

本节主要是在柔性防护系统的基础上，对涉及支撑及连接节点方面的专利申请进行分析，在分析过程中，共筛选出 57 项专利文献。此次分析主要从专利的申请趋势、专利区域分布、专利技术分布、专利申请人几个角度出发。

3.6.1　专利申请趋势

如图 3.46 所示，从支撑及连接节点方面专利申请的数据看，该技术分支起始于 2007 年，在 2007—2020 年出现了波峰波谷，可见支撑及连接节点相关技术的发展并不平坦，有可能技术发展过程中需要克服的技术难点较多，也有可能支撑及连接节点主要起连接或支撑稳定的作用，属于外围专利，各个企业没有引起重视，所以申请量波动比较大。

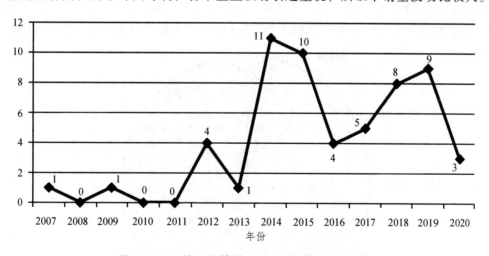

图 3.46　支撑及连接节点方面专利的申请趋势

3.6.2　专利区域分布

图 3.47 展示的是支撑及连接节点的专利在中国省级行政区域的分布情况，通过该图可以了解在中国申请专利保护较多的省份，以及各省市的创新活跃程度。

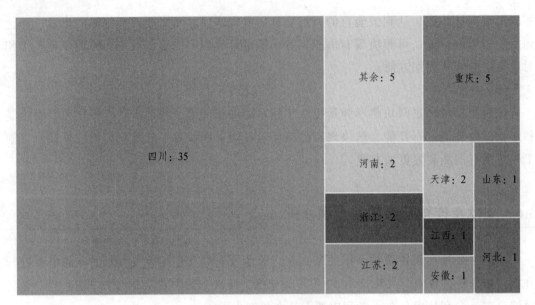

图 3.47　专利区域分布

通过图 3.47 可以看出，目前仅四川具有 35 件与支撑及连接节点相关的专利申请，其次是重庆，仅有 5 项，目前余下省市的专利总数量却不及四川总数据的 2/3，可见四川在这方面明显领先于其他省市。

3.6.3　专利技术分布

图 3.48 中各个 IPC 分类号的含义具体可以参考表 3.1 和表 3.2。从图中可以看出，专利申请量占比较大的 IPC 分类号分别是 E02D、E01F，两个技术分支占了整体的 90% 左右。

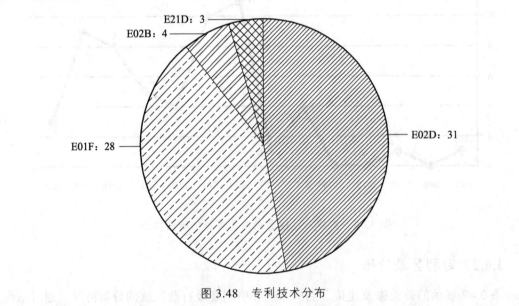

图 3.48　专利技术分布

通过 3.1 ~ 3.6 节的分析不难发现，E02D、E01F 这两个领域贯穿了边坡灾害防护系统的各个细化分支技术，且都占据了领先地位，可见这两个领域分别对应的附属工程、基础、挖方、填方是目前的热门发展方向。

3.6.4 主要申请人

图 3.49 是按照所属申请人（专利权人）的专利数量统计的申请人前 10 名情况。从前 10 名企业（院校）所在省市看，除了铁道第三勘察设计院集团有限公司非四川的企业外，其他企业（院校）都位于四川，结合 3.1～3.6 节的分析看，从企业排名也进一步印证了四川不但在支撑及连接节点技术方面具有领先地位，而且在整个柔性防护领域都具有领先地位。

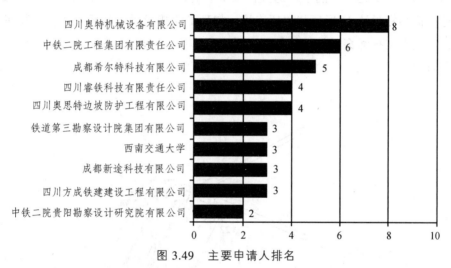

图 3.49　主要申请人排名

另外，通过企业申请量的排名，可以直观地看到目前行业中哪些企业积累有较多的技术成果，进一步反映出相应企业在这方面具有的独特领先优势，通过企业排名可以进一步分析其专利竞争实力。

图 3.50 展示的是按照专利数量统计的发明人排名情况，通过该分析，可以知道发明人的研发实力，并具体到细化分支，可以帮助相关企业进一步厘清该技术或申请人的核心技术人才，为人才的挖掘和评价提供帮助。

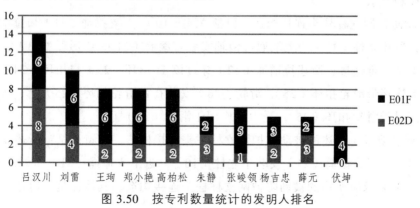

图 3.50　按专利数量统计的发明人排名

3.6.5 代表性专利

1. 被动防护网立柱柱头连接构造

申请号：CN201410345856.2　　　申请日：2014-07-18

公开号：CN104060552B　　　　公告日：2017-01-04

（1）摘要。

被动防护网立柱柱头连接构造，可有效改善立柱力学性能，提高其瞬时冲击荷载作用下能量传递的顺畅性，并且简化立柱的结构，方便现场施工与安装。它包括立柱、上支撑绳和拉锚绳。所述立柱的上端通过销轴安装有滚筒，U 形环开口端与该滚筒固定连接；所述拉锚绳穿过该 U 形环与扣环连接，扣环上连接带滑轮扣环，滑轮安装在带滑轮扣环上；所述上支撑绳穿过带滑轮扣环，受力后作用于滑轮上。

（2）附图。

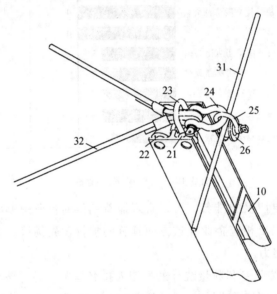

图 1

（3）权利要求。

① 被动防护网立柱柱头连接构造，包括立柱（10）、上支撑绳（31）和拉锚绳（32），其特征是：所述立柱（10）的上端通过销轴安装有滚筒（21），U 形环（23）开口端与该滚筒（21）上固定连接；所述拉锚绳（32）穿过该 U 形环（23）与扣环（24）连接，扣环（24）上连接带滑轮扣环（25），滑轮（26）安装在带滑轮扣环（25）上；所述上支撑绳（31）穿过带滑轮扣环（25），受力后作用于滑轮（26）上。

② 如权利要求①所述的被动防护网立柱柱头连接构造，其特征是：所述立柱（10）的横截面呈工字形，滚筒（21）安装于立柱（10）靠近上支撑绳（31）一侧的前槽内。

③ 如权利要求①所述的被动防护网立柱柱头连接构造，其特征是：所述立柱（10）

的上端通过销轴安装有后侧滚筒（22），该后侧滚筒（22）位于立柱（10）远离上支撑绳（31）一侧的后槽内，后侧滚筒（22）、滚筒（21）的轴线相平行。

（4）有益效果。

上支撑绳与拉锚绳通过扣环、带滑轮扣环直接相连接，缩短了冲击荷载传递的路径，使冲击荷载的传递更为顺畅；立柱只承担竖向压力，充分发挥了立柱轴向受压力学性能佳的特点，而不再参与上支撑绳与拉锚绳之间的冲击荷载传递，可大大减小立柱的横向偏摆，避免了立柱发生横向弯曲破坏的可能，从而提高整个被动防护网的工作效能；简化了立柱的结构，方便现场施工与安装。

（5）小结。

该发明专利通过改善立柱力学性能，缩短冲击荷载传递路径，解决了立柱横向形变过大、结构失稳破坏的技术问题。

2. 防护网立柱柱脚连接构造

申请号：CN201420399780.7　　　申请日：2014-07-18

公开号：CN204059213U　　　　公告日：2014-12-31

（1）摘要。

防护网立柱柱脚连接构造，可改善立柱力学性能，降低立柱的横向偏摆幅度，并且简化立柱的结构，方便现场施工与安装。它包括立柱、基座和下支撑绳，其特征是：所述立柱的底部固定连接有纵向延伸的带孔钢板；所述基座具有横向间隔设置的左侧立板、右侧立板，左侧立板和右侧立板上固定安装有销轴，带孔钢板在左侧立板、右侧立板之间的空间内通过该销轴与基座形成可转动连接；所述基座上还设置有其上安装有滑轮的连接组件，下支撑绳受力后作用于该滑轮上。

（2）附图。

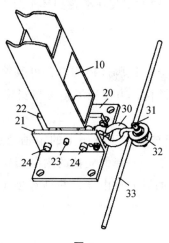

图 1

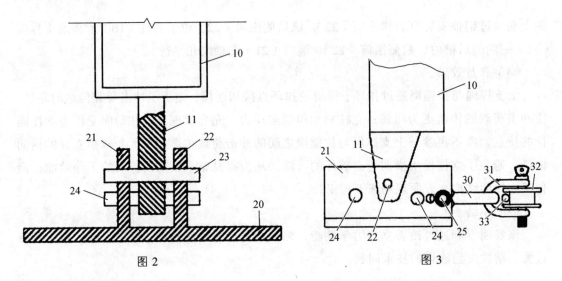

图 2　　　　　　　　　　　　图 3

（3）权利要求。

① 防护网立柱柱脚连接构造，包括立柱（10）、基座（20）和下支撑绳（33），其特征是：所述立柱（10）的底部固定连接有纵向延伸的带孔钢板（11）；所述基座（20）具有横向间隔设置的左侧立板（21）、右侧立板（22），左侧立板（21）和右侧立板（22）上固定安装有销轴（23），带孔钢板（11）在左侧立板（21）、右侧立板（22）之间的空间内通过该销轴（23）与基座（20）形成可转动连接；所述基座（20）上还设置有其上安装有滑轮（32）的连接组件，下支撑绳（33）受力后作用于该滑轮（32）上。

② 如权利要求①所述的防护网立柱柱脚连接构造，其特征是：所述左侧立板（21）、右侧立板（22）的板面上，在销轴（23）的两侧均设置有供限位缓冲销（24）穿入的通孔。

③ 如权利要求①所述的防护网立柱柱脚连接构造，其特征是：所述连接组件包括连接销（25），安装于左侧立板（21）、右侧立板（22）上的扣环（30），以及与扣环（30）连接的滑轮扣环（31），滑轮（32）安装在滑轮扣环（31）上，下支撑绳（33）穿过滑轮扣环（31）。

（4）解决的技术问题。

本发明提供了一种防护网立柱柱脚连接构造，可改善立柱力学性能，降低立柱的横向偏摆幅度，并且简化立柱的结构，方便现场施工与安装。

（5）有益效果。

通过立柱底部的带孔钢板与设置于基座上的销轴通过使立柱与基座形成可转动连接，有效地改善了立柱力学性能，并降低立柱的横向偏摆幅度；通过改变限位缓冲销的插入位置，能方便地调整立柱的纵向自由度，并具有缓冲作用；简化了立柱的结构，方便现场施工与安装。

（6）小结。

该专利通过立柱底部的带孔钢板与设置于基座上的销轴通过使立柱与基座形成可转动连接，有效地改善了立柱力学性能，并降低立柱的横向偏摆幅度，解决了在瞬时冲击荷载作用下，由于摩阻力原因导致立柱横向变形过大，从而导致结构失稳破坏的问题。

3. 一种新型防护网用 U 型钢柱基座

申请号：CN201420504041.X　　　　申请日：2014-09-02

公开号：CN204163088U　　　　　　公告日：2015-02-18

（1）摘要。

一种新型防护网用 U 型钢柱基座，属边坡防护网用支撑构件，长方形底板的四角处各开有一个锚固孔，上、下 U 型板的形状相同，两者开口方向相反地焊接在底板上，钢丝绳固定销轴可转动地架设在上、下 U 型板上，矩形立板焊接在底板上的下 U 型板的一侧，钢柱固定销轴可转动地架设在下 U 型板与矩形立板上，钢柱底部固定在钢柱固定销轴上；矩形加强筋焊接在矩形立板和下 U 型板以及底板之间。钢柱经销轴铰接在基座上，使防护网对滚石冲击荷载形成一定缓冲柔性防护作用，同时，钢丝绳卡在钢丝绳固定销轴下面，形成对钢丝绳的约束和定位，避免了钢丝绳产生摩擦类机械损伤。

（2）附图。

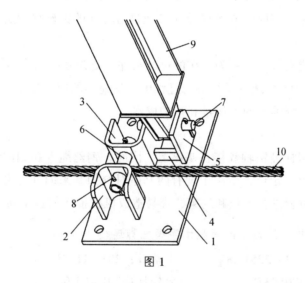

图 1

（3）权利要求。

① 一种防护网用 U 型钢柱基座，包括钢柱（9）和底板（1），其特征是：所述底板（1）为长方形钢板，长方形钢板的四个角处各开有一个锚固孔，上 U 型板（2）和下 U 型板（3）的形状相同，且两者开口方向相反地焊接在底板（1）上，用作卡住钢丝绳（10）的钢丝绳固定销轴（6）可转动地架设在上 U 型板和下 U 型板的两个销孔上，矩形立板（5）焊接在底板（1）上的下 U 型板（3）的左侧或右侧处，钢柱固定销轴（7）可转动地架设在下 U 型板与矩形立板的两个孔上，所述钢柱（9）底部固定在钢柱固定销轴（7）上；矩形加强筋（4）焊接在矩形立板与下 U 型板之间，以及焊接在底板（1）上。

② 根据权利要求①所述的一种防护网用 U 型钢柱基座，其特征是：所述钢丝绳固定销轴（6）采用无缝钢管制作，钢柱固定销轴（7）采用圆钢制作。

③ 根据权利要求①或②所述的一种防护网用 U 型钢柱基座，其特征是：所述钢柱（9）在钢柱固定销轴（7）上的受力点以及钢丝绳（10）在钢丝绳固定销轴（6）上的受力点均位于底板（1）的长方形的一条对角线上。

（4）解决的技术问题。

本实用新型提供了一种对落石具有缓冲功能以及方便约束定位支撑绳的防护网用 U 型钢柱基座，克服了上述现有技术的不足。

（5）有益效果。

① 现有基座中，钢柱（型钢制作）与底板刚性连接（即焊接在一起）形成基座，本基座中钢柱是经销轴铰接在基座上（或者销轴固定在基座的上、下 U 型板上，钢柱底部可转动地设置在销轴上），这样，当防护网受到滚石冲击荷载情况下，固定在钢柱上的防护网与底板（锚固在地上）铰接的钢柱产生随动性偏移，从而起到柔性缓冲作用，降低了冲击荷载对防护网的硬性破坏作用。

② 安装防护网的支撑绳卡在上、下 U 型板之间的钢丝绳固定销轴下面，解决了支撑绳的约束和定位问题，同时，支撑绳受力移动时与转动的钢丝绳固定销轴接触，而不会形成擦伤类机械损害。

U 型钢柱基座能提供一个更为平缓的过渡条件，更为坚固的支撑结构（上、下 U 型板以及立板、加强筋等），减少系统形变过程中钢丝绳上的应力集中，从而提高系统的防护能力，同时减少系统维护的工作量和维护成本。

（6）小结。

该专利通过将钢柱经销轴铰接在基座上，同时，钢丝绳卡在钢丝绳固定销轴下面，形成对钢丝绳的约束和定位，解决了现有的基座对突如其来的外力没有柔性防护能力以及不能对支撑绳的位置进行定位和约束，容易造成机械损伤的技术问题。

4. 被动柔性防护网结构中的新型十字型柱脚连接

申请号：CN201520922513.8　　　申请日：2015-11-18

公开号：CN205205837U　　　公告日：2016-05-04

（1）摘要。

本实用新型涉及边坡防护技术领域，公开了一种被动柔性防护网结构中的新型十字型柱脚连接。所述十字型柱脚连接，包括基座、钢柱、耳板、第一销钉和第二销钉；所述基座包括基座底板和基座耳板，两片基座耳板横向且平行地固定在所述基座底板上，所述第一销钉贯穿两基座耳板；所述钢柱包括柱底端板和柱底耳板，两片柱底耳板竖向且平行地固定在所述柱底端板上，所述第二销钉贯穿两柱底耳板；所述耳板的一端设有套筒，所述第一销钉在两基座耳板之间贯穿所述耳板的套筒，所述第二销钉在两柱底耳板之间贯穿所述耳板的另一端。通过所述连接结构，能够实现钢柱柱脚的二维转动，从而可缓解在拦截落石过程中钢柱易被破坏的问题。

（2）附图。

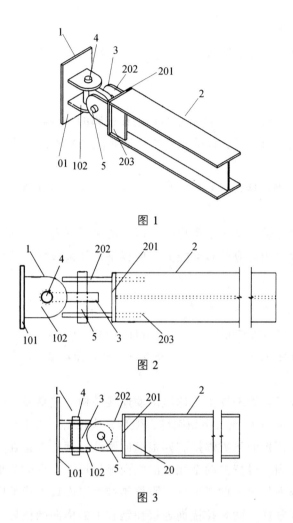

图 1

图 2

图 3

（3）权利要求。

① 一种被动柔性防护网结构中的新型十字型柱脚连接，其特征在于，包括基座（1）、钢柱（2）、耳板（3）、第一销钉（4）和第二销钉（5）。

所述基座（1）包括基座底板（101）和基座耳板（102），两片基座耳板（102）横向且平行地固定在所述基座底板（101）上，所述第一销钉（4）贯穿两基座耳板（102）。

所述钢柱（2）包括柱底端板（201）和柱底耳板（202），两片柱底耳板（202）竖向且平行地固定在所述柱底端板（201）上，所述第二销钉（5）贯穿两柱底耳板（202）。

所述耳板（3）的一端设有套筒，所述第一销钉（4）在两基座耳板（102）之间贯穿所述耳板（3）的套筒，所述第二销钉（5）在两柱底耳板（202）之间贯穿所述耳板（3）的另一端。

② 如权利要求①所述的被动柔性防护网结构中的新型十字型柱脚连接，其特征在于，所述钢柱（2）为"工"字形柱体结构。

③ 如权利要求②所述的被动柔性防护网结构中的新型十字型柱脚连接，其特征在于，所述钢柱（2）的底部设有连接所述柱底端板（201）和"工"字形柱体上下板的加劲板（203）。

（4）解决的技术问题。

本实用新型提供了一种能够满足钢柱柱脚多向转动的连接方式，解决了现有技术中的问题。

（5）有益效果。

① 能够满足传力的要求，而且能够实现钢柱柱脚的二维转动，从而可缓解在拦截落石过程中钢柱易被破坏的问题，保障被动柔性防护网结构的防护系统效能，并延长其使用寿命。

② 所述十字型柱脚连接设计巧妙，成本低廉，同时组装方便，易于实现。

（6）小结。

该发明专利通过提供新型十字型柱脚连接，解决了现有防护网系统中柱顶受力多向偏转，而柱脚难以提供相适应的转动能力，使得钢柱易被破坏，从而导致防护系统失效的技术问题。

5. 防护网柱头支撑绳滑动连接结构

申请号：CN201721059426.X　　　　申请日：2017-08-23

公开号：CN207211164U　　　　　　公告日：2018-04-10

（1）摘要。

本实用新型公开了防护网柱头支撑绳滑动连接结构，包括弧形柱头板、钢柱、上支撑绳和拉锚绳，钢柱为 H 型或工字型钢柱，弧形柱头板由一大平面板和两端呈倾斜向下的弧形板组成，大平面板的下方焊接有四根纵向圆柱，钢柱设置在大平面板下方的纵向圆柱内，大平面板上固定设置有两个相对的纵向弧形板，且纵向弧形板的上端通过限位销贯穿连接，上支撑绳从纵向弧形板、限位销和大平面板组成的闭合空间穿过，钢柱的上部还设置有横向圆柱，两条拉锚绳连接在钢柱上的横向圆柱处。本支撑绳受到纵向的限位约束，且与其接触的面皆为弧形面，使上支撑绳在横向能够顺畅滑动，以迅速启动支撑绳上的减压消能件，提高防护网系统的可靠度和承载能力。

（2）附图。

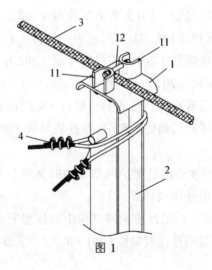

图 1

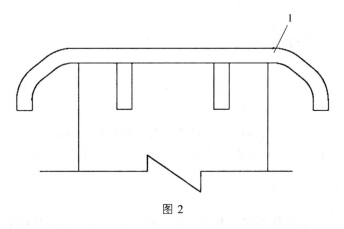

图 2

（3）权利要求。

① 防护网柱头支撑绳滑动连接结构，其特征在于，它包括弧形柱头板、钢柱、上支撑绳和拉锚绳，所述钢柱为 H 型或工字型钢柱，弧形柱头板焊接在钢柱上端，所述弧形柱头板由一大平面板和两端呈倾斜向下的弧形板组成，大平面板的下方焊接有四根纵向圆柱，钢柱设置在大平面板下方的纵向圆柱内，所述弧形柱头板中的大平面板上固定设置有两个相对的纵向弧形板，且纵向弧形板的上端通过限位销贯穿连接，上支撑绳从由纵向弧形板、限位销和大平面板组成的闭合空间穿过，钢柱的上部还设置有横向圆柱，两条拉锚绳连接在钢柱上的横向圆柱处。

② 根据权利要求①所述的防护网柱头支撑绳滑动连接结构，其特征在于，所述的纵向弧形板为两个相对的 U 型纵向弧形板。

（4）解决的技术问题。

本发明提供了一种防护网柱头支撑绳滑动连接结构，旨在减少上支撑绳横向滑动阻力，提升冲击能量通过上支撑绳横向传递的顺畅性，以此提高整个防护网系统的抗冲击能力。

（5）有益效果。

本专利通过上支撑绳仅受到钢柱柱头在纵向上的限位约束，在横向上未受到约束，并且纵向弧形板与盖形柱头板与其接触的面皆为弧形面，且设置大平面板，增大了上支撑绳的接触面，减少了支撑绳的机械损伤，降低了横向阻力，使上支撑绳在横向能够顺畅滑动，在系统受到冲击时能迅速启动支撑绳上的减压消能件，提高了防护网系统的可靠度和承载能力。

（6）小结。

该发明专利通过上支撑绳仅受到钢柱柱头在纵向上的限位约束，在横向上未受到约束，并且纵向弧形板与盖形柱头板与其接触的面皆为弧形面，且设置大平面板，增大了上支撑绳的接触面，减少了支撑绳的机械损伤，降低了横向阻力，使上支撑绳在横向能够顺畅滑动，在系统受到冲击时能迅速启动支撑绳上的减压消能件，提高了防护网系统的可靠度和承载能力。

3.7 棚洞相关专利简析

本节分析的对象主要为棚洞，棚洞是棚子式的洞子，一般是在落石多发（或可能塌方）的路段修建它来保护行车或行人的安全。

本节是在柔性防护系统的基础上，对棚洞对应的专利进行分析，共筛选出 129 项专利文献。此次分析主要从专利的申请趋势、主要申请人和重要专利几个角度出发。

3.7.1 专利申请趋势

图 3.51 展示了棚洞和挑棚对应专利的申请趋势，从筛选出的专利申请数据看，该技术在 2007—2016 年期间，偶尔一年有 2 个左右的专利申请数据，可见在技术的起步阶段，技术非常的不稳定，使得研发成果相对比较少。

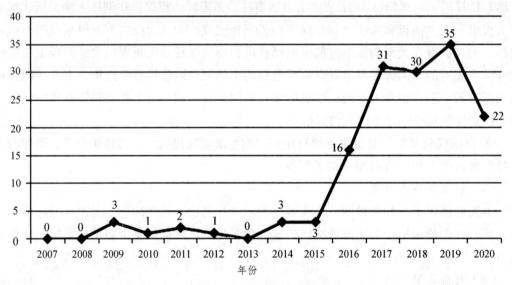

图 3.51 专利申请趋势

2016—2019 年，棚洞和挑棚对应的专利数据持续增长，显然已从萌芽期过渡至快速发展期，2020 年出现数据下滑，极有可能是部分发明数据还未公开，致使统计数据不太准确。

从 2016—2019 年的专利申请量可以看出，这段时间产出的科技成果较多，一方面原因是通过前期启蒙阶段的研发沉淀，部分研发相对成熟，所以呈现出的研发成果较多；另一方面原因可能是这期间市场对这方面产品需求较大，促使企业朝着这些方向进行专利布局。

图 3.52 为棚洞和挑棚的申请专利与公开专利趋势。在 2007—2020 年这 13 年期间，本领域专利的申请量和公开量趋势大体相同，尤其是 2007—2016 年，申请数量和公开数量都存在较大的波动，可能前期启蒙阶段技术的不稳定引起的。

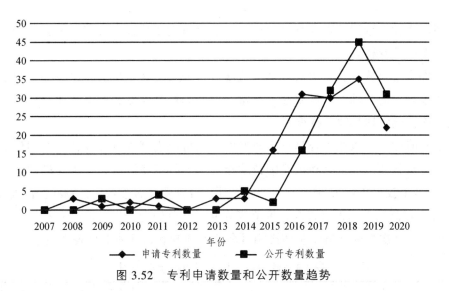

图 3.52　专利申请数量和公开数量趋势

2016—2018 年期间，呈现出申请数量大于公开数量的趋势，从申请到公开具有一定的延迟性，这一部分数据相对比较正常；但是在 2019—2020 年公开数量大于申请数量，可能原因是发明需要在申请后 3~18 个月公开，近年的发明数据还未全部公开，所以呈现出公开数量高于申请数量的趋势。

3.7.2　主要申请人

申请人是专利申请的主体，也是技术发展的主要推动力量，通过对申请人尤其是主要申请人的研究，可以发现本领域的申请主体的特点以及主要申请人的专利战略特点。

图 3.53 展示了棚洞和挑棚申请量前 10 位的申请人的专利申请的概况。从图中可以看出，前 10 名中位于四川的占据一半，可见四川从事相关产品研发销售的企业较多，市场份额较大。

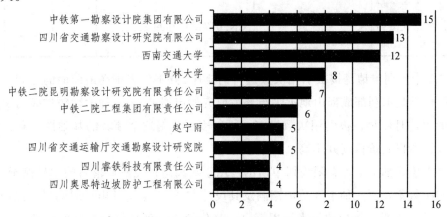

图 3.53　棚洞和挑棚相关专利对应的主要申请人

3.7.3　重要专利

重要专利可以从技术价值、经济价值以及受重视程度等几个方面来确定。由于一个专利经济价值和受重视的程度难以评价，本次分析主要从技术价值角度去评判一件专利申请是否为重要专利。

技术价值主要从被引频次及合享价值度进行分析，其中被引频次在一定程度上反映专利在该领域中的基础性、重要性，通常一件专利被其他专利所引证的频次越高，表明该专利在该领域中越基础、越重要。

合享价值度主要依托于合享自主研发的专利价值模型进行计算，该专利价值模型融合了专利分析行业内最常见和重要的技术指标（如技术稳定性、技术先进性、保护范围层面等20多个技术指标），通过设定指标权重、计算顺序等参数，将专利价值度分为1~10分，分数越高则专利价值越高，价值度为9~10分的专利为高价值专利。

通过被引证次数筛选出棚洞和挑棚排名前5项专利，具体参见表3.3。

表 3.3　棚洞和挑棚专利中的重要专利

标题	申请人	申请号	专利类型	被引证次数	当前法律状态	合享价值度
一种柔性防护棚洞及其设计方法	中国科学院水利部成都山地灾害与环境研究所	CN201110372820.X	发明申请	20	撤回	6
一种柔性结构层的棚洞结构及其施工方法	吴帆	CN201811151105.1	发明申请	8	撤回	4
用于隔离防护飞石或落石的柔性棚洞	布鲁克（成都）工程有限公司	CN200910307080.4	发明申请	7	授权	9
用于地震区高陡边坡防落石的组合式消能棚架结构	大连理工大学	CN201611100173.6	发明申请	7	驳回	4
一种隧道口危岩落石多级防护方法及其结构体	陕西中咨土木工程技术研究院有限公司	CN201710392809.7	发明申请	6	实质审查	8

表3.3中专利申请是按被引用次数进行的排序，并不代表排在最前面的专利价值度越高。中国科学院水利部成都山地灾害与环境研究所申请的"一种柔性防护棚洞及其设计方法"的申请日较早，被引用次数最多，可以表明其是这个领域的基础性专利，但是并没有授权，所以其价值度并不高。

布鲁克（成都）工程有限公司申请的"用于隔离防护飞石或落石的柔性棚洞"，虽然其被引用次数不及"一种柔性防护棚洞及其设计方法"，但是其申请时间早，经历10多年仍未失效，表明其保护的技术沿用至今，且价值度达到高价值专利的标准，可见"用于隔离防护飞石或落石的柔性棚洞"可以认为是棚洞和挑棚领域的重要专利。

陕西中咨土木工程技术研究院有限公司申请的"一种隧道口危岩落石多级防护方法及其结构体"，虽然目前还未授权，但是从在未授权的情况下合享价值度已达到8分，若是其授权后，合享价值度会进一步高，可见该项专利也可以判定为棚洞和挑棚领域的重要专利。

3.7.4　代表性专利

1. 浮动立柱防护网构造

申请号：CN201620303249.4　　　　　申请日：2016-04-12

公开号：CN205591134U　　　　　　公告日：2016-09-21

（1）摘要。

浮动立柱防护网构造，可有效避免立柱受落石直接冲击而发生损坏。它包括成排设置的立柱和悬挂固定于其上的防护网网体，所述立柱两侧分别设置与地层连接为一体的前侧锚固构件、后侧锚固构件。各立柱通过一对前侧钢索、后侧钢索悬置于地面之上，前侧钢索在立柱上部、前侧锚固构件和立柱下部之间形成三点固定连接且张紧，后侧钢索在立柱上部、后侧锚固构件和立柱下部之间形成三点固定连接且张紧。前侧钢索上设置有至少一个阻尼器。

（2）附图。

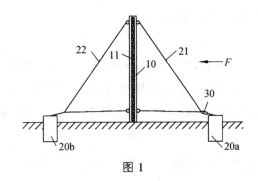

图 1

（3）权利要求。

① 浮动立柱防护网构造，包括成排设置的立柱（10）和悬挂固定于其上的防护网网体（11），其特征是：所述立柱（10）两侧分别设置与地层连接为一体的前侧锚固构件（20a）、后侧锚固构件（20b）；各立柱（10）通过一对前侧钢索（21）、后侧钢索（22）悬置于地面之上，前侧钢索（21）在立柱（10）上部、前侧锚固构件（20a）和立柱（10）下部之间形成三点固定连接且张紧，后侧钢索（22）在立柱（10）上部、后侧锚固构件（20b）和立柱（10）下部之间形成三点固定连接且张紧；前侧钢索（21）上设置有至少一个阻尼器（30）。

② 如权利要求①所述的浮动立柱防护网构造，其特征是：所述前侧锚固构件（20a）、后侧锚固构件（20b）为固定埋设在地层中的桩体。

③ 如权利要求①所述的浮动立柱防护网构造，其特征是：所述前侧锚固构件（20a）、后侧锚固构件（20b）为其下部与地面下稳定岩层锚固连接的锚杆。

④ 如权利要求①所述的浮动立柱防护网构造，其特征是：所述阻尼器（30）的设置位置靠近前侧锚固构件（20a）顶部。

⑤ 如权利要求①～④任意一项所述的浮动立柱防护网构造，其特征是：所述各立柱（10）中，两相邻前侧钢索（21）与同一个前侧锚固构件（20a）形成固定连接，两相邻后侧钢索（22）与同一个后侧锚固构件（20b）形成固定连接。

（4）解决的技术问题。

目前的固定立柱结构防护网，落石直接冲击固定立柱上，固定立柱不能够通过退让来缓冲和消耗落石动能，直接被落石损毁，整个防护网便丧失了防护功能。本发明解决了上述技术问题。

（5）有益效果。

本实用新型的有益效果是，立柱浮置于地面之上，呈双三角结构张紧的前侧钢索、后侧钢索保持浮置立柱的稳定平衡，并张紧悬挂于其上的防护网网体，防护网网体与各立柱构成的体系具有相当的柔性，因此具有更为良好的抗落石冲击性能；前侧钢索上设置的阻尼器能有效地消耗直接冲击在立柱上落石的动能，因此能有效避免立柱受落石直接冲击而发生损坏；前侧锚固构件、后侧锚固构件可以根据不同类型地质条件进行类型、位置选定，提高了防护网对地形地质的适应性。

（6）小结。

该发明专利通过提供一种浮动立柱防护网构造，成排设置的立柱和悬挂固定于其上的防护网网体，以有效避免立柱受落石直接冲击而发生损坏，解决了在应用固定立柱结构防护网时，落石直接冲击固定立柱，固定立柱不能够通过退让来缓冲和消耗落石动能，直接被落石损毁，使整个防护网丧失防护功能的技术难题。

2. 降噪型危岩落石柔性防护结构

申请号：CN201820297867.1　　　申请日：2018-03-02
公开号：CN207933908U　　　　公告日：2018-10-02

（1）摘要。

本实用新型公开了一种降噪型危岩落石柔性防护结构，包括若干个钢拱架，所有钢拱架之间通过横系梁连接成整体，在所述钢拱架和横系梁的外侧面铺设有柔性防护网，在所述钢拱架和横系梁的内侧面铺设有声屏障板，所述钢拱架通过基座与被防护体连接，且在基座处设置有金属耗能器。本装置通过在基座处设置金属耗能器，利用金属耗能器的塑性变形来吸收落石的冲击力，因此，落石通过柔性防护结构基座传递到桥梁梁体混凝土的冲击力也相应减小，防止了基座处混凝土被落石冲击破坏现象的发生；另外，在所述钢拱架和横系梁的内侧面铺设有声屏障板，声屏障板可以反射和吸收行车噪声，可大大减小行车噪声对周围环境的影响。

（2）附图。

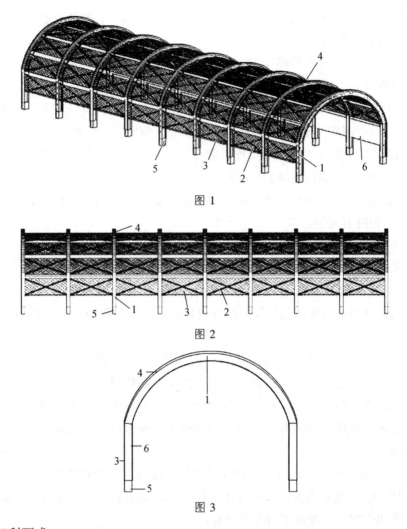

图 1

图 2

图 3

（3）权利要求。

① 一种降噪型危岩落石柔性防护结构，其特征在于，包括若干个钢拱架（1），所有钢拱架（1）之间通过横系梁（2）连接成整体，在所述钢拱架（1）和横系梁（2）的外侧面铺设有柔性防护网（3），在所述钢拱架（1）和横系梁（2）的内侧面铺设有声屏障板（6），所述钢拱架（1）通过基座与被防护体连接，且在基座处设置有金属耗能器（5）。

② 根据权利要求①所述的降噪型危岩落石柔性防护结构，其特征在于，所述钢拱架（1）的顶板上还铺设有橡胶缓冲层（4）。

③ 根据权利要求②所述的降噪型危岩落石柔性防护结构，其特征在于，所述橡胶缓冲层（4）沿所述钢拱架（1）的顶板均匀满布。

④ 根据权利要求①所述的降噪型危岩落石柔性防护结构，其特征在于，所述金属耗能器（5）为薄板立方体结构，且壁厚为 6~10 mm。

⑤ 根据权利要求①所述的降噪型危岩落石柔性防护结构，其特征在于，所述柔性防护网（3）为碳纤维网。

⑥ 根据权利要求①所述的降噪型危岩落石柔性防护结构，其特征在于，所述柔性防护网（3）为高强度钢丝网。

⑦ 根据权利要求⑥所述的降噪型危岩落石柔性防护结构，其特征在于，所述高强度钢丝网的钢丝直径为 10 ~ 14 mm。

⑧ 根据权利要求①所述的降噪型危岩落石柔性防护结构，其特征在于，相邻两个钢拱架（1）之间的所述横系梁（2）包括若干组成交叉型设置的斜撑。

⑨ 根据权利要求①所述的降噪型危岩落石柔性防护结构，其特征在于，所述声屏障板（6）为包括 PC 和玻璃钢的复合层结构件。

⑩ 根据权利要求①~⑨任一所述的降噪型危岩落石柔性防护结构，其特征在于，所述钢拱架（1）采用 H 型钢。

（4）解决的技术问题。

现有的柔性钢护棚存在落石作用下基座对桥梁梁体冲击过大的缺点，路面行车产生的噪声，往往会影响周围居民的日常生活，特别是山区的道路比较崎岖，弯道多，行车噪声和汽车鸣笛声严重影响了周围居民的睡眠质量。本发明解决了上述问题。

（5）有益效果。

① 本装置通过在基座处设置金属耗能器，利用金属耗能器的塑性变形来吸收落石的冲击力，因此落石通过柔性防护结构基座传递到桥梁梁体混凝土的冲击力也相应减小，防止了基座处混凝土被落石冲击破坏现象的发生。另一方面，在所述钢拱架和横系梁的内侧面铺设有声屏障板，声屏障板可以反射和吸收行车噪声，可大大减小行车噪声对周围环境的影响。

② 所述钢拱架的顶板上还铺设有橡胶缓冲层。橡胶材料具有滞后、阻尼及能进行可逆大变形的特点，因此钢拱架在落石冲击力作用下，具有很好的吸收冲击力的能力，拱架塑性变形也相应减小，提高了行车安全性。

③ 本装置构思巧妙、结构简单并能满足结构设计的要求，且施工方便、施工效率高。无须复杂的施工设备，仅通过铺设橡胶材料和设置金属耗能器就可提高防护性能，减弱道路所受冲击力影响，且使用工程材料比较常见，可广泛应用于桥梁与建筑结构中。

（6）小结。

该发明专利通过提供一种降噪型危岩落石柔性防护结构，解决了现有的柔性钢护棚在落石作用下基座对桥梁梁体冲击过大，行车噪声和汽车鸣笛声严重影响周围居民的睡眠质量的技术难题。

3. 棚洞顶部轻型防护构造

申请号：CN201410795834.6　　　　申请日：2014-12-19

公开号：CN104695973A　　　　　　公告日：2015-06-10

（1）摘要。

棚洞顶部轻型防护构造，能大幅度降低棚洞结构荷载，并且使顶部防护结构能长期保持其缓冲效果。它包括被动防护网和网装弹性体，被动防护网固定设置于棚洞顶部之上，距离防水层一定距离，网装弹性体填充于被动防护网与防水层之间的空间内。

（2）附图。

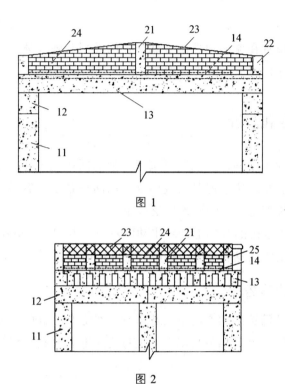

图 1

图 2

（3）权利要求。

① 棚洞顶部轻型防护构造，其特征是：它包括被动防护网（23）和网装弹性体缓冲层（24），被动防护网（23）固定设置于棚洞顶部之上，距离防水层（14）一定距离，网装弹性体（24）填充于被动防护网（23）与防水层（14）之间的空间内。

② 如权利要求①所述的棚洞顶部轻型防护构造，其特征是：所述棚洞顶部中部固定设置中部支架（21），横向两侧固定设置边部支架（22），所述被动防护网（23）呈人字形挂设固定于中部支架（21）、边部支架（22）上。

③ 如权利要求①所述的棚洞顶部轻型防护构造，其特征是：所述网装弹性体（24）由网袋和约束于其内的弹性体构成，弹性体为聚乙烯泡沫块或者中空橡胶块。

（4）解决的技术问题。

传统的棚洞方法是在棚顶设置一定厚度的回填层，材料一般使用土石或轻质矿渣。回填层是棚洞结构荷载的主要来源，缓冲效果与结构构件要求更小的回填厚度是相互矛盾的。本发明解决了上述技术问题。

（5）有益效果。

由设置在棚洞顶部的被动防护网及网装弹性体作为缓冲层，可以有效减轻原有回填层的重量，减小结构荷载，结构及构件设计更灵活且能节省坞工，可使棚洞实现更大跨度；被动防护网可设置为人字型，对落石的缓冲作用更加明显；可长期保持缓冲效果，不会随着时间增加而逐渐减弱；缓冲层结构轻，施工更方便，因而在结构受到破坏后进行更换操作更简单。

（6）小结。

该发明专利通过设置在棚洞顶部的被动防护网及网装弹性体作为缓冲层，以大幅度降低棚洞结构荷载，并且使顶部防护结构能长期保持其缓冲效果。

3.8 主动网相关专利简析

本节分析的对象为主动网，主动网是基于灵活的网罩包裹在一个理想的防护斜坡或岩石上，以限制边坡岩土。主动网具有高弹性、高防护强度、容易蔓延、适应任何坡面（特别是破山）、寿命长等优点，因而被广泛应用。

本节是在柔性防护系统的基础上，对主动网对应的专利进行分析，共筛选出 166 项专利文献。此次分析主要从专利的申请趋势、主要申请人和重要专利几个角度出发。

3.8.1 专利申请趋势

如图 3.54 所示，从筛选出的专利申请数据看，该技术在 2007—2020 年期间，专利申请数据呈现出持续增加，可见相关技术在发展过程中非常平稳，没有出现难以克服的技术缺陷。

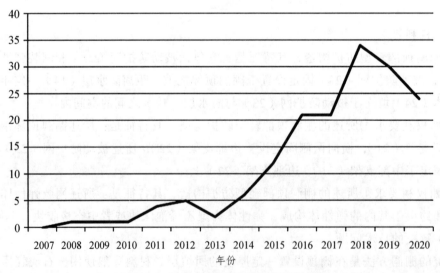

图 3.54 主动网相关专利的申请趋势

2007—2011 年，每年都存在一定的专利申请数据，但是数据量上升并不明显，一方面原因是技术处于启蒙阶段，另一方面原因是中国在那段时间专利意识相对不是很强，所以专利布局量比较少。

2012—2019 年，专利申请数据量开始大幅度上升，一方面原因是随着市场的竞争加剧，企业的专利意识逐渐增强；另一方面原因是经过一段时间的沉淀，企业积累了大量比较有价值的专利，所以申请量上升幅度逐渐增大，呈现出爆发式增长。

在 2020 年数据突然呈现了下降趋势，这主要原因是专利公开存在一定的延迟性，目前大部分专利还没有公开。

3.8.2　主要申请人

图 3.55 是按照所属申请人（专利权人）的专利数量统计的申请人前 10 名情况，前 10 名中个人占 2 名，目前中国部分企业习惯采用法人的名义申请专利，基于这种情况，这 2 名个人申请人极有可能是某个企业的法人。

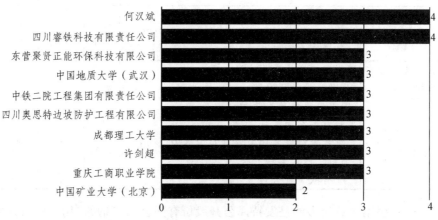

图 3.55　按专利数量统计的申请人排名

从前 10 名企业（院校）的分类情况看，高校占了 4 个，一定程度表明相关产品目前还处于研发活跃阶段。

3.8.3　重要专利

在对主动网进行分析时，通过被引证次数筛选出主动网排名前 5 的专利，具体参见表 3.4。

表 3.4　主动网专利中的重要专利

标题	申请人	申请号	专利类型	被引证次数	当前法律状态	合享价值度
用作碎石护屏或用于保护土壤表层的丝网及其制造方法和装置	发特泽公开股份有限公司	CN99800172.4	发明申请	24	期限届满	10
一种防落石的方法及拖挂导向防落石柔性网	昆明铁路局科学技术研究所	CN200410079628.1	发明申请	16	撤回	5
一种玄武岩纤维复合筋网与锚间加固条联合的边坡稳定装置	江西省交通科学研究院，江西省交通运输技术创新中心	CN201120048124.9	实用新型	11	未缴年费	6

续表

标题	申请人	申请号	专利类型	被引证次数	当前法律状态	合享价值度
一种柔性伞状支护锚杆	南昌工程学院	CN201420489899.3	实用新型	10	避重放弃	4
新型主动防护网	中铁十八局集团第三工程有限公司	CN201020201544.1	实用新型	9	期限届满	7
一种新型锚网喷复合支护结构	安徽理工大学	CN201620340613.4	实用新型	7	未缴年费	4
高强度柔性护坡钢丝网	成都航发液压工程有限公司	CN200820062325.2	实用新型	6	未缴年费	8
帘式防护网	中铁二院工程集团有限责任公司，四川奥特机械设备有限公司	CN201320751881.1	实用新型	6	未缴年费	4
破碎岩质边坡锚墩式主动防护网结构	四川省交通运输厅交通勘察设计研究院	CN201420019780.X	实用新型	5	未缴年费	5
一种采用环形网的主动防护网	四川奥思特边坡防护工程有限公司，铁道第三勘察设计院集团有限公司，四川睿铁科技有限责任公司	CN201520728965.2	实用新型	5	授权	9

　　表 3.4 中被引用次数最多的是发特泽公开股份有限公司申请的"用作碎石护屏或用于保护土壤表层的丝网及其制造方法和装置"，被引用次数高达 24 次，其合享价值度为满分 10 分。该项专利的申请时间为 1999 年，是主动网技术领域相对比较早的专利，可以被理解为其是该技术领域的基础专利，从专利的维持时间看，其是 20 年期限届满后失效。

　　如图 3.56 所示，该项专利在存续期间，经历了多次侵权纠纷，发生过转让，存在海关备案（大部分专利会在涉及出口的情况下进行海关备案），经历了专利无效，但未被无效掉，从专利的这些状态可以看出，该项专利在存续期间是一项非常有技术价值和经济价值（通过诉讼、出口和转让体现）的重要专利。

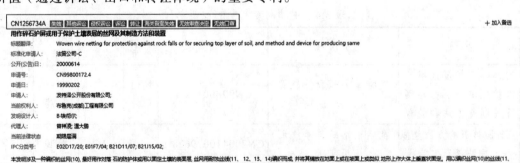

图 3.56　CN99800172.4 经历的重大事件

目前该项专利期限届满后成为现有技术，所有的企业都可以免费使用，同时其也对后续技术改进、研发具有重大的参考价值。

表 3.4 中呈现出的专利目前仅四川奥思特边坡防护工程有限公司、铁道第三勘察设计院集团有限公司和四川睿铁科技有限责任公司共同拥有的"一种采用环形网的主动防护网"处于有效状态，从被引用次数看，虽不及其他专利，但是其合享价值度高达 9 分，而价值度为 9～10 分的专利均可以认定为高价值专利。

从用作碎石护屏或用于保护土壤表层的丝网及其制造方法和装置的专利看，防护网同一款产品拥有市场的周期比较长，那么专利"一种采用环形网的主动防护网"对应的产品市场同理也会较大，但从该防护网专利的时间看，其是 2015 年申请的一项实用新型，也就是说其在 4 年后就失效了，届时其将成为现有技术中所有企业都可以使用的技术。

3.8.4　代表性专利

1. 覆盖式帘式网

申请号：CN201420502653.5　　申请日：2014-09-02
公开号：CN204163086U　　　　公告日：2015-02-18

（1）摘要。

覆盖式帘式网，是一种通过固定在边坡上拦截滚石的防护网。多个锚杆沿一个矩形的左宽边等间距设置，同样多个锚杆沿该矩形的右宽边与左宽边上的锚杆左右对称设置，另有多个锚杆沿该矩形的上长边等间距设置；周边拉绳顺次固定在该矩形的左、右宽边和上长边处的锚杆上，除上长边位置处的锚杆外，其余左、右对称的两锚杆上分别固定一根长边拉绳；除上长边处左右两端的两根锚杆外的其余锚杆分别与最下方的一根长边拉绳之间固定一根宽边拉绳，且长边拉绳和该宽边拉绳的长度分别大于该锚杆与长边拉绳的距离；金属网经固定件铺挂在上述周边、长边以及宽边拉绳上。本实用新型具有柔性拦阻落石功能，且能让落石沿网下口跌落至指定区域。

（2）附图。

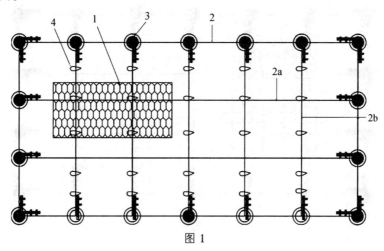

图 1

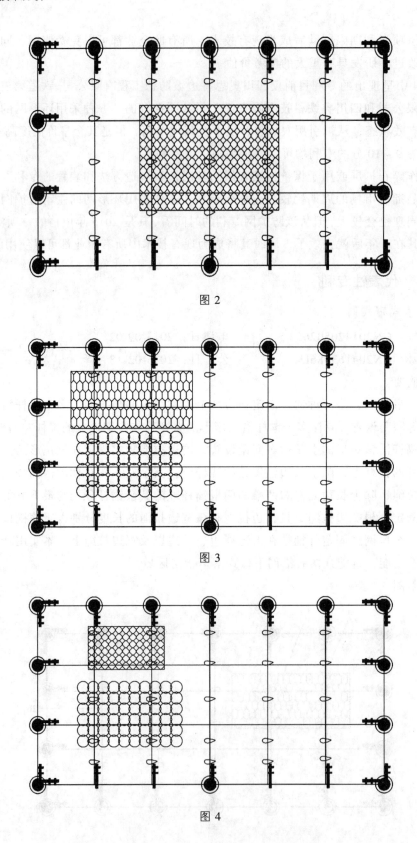

图 2

图 3

图 4

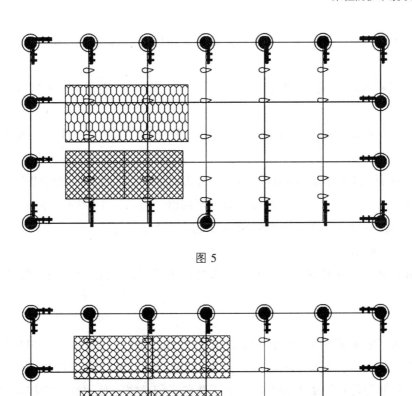

图 5

图 6

（3）权利要求。

① 一种覆盖式帘式网，其特征是：用作埋设在山体坡面上的多个锚杆（3）沿一个矩形的左宽边等间距设置，同样多个锚杆沿该矩形的右宽边与左宽边上的锚杆一一对应地左右对称设置，另有多个锚杆沿该矩形的上长边等间距设置；周边拉绳（2）顺次固定在该矩形的左宽边、右宽边以及上长边位置处的锚杆上，除上长边位置处的锚杆外，其余所有左、右对称的两锚杆上分别固定一根长边拉绳（2a），且长边拉绳（2a）的长度大于该两锚杆之间的距离；除上长边位置处左右两端的两根锚杆外的其余上长边位置处的所有锚杆分别与最下方的一根长边拉绳之间沿该矩形宽边方向固定一根宽边拉绳（2b），且该宽边拉绳（2b）的长度大于该锚杆与长边拉绳之间的垂直距离；金属网（1）经固定件（4）铺挂在上述周边拉绳、长边拉绳以及宽边拉绳上。

② 根据权利要求①所述的覆盖式帘式网，其特征是：所述最下方的一根长边拉绳位置处还设有另一组锚杆，该另一组锚杆的数量少于上长边位置处的锚杆数量，且该另一

组锚杆与上长边位置处的锚杆上下对称设置，上述最下方的长边拉绳与该另一组锚杆相固定。

③ 根据权利要求②所述的覆盖式帘式网，其特征是：所述金属网（1）上有一层高尔凡镀层。

④ 根据权利要求②所述的覆盖式帘式网，其特征是：所述固定件（4）为扎丝、绳卡、缝合绳、卸扣或压扣。

⑤ 根据权利要求①或②或③或④所述的覆盖式帘式网，其特征是所述金属网（1）为双绞六边形网、单绞网、双绞六边形网和环形网组合形式、单绞网和环形网组合形式、双绞六边形网和菱形网组合形式或单绞网和菱形网组合形式。

（4）解决的技术问题。

本发明提供了一种覆盖式帘式网，能柔性拦阻滚石，且能引导滚石离开防护网而下落到预定位置。

（5）有益效果。

本实用新型突破了以往的防护功能理念，采用全新的"引导式"防护理念，具有结构简单、设计合理、自重小、成本低、安装工艺简单、维护方便、防护能级高、安全系数高、适应性强等特点，更大限度地提高了防护系统功能，使柔性防护技术得到了跨越式的突破。

（6）小结。

该发明专利通过引导落石安全下落为设计理念，依靠限制落石弹跳高度和限定落石运动轨迹来实现冲击能量的消耗，解决了现有被动网贴在边坡上，与山体坡面间无预留空间，且被动网下边缘的锚杆锚固点过密，未留有落石滚出被动网的通道的技术问题。

2. 一种采用双绞格栅网的主动防护网

申请号：CN201520729747.0　　申请日：2015-09-18

公开号：CN205134333U　　公告日：2016-04-06

（1）摘要。

本实用新型公开一种采用双绞格栅网的主动防护网，它包括横向支撑绳、纵向支撑绳和双绞格栅网；多条横向支撑绳和多条纵向支撑绳交叉排布形成矩形栅格，横向支撑绳和纵向支撑绳的交叉点处固定连接有预应力锚杆；双绞格栅网四边通过缝合绳张紧固定在各矩形栅格内。本实用新型采用了双绞格栅网，能够在局部一点受冲击破断之后不会影响整张网性能，从而实现其主动防护和加固的功能且增长了使用寿命。

（2）附图。

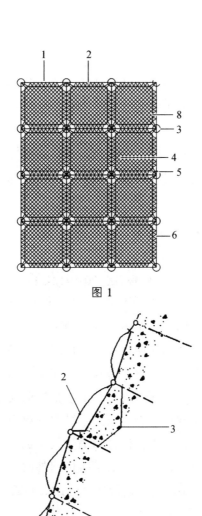

图1

图2

（3）权利要求。

① 一种采用双绞格栅网的主动防护网，其特征在于，包括横向支撑绳（5）、纵向支撑绳（6）和双绞格栅网（2）；多条横向支撑绳（5）和多条纵向支撑绳（6）交叉排布形成矩形栅格，横向支撑绳（5）和纵向支撑绳（6）的交叉点处固定连接有预应力锚杆（3）；双绞格栅网（2）四边通过缝合绳（1）张紧固定在各矩形栅格内。

所述双绞格栅网（2）上还固定连接有局部锚杆（4）。

② 根据权利要求①所述采用双绞格栅网的主动防护网，其特征在于，所述双绞格栅网（2）四边设有张紧绳（8），所述缝合绳（1）的端部通过绳卡与张紧绳（8）固定连接。

③ 根据权利要求①所述的采用双绞格栅网的主动防护网，其特征在于，所述横向支撑绳（5）和纵向支撑绳（6）的端部通过绳卡与预应力锚杆（3）固定连接。

（4）解决的技术问题。

本发明提供了一种采用双绞格栅网的主动防护网，能够实现局部一点受冲击破断之后不会影响整张网性能，从而实现其主动防护和加固功能。

（5）小结。

该发明专利通过采用双绞格栅网，能够在局部一点受冲击破断之后不会影响整张网性能，解决了菱形网在局部一点受冲击后，整张网的性能都会受到影响，进而影响被动网的使用寿命的技术问题。

3. 一种适用于复杂边坡的主动防护网

申请号：CN201920603810.4　申请日：2019-04-29

公开号：CN209873827U　公告日：2019-12-31

（1）摘要。

本实用新型公开了一种适用于复杂边坡的主动防护网，包括高强度环形网、高强度加筋网、支撑系统和锚固系统，加筋网设置在环形网内，环形网四周连接有环形网，环形网通过环形网片连接，加筋网通过钢丝绳与加强筋绞合而成，加筋网顶部和底部网面形成折叠面，且设置有绳卡将其锁死，支撑系统包括横向支撑绳和纵向支撑绳，横向支撑绳设置在环形网的横向并排网孔和折叠面上，纵向支撑绳设置在环形网的纵向并排网孔上，锚固系统包括钢丝绳锚杆、钢筋锚杆和锚垫板，钢丝绳锚杆和钢筋锚杆设置在环形网片上。本实用新型结构简单，有效解决了防护网外网和内网易被破坏而脱落、防护强度不能满足各类地质要求和不能达到设计使用寿命的问题。

（2）附图。

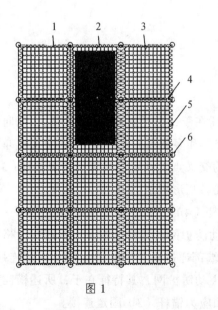 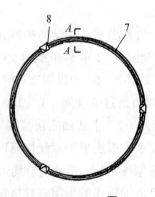 

图1　　　　　　　　　　　图2

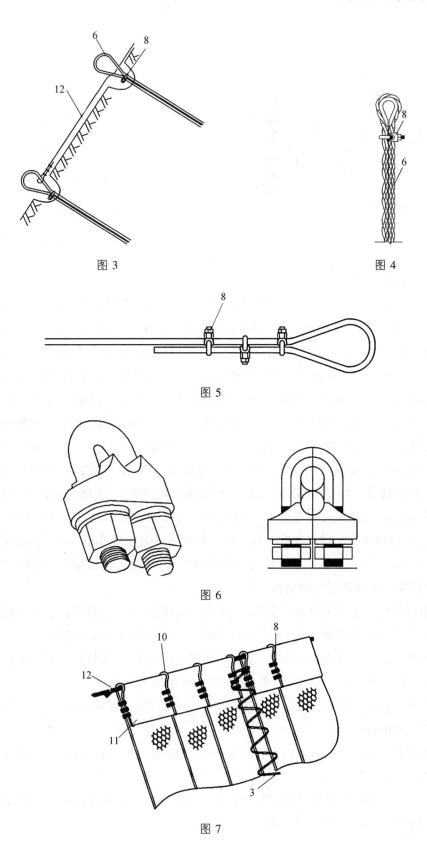

图 3

图 4

图 5

图 6

图 7

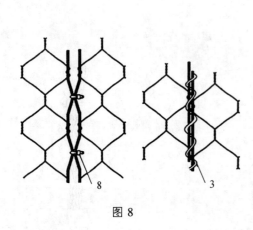

图 8

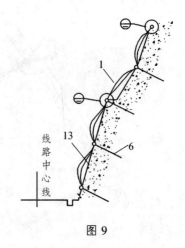

图 9

（3）权利要求。

① 一种适用于复杂边坡的主动防护网，其特征在于，包括环形网（1）、加筋网（2）、支撑系统和锚固系统；所述加筋网（2）设置在环形网（1）内表面，每一环形网（1）四周连接有环形网（1），形成"一套四"结构；所述环形网（1）四角连接处通过环形网片（7）连接，环形网片（7）通过若干圈钢丝绳（9）盘绕或缠绕而成，且通过若干绳卡（8）固定，加筋网（2）通过同向的两股钢丝绳（9）与一股加强筋（10）绞合而成，相邻加筋网（2）边沿通过缝合绳（3）连接，加筋网（2）顶部和底部网面通过回折形成折叠面（11），且设置有若干绳卡（8）将其锁死；支撑系统包括支撑绳（12），支撑绳（12）分为横向支撑绳（4）和纵向支撑绳（5），横向支撑绳（4）设置在相邻环形网（1）横向并排网孔上和加筋网（2）上折叠面（11），相邻横向支撑绳（4）通过缝合绳（3）连接；纵向支撑绳（5）设置在相邻环形网（1）的纵向并排网孔上，相邻纵向支撑绳（5）通过缝合绳（3）与加强筋（10）连接；所述锚固系统包括钢丝绳锚杆（6）、钢筋锚杆和锚垫板，钢丝绳锚杆（6）和钢筋锚杆设置在环形网片（7）上，钢筋锚杆根据边坡情况局部设置，钢筋锚杆通过螺母与锚垫板连接。

② 如权利要求①所述的适用于复杂边坡的主动防护网，其特征在于，所述钢丝绳锚杆（6）通过若干股钢丝绳（9）绞合对折而成，且对折处设置有鸡心环。

③ 如权利要求①所述的适用于复杂边坡的主动防护网，其特征在于，所述环形网片（7）为 3 圈钢丝绳（9），且单个环形网片（7）直径为 300 mm。

④ 如权利要求①所述的适用于复杂边坡的主动防护网，其特征在于，所述折叠面（11）回折距离为 400 mm。

⑤ 如权利要求①所述的适用于复杂边坡的主动防护网，其特征在于，所述折叠面（11）至少设置有 3 个绳卡（8）。

⑥ 如权利要求①所述的适用于复杂边坡的主动防护网，其特征在于，加筋网（2）上加强筋（10）的间距为 300～500 mm。

⑦ 如权利要求①所述的适用于复杂边坡的主动防护网,其特征在于,所述加筋网(2)网孔大小为 80 mm×100 mm。

⑧ 如权利要求①所述的适用于复杂边坡的主动防护网,其特征在于,所述加筋网(2)上钢丝绳(9)与加强筋(10)绞合圈数至少为 2 圈。

(4)解决的技术问题。

本发明解决了防护网外网和内网易被破坏而脱落、防护强度不能满足各类地质要求和不能达到设计使用寿命的问题。

(5)有益效果。

本实用新型提供的防护网,相邻环形网通过横向支撑绳和纵向支撑绳连接,四角连接处采用盘绕或缠绕而成的环形网片连接,且采用"一套四"的结构进行连接,减少了连接件的使用,因此减少了构件腐蚀的可能性,防止其因腐蚀而快速被破坏,因此增长了防护网的使用周期。加筋网上设置有加强筋,同时通过缝合绳连接,加筋网顶部和底部网面通过回折形成折叠面,且设置有若干绳卡将其锁死,不易被破坏造成脱落,影响防护网的使用年限。相较于格栅网和双绞六边网,加筋网作为内网,防护能力更强,不易脱落,因此可以适用于湿度大、坡度大、碎石量多等复杂的坡面,增加了整体防护网的使用寿命,更加经济适用。

(6)小结。

该发明专利提供了一种新型的防护网,相邻环形网通过横向支撑绳和纵向支撑绳连接,四角连接处采用盘绕或缠绕而成的环形网片连接,且采用"一套四"的结构进行连接,减少了连接件的使用,解决了防护网外网和内网易被破坏而脱落、防护强度不能满足各类地质要求和不能达到设计使用寿命的问题。

4. 一种适用于边坡绿化稳固的防护网

申请号:CN201920611462.5 申请日:2019-04-29

公开号:CN209941702U 公告日:2020-01-14

(1)摘要。

本实用新型公开了一种适用于边坡绿化稳固的防护网,包括加筋网和支撑系统。加筋网设置在支撑系统上,支撑系统包括上支撑绳和下支撑绳,上支撑绳和下支撑绳之间横向设置有若干横向支撑绳,且纵向设置有若干纵向支撑绳,支撑系统通过若干钢丝绳锚杆与坡面固定;加筋网包括若干钢丝绳网片,钢丝绳网片通过缝合绳固定连接在支撑系统上,在连接处钢丝绳网片折叠形成折叠面,折叠面通过若干绳卡固定,相邻钢丝绳网片通过缝合绳和绳卡连接,加筋网上还绞合有外网。本实用新型结构简单,采用双层网的防护网结构,固定牢靠,有效解决了绿化稳固防护网网格粗大易破坏、固定不牢靠易脱落和更换困难维护成本高的问题。

(2)附图。

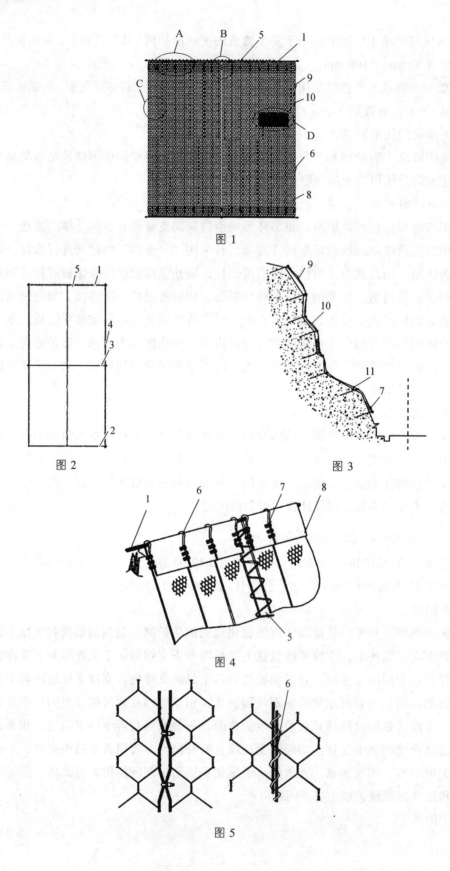

图 1

图 2

图 3

图 4

图 5

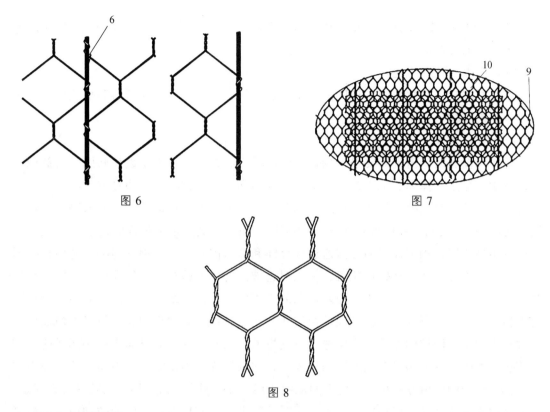

图 6   图 7

图 8

（3）权利要求。

① 一种适用于边坡绿化稳固的防护网，其特征在于，包括加筋网（9）和支撑系统。所述加筋网（9）设置在支撑系统上，支撑系统包括上支撑绳（1）和下支撑绳（2），上支撑绳（1）和下支撑绳（2）之间横向设置有若干横向支撑绳（3），且纵向设置有若干纵向支撑绳（4），上支撑绳（1）、下支撑绳（2）、横向支撑绳（3）和纵向支撑绳（4）均通过若干钢丝绳锚杆（11）与坡面固定；加筋网（9）包括若干钢丝绳网片，钢丝绳网片通过缝合绳（5）固定连接在支撑系统上，在连接处钢丝绳网片折叠形成折叠面（8），折叠面（8）通过若干绳卡（7）固定，相邻钢丝绳网片通过缝合绳（5）和绳卡（7）连接，钢丝绳网片由钢丝绳在若干股加强筋（6）上绞合而成，加筋网（9）上还绞合有用于加强稳固作用的外网（10）。

② 如权利要求①所述的适用于边坡绿化稳固的防护网，其特征在于，所述钢丝绳网片网孔为双铰六边形。

③ 如权利要求②所述的适用于边坡绿化稳固的防护网，其特征在于，所述钢丝绳网片网孔长 100 mm，宽 80 mm。

④ 如权利要求①所述的适用于边坡绿化稳固的防护网，其特征在于，所述钢丝绳锚杆（11）通过若干股钢丝绳绞合对折而成，且对折处设置有鸡心环。

⑤ 如权利要求①所述的适用于边坡绿化稳固的防护网，其特征在于，所述加筋网（9）和外网（10）相互交错绞合。

⑥ 如权利要求①所述的适用于边坡绿化稳固的防护网，其特征在于，所述加筋网（9）上设置有高尔凡镀层。

（4）解决的技术问题。

本发明解决了绿化稳固防护网网格粗大易破坏、固定不牢靠易脱落和更换困难、维护成本高的问题。

（5）有益效果。

防护网设置时，清理需要进行绿化稳固的坡面，根据支撑系统设计间隔进行放线钻孔，分别牵拉上支撑绳、下支撑绳、横向支撑绳和纵向支撑绳，并通过钢丝绳锚杆固定在坡面上，且在固定处进行注浆稳固，同时在支撑系统上铺挂加筋网。加筋网与支撑系统固定时，在加筋网端部回折 400 mm 并用绳卡固定，在此处形成折叠面，固定更加稳固，加筋网不易滑脱，相邻加筋网之间通过缝合绳和绳卡固定，多个钢丝绳网片稳固连接形成加筋网，相互之间不易破损脱落，一同对边坡上的生态植被起到稳固作用，同时在加筋网上还绞合有外网，进一步加强防护网的稳固作用，同时缩小防护网上的网格间隙，使得植被不易被暴雨等恶劣天气或动物破坏，增强其稳固防护作用，有效保护坡面生态植被。本方案的防护网通过上支撑绳、下支撑绳、横向支撑绳和纵向支撑绳形成的支撑系统进行稳固，且采用多个钢丝绳锚杆固定，注浆稳固，固定牢靠，不易脱落，使得防护网具有更长的使用寿命和起到更大的稳固作用。防护网多处采用绳卡以及缝合绳固定，若某处加筋网或外网出现损坏时，可以及时进行更换，不用更换整体的防护网，更换更加方便快捷，降低维修成本。

（6）小结。

该发明专利通过采用双层网的防护网结构有效解决了绿化稳固防护网网格粗大易破坏、固定不牢靠易脱落和更换困难维护成本高的问题。

3.9 被动网相关专利简析

本节分析的对象为被动网，被动网将钢柱和钢丝绳连接成一个整体，从而可拦截崩塌落石，其能够适应各种高边坡路堑高边坡、滚石、岩石底部的形状，具有工程安装快速、容易使用、施工干扰小、对环境影响低、系统寿命长等优点。

本节是在柔性防护系统的基础上，对被动网对应的专利进行分析，共筛选出 321 项专利文献。此次分析主要从专利的申请趋势、主要申请人和重要专利几个角度出发。

3.9.1 专利申请趋势

如图 3.57 所示，从筛选出的专利申请数据看，该技术在 2006—2011 年期间，每年的专利申请量基本维持在 2 项左右，2008 年出现了一次小高峰，专利申请量为 5 项。

2011—2019 年期间，专利申请数据呈现出持续增加，但是在 2012 年和 2015 年分别出现了一次小高峰，这两个年份专利申请量突然增加，可能是某个技术得以突破，也有可能是受政策等外界因素的影响，比如专利资助政策。

在 2020 年，专利的申请量出现了较大下滑，主要原因是专利申请存在一定的延迟性，部分发明或者实用新型截至检索日时还未公开。

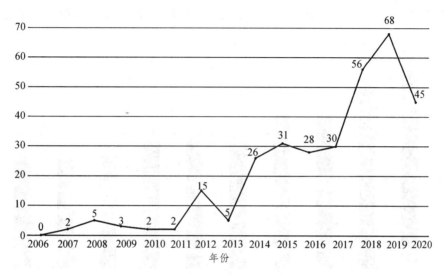

图 3.57   被动网专利的申请趋势

3.9.2   主要申请人

如图 3.58 所示，排名第二的中铁二院工程集团有限责任公司，成立于 1952 年 9 月，总部设在成都，也可以将中铁二院划分为四川企业，若是这样，那么排名前 10 的单位全部为四川企业（院校）。

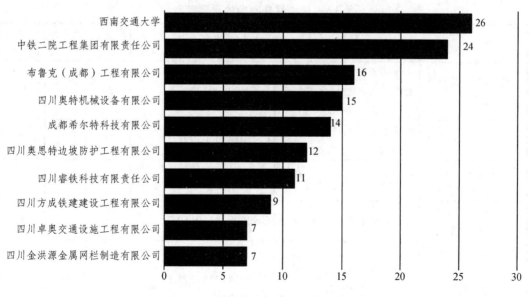

图 3.58   被动网专利的申请人排名

专利的申请数量或者布局数量一定程度上可以反映该项产品的市场布局情况，通过这些企业所在的省份，可以表明四川在被动网技术领域具有领先地位，且市场份额占比较大，专利数据布局相对比较完整。

通过图 3.59 可以看出，发明人排名前两位的是余志祥和吕汉川，发明人对应专利申请量越多，表明其在这个方向的贡献度越大，或者说其在这方面具有较强的研发实力。

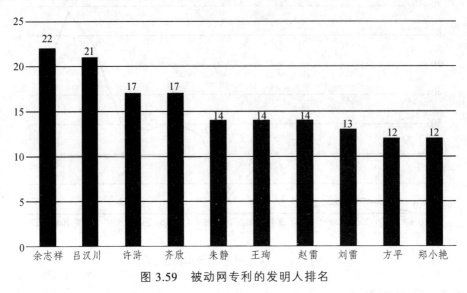

图 3.59 被动网专利的发明人排名

3.9.3 重要专利

被动网的重要专利数据主要通过被引用次数进行获取，再结合其合享价值度进行分析，下面通过被引证次数筛选出被动网排名前 5 的专利，具体参见表 3.5。

表 3.5 被动网专利中的重要专利

申请人	标题	申请号	专利类型	被引证次数	当前法律状态	合享价值度
发特泽公开股份有限公司	用作碎石护屏或用于保护土壤表层的丝网及其制造方法和装置	CN99800172.4	发明申请	24	期限届满	10
西安建筑科技大学	预应力钢丝网冲击试验装置及试验方法	CN201310002991.2	发明申请	16	未缴年费	5
四川奥思特边坡防护工程有限公司	易修复式柔性被动防护网	CN201420503041.8	实用新型	9	授权	9
布鲁克（成都）工程有限公司	用于钢丝拉绳的消能装置	CN200920310150.7	实用新型	8	期限届满	8
中铁二院工程集团有限责任公司，四川奥特机械设备有限公司	一种应用于被动防护网的消能部件	CN201410347271.4	发明申请	6	授权	9

表 3.5 中的发特泽公开股份有限公司申请的"用作碎石护屏或用于保护土壤表层的丝网及其制造方法和装置"既可以用于主动防护也可以用于被动防护,其在被动网部分已经详细分析,其无疑在柔性防护领域具有重要价值,此处就不再分析。

表 3.5 中余下专利中仅中铁二院工程集团有限责任公司和四川奥特机械设备有限公司合作开发的"一种应用于被动防护网的消能部件"处于有效状态,其合享价值度为 9,无疑也是一项重要专利。该项专利是 2014 年申请的一项发明专利,目前授权才几年,还具有较长的生命周期,其在这短短几年就有较多的引用,随着年限的增加,被引用次数也会进一步增加,其合享价值度会进一步增加,极有可能成为下一个满分合享价值度的专利。

3.9.4　代表性专利

1. 可修复式柔性被动防护系统产品

申请号:CN201310603590.2　　　申请日:2013-11-26

公开号:CN103615013A　　　　公告日:2014-03-05

(1)摘要。

本发明公开了一种可修复式柔性被动防护系统产品,包括上支撑绳和下支撑绳,在上、下支撑绳之间纵横交织有若干拉绳,并且铺挂防护网,在防护网顶端通过钢柱支撑在地底基岩上形成开口,底端通过螺纹钢锚杆固定在地底基岩上,钢柱顶端通过拉锚绳与地底基岩连接,在上、下支撑绳和拉锚绳上设置减压板,所述减压板上沿长度方向开设有若干通孔,上、下支撑绳和拉锚绳通过通孔穿接于减压板上。该发明结构简单,设计合理,减压板修复后,可重复利用,消能功能可以得到恢复,且操作简单,不仅具有消能减压效果,而且在防护系统完成拦截坠落物冲击后,不须更换零部件即可恢复功能,从而增加防护系统寿命。

(2)附图。

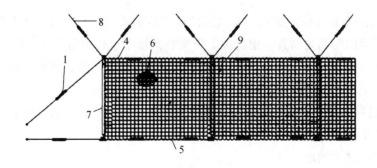

图 1

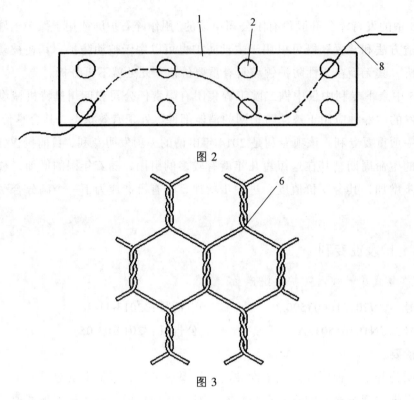

图 2

图 3

（3）权利要求。

① 可修复式柔性被动防护系统产品，包括上支撑绳（4）和下支撑绳（5），在上支撑绳（4）和下支撑绳（5）之间纵横交织有若干拉绳，并且铺挂防护网（6），在防护网（6）顶端通过钢柱（7）支撑在地底基岩上形成开口，底端通过螺纹钢锚杆固定在地底基岩上，钢柱（7）顶端通过拉锚绳（8）与地底基岩连接，其特征在于，在上、下支撑绳和拉锚绳上设置减压板，所述减压板上沿长度方向开设有若干通孔，上、下支撑绳和拉锚绳通过通孔穿接于减压板上。

② 根据权利要求①所述的可修复式柔性被动防护系统产品，其特征在于，所述通孔边缘有倒圆。

③ 根据权利要求②所述的可修复式柔性被动防护系统产品，其特征在于，所述通孔有两排，通孔等间距均匀布置，钢丝绳上下交替穿接于通孔中形成波浪状。

④ 根据权利要求①所述的可修复式柔性被动防护系统产品，其特征在于，所述减压板厚 16 mm，通孔之间间隔 120 mm。

⑤ 根据权利要求①所述的可修复式柔性被动防护系统产品，其特征在于，所述防护网为双绞六边形网。

（4）解决的技术问题。

本发明解决了现有减压环消能后不能重复使用，使用寿命短的技术问题。

（5）有益效果。

本发明结构简单，设计合理，减压板修复后，可重复利用，消能功能可以得到恢复，且操作简单，不仅具有消能减压效果，而且在防护系统完成拦截坠落物冲击后，不须更换零部件即可恢复功能，从而增加了防护系统寿命。

（6）小结。

该发明专利通过上、下支撑绳和拉锚绳重新穿插将压板进行重复利用，解决了现有耗能产品减压环只能消能不能重复使用，防护系统在完成拦截坠落物冲击后，往往需要更换零部件才能恢复功能，使用寿命短的技术难题。

2. 基于能量匹配原理的防落石被动柔性防护网系统设计方法

申请号：CN201510797205.1　　　申请日：2015-11-18
公开号：CN105256731B　　　　　公告日：2017-11-07

（1）摘要。

本发明公开了基于能量匹配原理的防落石被动柔性防护网系统设计方法，包括步骤（a）建立被动柔性防护网结构各部件的耗能比率匹配原则；步骤（b）对被动柔性防护网结构的各部件进行初步选型及布置；步骤（c）通过有限元计算方法建立能够考虑初始垂度、支撑绳大滑移、支撑柱大转动和拦截网大变形等特征的显式动力学计算模型；步骤（d）对计算模型进行冲击加载，并对结构在冲击作用下的动力响应进行分析；步骤（e）进行被动柔性防护网的结构设计。该方法采用能量匹配的设计原则，兼顾了力平衡与能量平衡，使得设计更加科学合理；以构件强度、稳定性及变形等作为设计验证控制指标，兼顾构件设计的承载力安全储备和防护网结构整体拦截作用的适用性。

（2）附图。

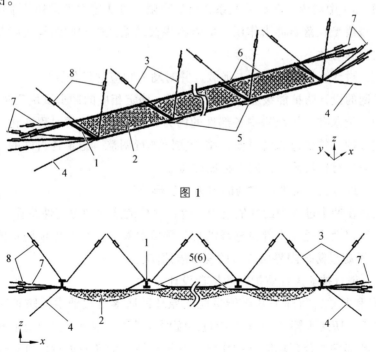

图 1

图 2

（3）权利要求。

① 基于能量匹配原理的防落石被动柔性防护网系统设计方法，包括如下步骤：

步骤（a）：明确能量耗散比例关系。

根据能量匹配原理，明确被动柔性防护网结构各部件的能量耗散比例关系，即：

$$E_k = E_{sd} + E_{ad} + E_f + E_s$$
$$E_{sd} = \eta_1 E_k$$
$$E_{ad} = \eta_2 E_k$$
$$E_s = \eta_3 E_k$$
$$E_f = \eta_4 E_k$$
$$\eta_1 + \eta_2 + \eta_3 + \eta_4 = 1$$

式中：E_k 为设计防护能级对应的冲击能量，根据防护网工程前期的勘察评估结果确定；E_{sd} 为支撑绳耗能装置的总耗能能力；E_{ad} 为拉锚绳耗能装置的总耗能能力；E_f 为结构系统的阻尼耗能；E_s 为结构构件的弹塑性耗能；η_i 是各部件的耗能比例系数，i=1，2，3，4。

步骤（b）：对各部件进行选型及布置。

根据不同部件的能量耗散比例关系，选择各位置处拦截结构中网片的类型和网孔的大小，支撑结构中钢柱的截面形式及尺寸，连接结构中钢丝绳的根数和截面尺寸，耗能装置的数量和连接方式。

步骤（c）：建立有限元计算模型。

根据步骤（a）中能量耗散比例关系，通过有限元方法建立考虑初始垂度的显式动力学计算模型，该模型在落石冲击作用下应能再现被动柔性防护网结构实际工作中的物理特征，计算模型的跨数不应小于三跨。

步骤（d）：对计算模型进行冲击加载，并对动力响应进行分析。

根据防护网的设计防护能级对应的冲击能量，确定相应的冲击试块质量及冲击速度。在冲击过程中，记录和分析结构中各部件的内力、变形及位移的时程变化，并确定其峰值，当出现组件内力峰值过大的时候，结合实际进行调整。记录各组件的耗能，与初始能力匹配关系进行对比校验，误差不超过±5%。

步骤（e）：进行被动柔性防护网的内力和变形验算。

提取各组件在冲击过程中的峰值内力，进行立柱的强度和稳定性验算，进行支撑绳、拉锚绳强度验算以及遭受冲击部位网环的抗拉强度验算；验算并保证防护网整体结构的最大变形 D_{max} 不超过防护限界所要求的变形限值[D]。

步骤（f）：进行被动柔性防护网的构造设计。

② 根据权利要求①所述的基于能量匹配原理的防落石被动柔性防护网系统设计方法，其特征在于，所述步骤（a）中的能量匹配原理是指，根据模型试验和理论分析结果得到防护网中各部件的合理耗能分配比例，并根据该比例逆向进行部件初步选配的设计原理。

③ 根据权利要求①所述的基于能量匹配原理的防落石被动柔性防护网系统设计方法，其特征在于，所述步骤（c）中的有限元计算模型应能再现被动柔性防护网在高速冲击作用下的强非线性问题的分析要求，并构建了相应的边界力学模型。

④ 根据权利要求①所述的基于能量匹配原理的防落石被动柔性防护网系统设计方法，其特征在于，所述步骤（c）中的考虑初始垂度是指确定有限元模型仅在自重作用下的初始形状，通过基于有限元方法的找形分析实现。

⑤ 根据权利要求①所述的基于能量匹配原理的防落石被动柔性防护网系统设计方法，其特征在于，所述步骤（d）中的冲击加载采用动力理论，试块与网片接触时的冲击速度不小于 25 m/s。

（4）解决的技术问题。

现有技术未对系统的整体配置提出要求，也未涉及相应的设计方法和理论。这导致实际使用时只是简单地根据防护能级进行配件选型，缺乏对柔性网整体协同工作状态下的性能把握。本发明解决了上述技术问题。

（5）有益效果。

本发明首次提出了被动柔性防护网结构的设计方法，明确了被动柔性防护网结构的设计流程，使得该类结构的设计有据可依，是对现有技术的极大补充和完善。

本发明根据结构受力机理和性能曲线，采用能量匹配的设计原则，确定结构中主要耗能装置的规格、数量及分布，从而使得整个体系更加科学合理。

本发明基于有限元计算方法，明确了建立设计计算模型的基本原则，使其更具备可操作性。

本发明以构件强度、稳定性作为设计验证控制指标，并给予各构件足够的承载力安全储备，使结构在正常工作状态下更加安全、可靠。

本发明以整体结构的变形作为设计验证控制指标，提高了防护网结构的工程适用性。

（6）小结。

该发明专利通过提供基于能量匹配原理的防落石被动柔性防护网系统设计方法，解决了现有柔性防护网系统缺乏整体结构协同工作状态下的性能把握的技术难题。

3. 分离式被动防护网

申请号：CN201220287144.6　　申请日：2012-06-19

公开号：CN202610815U　　公告日：2012-12-19

（1）摘要。

本实用新型公开了一种分离式被动防护网，包括钢柱、基座、上支撑绳、下支撑绳和上拉绳钢丝。上拉绳钢丝与相邻部件通过 U 形扣固定，钢柱的上端设有供上支撑绳穿过的间隙，基座的上托板和下托板之间形成有供下支撑绳穿过的间隙，钢柱的上端的空隙由两个带有朝内的弧顶的零件形成。本实用新型设计合理，钢柱上端与上支撑绳相接触的部分都是圆弧结构，可有效地减少上支撑绳滑动时与钢柱之间的摩擦力，增加上支撑绳的位移量，当受到大的冲击力时，钢柱上端的圆弧结构不会对上支撑绳产生剪切力，可有效地保护上支撑绳，延长其使用寿命。

（2）附图。

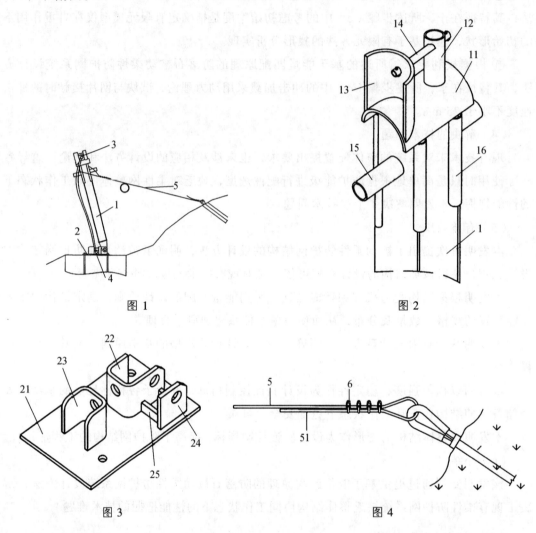

图1

图2

图3

图4

（3）权利要求。

① 一种分离式被动防护网，包括钢柱（1）、基座（2）、上支撑绳（3）、下支撑绳（4）和上拉绳钢丝（5）。上拉绳钢丝（5）与相邻部件通过U形扣（6）固定，基座的上托板（22）和下托板（23）之间形成有供下支撑绳（4）穿过的间隙，钢柱（1）的上端设有供上支撑绳（3）穿过的间隙，其特征在于，钢柱的上端的间隙由两个带有朝内的弧顶的零件形成。

② 根据权利要求①所述的分离式被动防护网，其特征在于，所述钢柱（1）的上端设有弧顶朝上的弧形托板（13），弧形托板（13）上固定有一个圆柱形的固定桩（12）和一

个弧形挡板（13），固定桩（12）和弧形挡板（11）之间形成供上支撑绳（3）穿过的间隙，固定桩（12）和弧形挡板（11）的上部穿设有销轴。

③ 根据权利要求①所述的分离式被动防护网，其特征在于，所述钢柱上部设有上拉绳钢丝的安装结构，该安装结构的边棱均设置成圆弧结构。

④ 根据权利要求③所述的分离式被动防护网，其特征在于，所述安装结构由两个圆柱形的定位桩与钢柱组合构成，两个定位桩分别固定于钢柱上部两个相对的侧面上，钢柱上部的棱边均覆盖有圆弧件。

⑤ 根据权利要求①、②、③或④所述的分离式被动防护网，其特征在于，所述基座上设有上托板和下托板，所述上托板的两端向远离下托板的方向弯折延伸，所述下托板的两端向远离上托板的方向弯折延伸，所述上托板和下托板的底部与基座的底板焊接，上托板和下托板相对的面上设有相对应的止挡销孔。

⑥ 根据权利要求⑤所述的分离式被动防护网，其特征在于，所述基座的底板上还焊接有与上托板的其中一个端板平行的固定板，所述固定板与该端板上设有钢柱的固定销孔。

⑦ 根据权利要求⑥所述的分离式被动防护网，其特征在于，所述固定板与上托板带固定销孔的端板之间焊接有加固板，所述加固板的底部焊接在基座的底板上。

⑧ 根据权利要求①、②、③或④所述的分离式被动防护网，其特征在于，所述上拉绳钢丝的固定端延伸出一段自由段，所述自由段的长度为 50～120 cm。

⑨ 根据权利要求⑤所述的分离式被动防护网，其特征在于，所述上拉绳钢丝的固定端延伸出一段自由段，所述自由段的长度为 50～120 cm。

（4）解决的技术问题。

钢柱端头钢丝绳托板会容易受到损伤，钢柱基座的设计存在缺陷，钢丝绳在使用过程中无法起到缓解系统冲击力的作用。本发明解决了上述问题。

（5）有益效果。

本发明所述钢柱上端与上支撑绳相接触的部分都是圆弧结构，对上支撑绳起到了很好的保护，克服了现有的钢柱与上支撑绳相接触部分不全是圆弧结构，很容易对钢丝绳造成损伤的缺陷。

本发明所述钢柱上部与上拉绳钢丝的接触部分也是采用圆弧结构，同样对上拉绳钢丝起到了很好的保护，不会对其造成损伤。

本发明所述下支撑绳直接由基座的上托板和下托板之间的间隙中穿过，弯曲状的上托板和下托板不会对钢丝绳产生剪切力，弯曲后加长的钢板及焊缝使基座能够承受较大的冲击力。

本发明所述下支撑绳直接由基座的上托板和下托板之间的间隙中穿过，弯曲状的上托板和下托板不会对钢丝绳产生剪切力，弯曲后加长的钢板及焊缝使基座能够承受较大的冲击力。

（6）小结。

该发明专利通过提供一种抗冲击能力强的分离式被动防护网，其钢柱端头不会对上支撑绳产生剪切力，也不会对拉锚绳产生剪切力，而且钢柱基座设计合理，不易损坏。

4. 一种用于边坡柔性防护系统的簧式屈服型耗能器及设计方法

申请号：CN201520727261.3　　　申请日：2015-09-18

公开号：CN205024700U　　　　　公告日：2016-02-10

（1）摘要。

一种改进型的柔性被动防护网，由多跨防护网组成，每跨防护网由金属网固定在两根钢柱之间构成；该钢柱顶部的顶板上固定有一上卸扣，钢柱底部铰接在钢柱底座上，钢柱底座上固定有一下卸扣；上支撑绳从左向右穿挂在多跨防护网的钢柱顶部的上卸扣上，上支撑绳两端锚固在地面上，上支撑绳上经卸扣固定有两个消能装置，该两个消能装置分别位于第一跨防护网起始端和最后一跨防护网末端之间，即位于端跨之内；下支撑绳从左向右穿挂在多跨防护网的钢柱底座的下卸扣上，下支撑绳两端锚固在地面上，下支撑绳上经卸扣固定有另外两个消能装置，该另外两个消能装置位于端跨以内。它具有防护网支撑稳定性更好、消能作用更好的特点。

（2）附图。

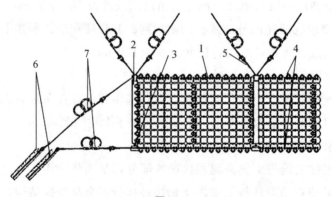

图 1

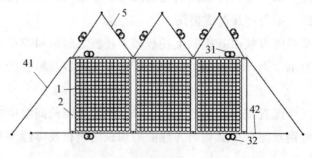

图 2

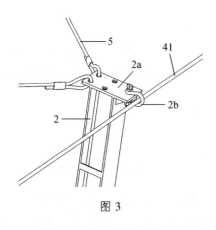

图 3

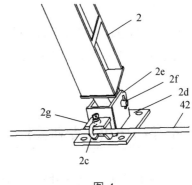

图 4

（3）权利要求。

① 一种改进型的柔性被动防护网，由多跨防护网组成，每跨防护网由金属网（1）固定在两个钢柱（2）之间构成；该钢柱（2）顶部的顶板（2a）上固定有一上卸扣（2b），钢柱（2）底部铰接在钢柱底座上，钢柱底座上固定有一下卸扣（2c）；其特征是，上支撑绳（41）从左向右顺次穿挂在所述多跨防护网的多个钢柱（2）顶部的上卸扣（2b）上，上支撑绳（41）的两端锚固在地面上，且上支撑绳（41）上经卸扣固定有两个消能装置（31），该两个消能装置（31）分别位于第一跨防护网起始端和最后一跨防护网末端之间；下支撑绳（42）从左向右顺次穿挂在所述多跨防护网的多个钢柱底座的下卸扣（2c）上，下支撑绳（42）的两端锚固在地面上，且下支撑绳（42）上经卸扣固定有另外两个消能装置（32），该另外两个消能装置（32）分别位于第一跨防护网起始端和最后一跨防护网末端之间。

② 根据权利要求①所述的一种改进型的柔性被动防护网，其特征是：所述两个消能装置（31）以及另外两个消能装置（32）中每个消能装置的左、右两端均经卸扣连接。

③ 根据权利要求①或②所述的一种改进型的柔性被动防护网，其特征是：所述每跨防护网的两个钢柱（2）的顶板（2a）上还分别固定有一根拉锚绳（5），且该两根拉锚绳的长度相同，该两根拉锚绳的外端固定在一起。

（4）解决的技术问题。

现有消能装置不方便拆卸更换，不能起到更好的消能作用，施工难度比较大。本发明解决了上述技术问题。

（5）有益效果。

本发明采用上、下两根支撑绳以及每跨防护网的两根钢柱上分别设置一根上拉绳，且两根上拉绳呈一定角度如 45° 并交汇于一点形成上拉力，这样，防护网受到多个方向上的拉力而可以稳固在任一方向上，以对任何方向的落石进行拦截。

本发明上、下支撑绳位于防护网左、右两端以内的位置上分别设置一个消能装置，且消能装置两端均采用卸扣连接，便于维修和更换，同时，上、下支撑绳中，一个消能装置位于第一跨防护网起始端，另一个消能装置位于最后一跨防护网末端，这样更有利于对突发外力形成缓冲，起到更好的消能作用。

（6）小结。

该发明专利通过钢柱上分别设置一根上拉绳，上、下支撑绳分别设置一个消能装置且消能装置两端均采用卸扣连接进行耗能，更有利于对突发外力形成缓冲，起到更好的消能作用。

3.10　引导结构相关专利简析

本节分析的对象为在柔性防护基础上的引导结构类，共筛选出 28 项专利文献，该部分的专利文献相对较少，仅从专利的申请趋势、主要申请人和重要专利几个角度进行简单分析。

3.10.1　专利申请趋势

图 3.60 为柔性防护基础上的引导结构类的专利申请趋势，由趋势线可以看出该项专利在 2014 年才开始有专利申请数据，可见其起步非常的晚。其中，2014—2019 年期间，每年仅有几项专利数据，主要原因在于其起步较晚，这段时间为启蒙阶段，数据量少是一个技术生命周期中必经阶段。

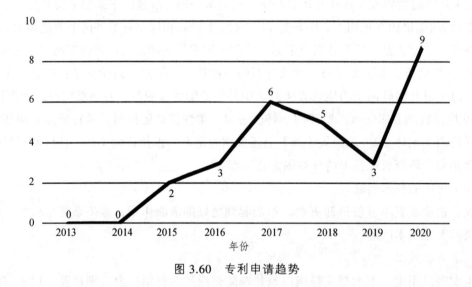

图 3.60　专利申请趋势

3.10.2　主要申请人

图 3.61 为柔性防护基础上的引导结构类的主要申请人排名，从图 3.60 的分析可知，虽然引导结构类才处于起步阶段，但是从前 10 名的企业看，进军该领域的企业主要是四川企业，这表明四川企业有较好的专利布局意识，同时也表明在市场初期，四川企业就占据了有利优势。

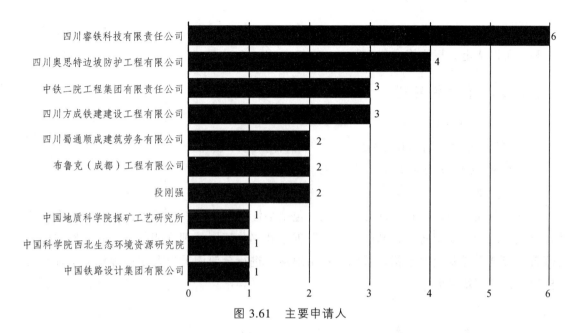

图 3.61　主要申请人

3.10.3　重要专利

在柔性防护基础上的引导结构类的重要专利数据主要通过被引用次数进行获取,再结合其合享价值度进行分析,由于整体专利数据较少,下面仅筛选出被引用次数排名前 4 的专利,具体参见表 3.6。

表 3.6　引导结构类中的重要专利

标题	申请人	申请号	专利类型	被引证次数	当前法律状态	合享价值度
柔性分导系统	四川睿铁科技有限责任公司,四川奥思特边坡防护工程有限公司,四川新途科技有限公司	CN201710441295.X	发明申请	3	实质审查	8
一种用于防治落石的固定牵引装置	同济大学	CN201510189697.6	发明申请	2	撤回	3
落石柔性分导系统	四川蜀通顺成建筑劳务有限公司	CN201710414125.2	发明申请	1	实质审查	8
一种泥石流分级消能的排导设备	四川理工学院	CN201810809793.X	发明申请	1	授权	9

在表 3.6 中,被引用次数最高的专利申请是四川睿铁科技有限责任公司、四川奥思特边坡防护工程有限公司和四川新途科技有限公司联合申请的发明柔性分导系统,该项专利目前还未授权,在未授权的情况下,其就有如此高的合享价值度,一旦该项专利授权,其合享价值度会进一步升高。

四川理工学院申请的一种泥石流分级消能的排导设备,目前处于有效阶段,从被引用次数看，虽不及柔性分导系统，但是其合享价值度高达 9 分，而价值度为 9～10 分的专利均可以认定为高价值专利。

3.10.4 代表性专利

1. 落石柔性分导系统

申请号：CN201710414125.2 　　　　申请日：2017-06-05

公开号：CN107059894A 　　　　　　公告日：2017-08-18

（1）摘要。

本发明提供一种落石柔性分导系统，包括柔性的纵向落石引导坡面和柔性的横向落石分流坡面。本发明将帘式网的"引导"理念和"分流"的理念相结合，有效地实现了落石的安全引导及定向堆积，系统可对山地落石进行分流引导以及定向堆积，实现对目标建造物的有效防护。

（2）附图。

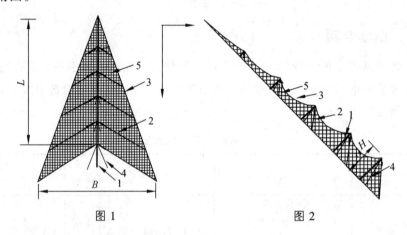

图 1　　　　　　　　　　　　　　图 2

（3）权利要求。

① 一种落石柔性分导系统，其特征在于，包括由拦截网（5）形成的柔性的纵向落石引导坡面和柔性的横向落石分流坡面。

② 如权利要求①所述的落石柔性分导系统，其特征在于，该系统包括：沿纵坡方向布置的若干支撑柱（1）；在支撑柱（1）柱顶及两侧边布置的纵向支撑绳（3），两侧边的纵向支撑绳（3）向外倾斜；在支撑柱（1）两侧沿横坡方向设置的横向支撑绳（2），横向支撑绳（2）一端连接在支撑柱（1）柱顶上，另一端锚固于山体上，连接在支撑柱（1）柱顶的两横向支撑绳（2）锚固点之间的距离从上往下逐渐增大；布置在纵向支撑绳（3）和横向支撑绳（2）上的拦截网（5），拦截网（5）在纵坡上端起始位置及纵向侧边均贴地闭合，形成柔性的纵向落石引导坡面和横向落石分流坡面。

③ 如权利要求②所述的落石柔性分导系统，其特征在于，所述支撑柱（1）的长度沿坡面向下逐渐增加。

④ 如权利要求③所述的落石柔性分导系统，其特征在于，在所述支撑柱（1）两侧边

布置的纵向支撑绳（3）至少一根贴地布置。

⑤ 如权利要求④所述的落石柔性分导系统，其特征在于，所述支撑柱（1）柱顶及两侧边布置的纵向支撑绳（3）顶端交汇在一起。

⑥ 如权利要求⑤所述的柔性引导系统，其特征在于，在所述支撑柱（1）两侧设置有拉锚绳（4）。

⑦ 如权利要求⑥所述的落石柔性分导系统，其特征在于，所述落石柔性分导系统左右对称设置，其中轴线沿山地纵坡布置，若干支撑柱（1）布置在中轴线上。

⑧ 如权利要求①～⑦任一项所述的柔性引导系统，其特征在于，在柔性引导系统的上部区域布置有帘式网。

（4）解决的技术问题。

本发明解决了现有隧道洞口边坡防护技术不足的问题。

（5）有益效果。

① 本发明将帘式网的"引导"理念和"分流"的理念相结合，有效地实现了落石的安全引导及定向堆积。系统可对山地落石进行分流引导以及定向堆积，实现对目标建造物的有效防护。

② 本发明可以有效解决落石堆积难以清理的问题。

③ 本发明构造简单，便于维修和更换构件。

④ 本发明具有良好的适配性，可与明洞、棚洞相互补充，降低明洞、棚洞的配置要求和设计难度。

（6）小结。

该发明专利通过将帘式网的"引导"理念和"分流"的理念相结合，有效地实现了落石的安全引导及定向堆积，解决了类似于隧道洞口边坡防护技术不足的问题。

2. 一种拦截引导防护网

申请号：CN201621072120.3　　申请日：2016-09-22

公开号：CN206070406U　　公告日：2017-04-05

（1）摘要。

本实用新型公开了一种拦截引导防护网，包括两根以上的钢柱，设置于相邻钢柱之间的拦截网，依次穿过所有钢柱顶部的上支撑绳；上支撑绳一端固定于最外侧的钢柱上，另一端穿过所有钢柱固定于地锚上；上支撑绳与拦截网顶部通过缝合绳或卸扣相连；钢柱底部通过基座固定于基岩上；钢柱顶部连接有上拉绳和侧拉绳，上拉绳的一端固定于钢柱顶部，另一端固定于地锚，侧拉绳的一端固定于钢柱顶部，另一端固定于地锚；还包括顶部与拦截网底部相连的金属网，金属网从顶部到底部设有若干个等间距的支撑绳；金属网底部还连接有下支撑绳；下支撑绳通过若干个等间距分布的锚杆固定于坡面。本实用新型解决了高危拦截后难以清理，易产生二次灾害的问题。

（2）附图。

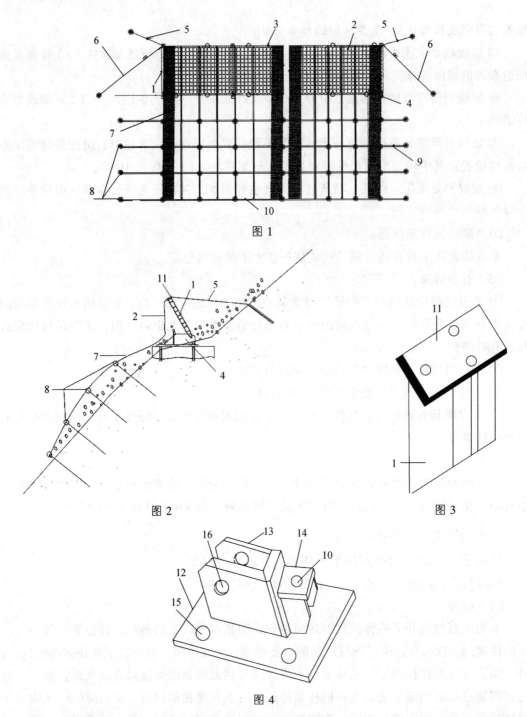

图 1

图 2

图 3

图 4

（3）权利要求。

①一种拦截引导防护网，其特征在于，包括两根以上间隔设置的钢柱（1），设置于相邻钢柱之间的拦截网（2），以及依次穿过所有钢柱顶部的上支撑绳（3）；上支撑绳一端固定于最外侧的钢柱上，另一端穿过所有钢柱固定于地锚上；上支撑绳与拦截网顶部通过缝合绳或卸扣相连；钢柱底部通过基座（4）固定于基岩上；钢柱顶部还连接有上拉

绳（5）和侧拉绳（6），该上拉绳的一端固定于钢柱顶部，另一端固定于地锚，该侧拉绳的一端固定于钢柱顶部，另一端固定于地锚；还包括顶部与拦截网底部相连的金属网（7），该金属网从顶部到底部设有若干个等间距的支撑绳（9），并通过锚杆固定于坡面；所述金属网底部还连接有下支撑绳（10）；下支撑绳通过若干个等间距分布的锚杆（8）固定于坡面。

② 根据权利要求①所述的一种拦截引导防护网，其特征在于，所述上拉绳、侧拉绳、上支撑绳、下支撑绳上分别设有一个以上的减压环。

③ 根据权利要求②所述的一种拦截引导防护网，其特征在于，所述钢柱顶部焊有带孔板（11），所述上拉绳、侧拉绳、上支撑绳的端部均与带孔板相连。

④ 根据权利要求③所述的一种拦截引导防护网，其特征在于，所述基座包括固定于坡面的支撑板（12），设置于支撑板上方并与其焊接的 U 型竖板（13），以及与 U 型竖板相连用于与下支撑绳相连的连接板（14）；支撑板上设有地脚螺栓孔（15），U 型竖板上设有连接螺丝孔（16），连接板上设有连接孔（10）；钢柱底部卡入 U 型竖板的 U 型空腔内与基座活动相连。

⑤ 根据权利要求④所述的一种拦截引导防护网，其特征在于，所述带孔板为三孔板或五孔板。

⑥ 根据权利要求⑤所述的一种拦截引导防护网，其特征在于，所述钢柱顶部设有加强筋，侧面设有加强板。

⑦ 根据权利要求⑥所述的一种拦截引导防护网，其特征在于，还包括中支撑绳，该中支撑绳穿过所有基座，且中支撑绳两端分别固定于最外侧的基座上。

⑧ 根据权利要求①～⑦任一项所述的一种拦截引导防护网，其特征在于，所述钢柱与坡面形成一仰角。

（4）解决的技术问题。

现有防护网高危拦截后难以清理，易产生二次灾害的问题。本发明解决了上述技术问题。

（5）小结。

该发明专利通过拦截网与金属网的配合，拦截网能够拦截落石，然后通过拦截网底部进入金属网，在金属网的作用下，将落石引导到安全区进行清理，从而解决了高危拦截后难以清理，易产生二次灾害的问题。

3. 分流防护网

申请号：CN201821574561.2　　申请日：2018-09-25

公开号：CN209162669U　　　公告日：2019-07-26

（1）摘要。

本实用新型提供一种分流防护网，包括至少两根支撑柱、用于锚固支撑柱的第一拉锚绳、上支撑绳、下支撑绳和网，上支撑绳设置在至少两根支撑柱柱头上，第一拉锚绳固定在各支撑柱的一侧，下支撑绳固定在各支撑柱的另一侧，网连接在上支撑绳和下支撑绳上。本实用新型的分流防护网性能要求低，防护能级高。

（2）附图。

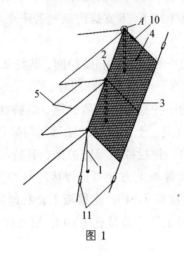

图 1

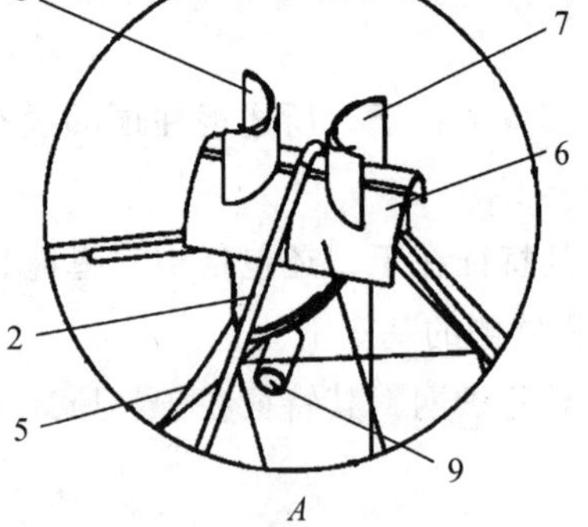

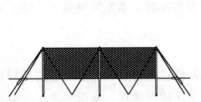

图 2

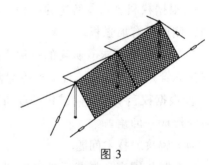

图 3

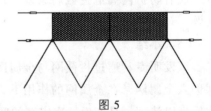

图 4

图 5

图 6

（3）权利要求。

① 一种分流防护网，包括至少两根支撑柱、用于锚固支撑柱的第一拉锚绳、上支撑绳、下支撑绳和网，其特征在于，上支撑绳设置在至少两根支撑柱柱头上，第一拉锚绳固定在各支撑柱的一侧，下支撑绳固定在各支撑柱的另一侧，网连接在上支撑绳和下支撑绳上。

② 如权利要求①所述的分流防护网，其特征在于，上支撑绳能在其设置的支撑柱柱头上滑动，上支撑绳两端分别固定在最外侧两根支撑柱的外侧。

③ 如权利要求②所述的分流防护网，其特征在于，网滑动连接在上支撑绳和下支撑绳上。

④ 如权利要求③所述的分流防护网，其特征在于，还包括第二拉锚绳，第二拉锚绳设置在下支撑绳同一侧，网缝合在第二拉锚绳上。

⑤ 如权利要求④所述的分流防护网，其特征在于，相邻两根支撑柱之间设置有一张网片，所述网由多张网片连接而成，每张网片的两端缝合在第二拉锚绳上。

⑥ 如权利要求⑤所述的分流防护网，其特征在于，所述支撑柱柱头设置有第一钢瓦，第一钢瓦平放在支撑柱上，瓦面向下弯曲；第二钢瓦和第三钢瓦竖直相对设置在第一钢瓦上，瓦面朝外弯曲，所述上支撑绳设置在第一钢瓦、第二钢瓦和第三钢瓦的瓦面之间。

⑦ 如权利要求⑥所述的分流防护网，其特征在于，所述支撑柱上端第一钢瓦下面设置有一对凸柱，所述第一拉锚绳、第二拉锚绳固定在第一钢瓦和凸柱之间。

⑧ 如权利要求⑦所述的分流防护网，其特征在于，所述上支撑绳、下支撑绳两端设置有耗能器。

⑨ 如权利要求⑧所述的分流防护网，其特征在于，每根支撑柱上设置有两根第一拉锚绳，呈倒八字分布。

⑩ 如权利要求⑨所述的分流防护网，其特征在于，所述支撑柱为钢柱。

（4）解决的技术问题。

本发明解决了被动防护网拦截落石难以清理的问题。

（5）有益效果。

本实用新型的分流防护网通过分流疏导的理念，将落石引导至防护区域以外的安全区域，具体通过第一拉锚绳固定在各支撑柱的一侧，下支撑绳固定在各支撑柱的另一侧，网连接在上支撑绳和下支撑绳上，使得分流防护网形成一个稳固的结构，能够引导分流，相对拦截网，本实用新型不用完全拦截落石，对自身的性能要求相对较低，可对更高能级的落石进行防护。本实用新型可将落石引至坡脚区域，还可解决高边坡防护后的清理问题。

（6）小结。

该发明专利通过第一拉锚绳固定在各支撑柱的一侧，下支撑绳固定在各支撑柱的另一侧，网连接在上支撑绳和下支撑绳上，使得分流防护网形成一个稳固的结构，能够引导分流，可将落石引至坡脚区域，还可解决高边坡防护后的清理问题。

4. 分导分流组合防护网及张口帘式分导分流组合网

申请号：CN201821574621.0　　申请日：2018-09-25

公开号：CN209353239U　　公告日：2019-09-06

（1）摘要。

本实用新型提供一种分导分流组合网及张口帘式分导分流组合网。分导分流组合网包括分导网和分流网；分导网包括支撑柱、纵向支撑绳、斜向支撑绳、横向支撑绳和网；支撑柱纵向间隔布置；纵向支撑绳布置在所述支撑柱柱顶上；斜向支撑绳从上往下逐渐向外倾斜布置在支撑柱两边的山体上，斜向支撑绳的顶端与纵向支撑绳的顶端锚固在一起。分流网包括至少两根钢柱、第一拉锚绳、第二拉锚绳、上支撑绳、下支撑绳和网，上支撑绳设置在至少两根钢柱柱头上，第一拉锚绳固定在各钢柱的一侧，下支撑绳固定在各钢柱的另一侧，网连接在上支撑绳和下支撑绳上。分流网设置在分导网出口处，第一拉锚绳固定在各钢柱的下坡侧，下支撑绳固定在各钢柱的上坡侧。

（2）附图。

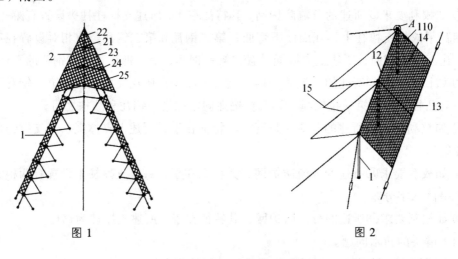

图 1　　　　　　　　　　　图 2

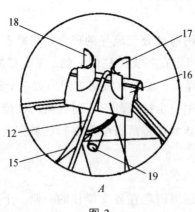

图 3

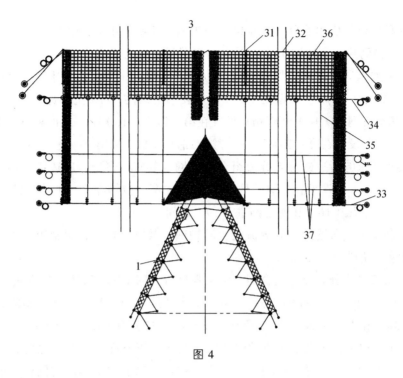

图 4

（3）权利要求。

① 一种分导分流组合防护网，其特征在于，包括分导网（2）和分流网（1）；所述分导网包括支撑柱（21）、纵向支撑绳（22）、斜向支撑绳（23）、横向支撑绳（24）和网Ⅱ（25）；所述支撑柱（21）纵向间隔布置；所述纵向支撑绳（22）布置在支撑柱（21）柱顶上；斜向支撑绳（23）从上往下逐渐向外倾斜布置在支撑柱（21）两边的山体上，斜向支撑绳（23）的顶端与纵向支撑绳（22）的顶端锚固在一起；所述横向支撑绳（24）一端与支撑柱（21）柱顶连接，另一端与纵向支撑绳（22）锚固在一起；网Ⅱ（25）铺设在纵向支撑绳（22）、斜向支撑绳（23）和横向支撑绳（24）上；所述分流网（1）包括至少两根第一钢柱（11）、用于锚固第一钢柱（11）的第一拉锚绳（15）、第二拉锚绳（110）、第一上支撑绳（12）、第一下支撑绳（13）和网Ⅰ（14），所述第一上支撑绳（12）设置在至少两根第一钢柱（11）柱头上，所述第一拉锚绳（15）固定在各第一钢柱（11）的一侧，所述第一下支撑绳（13）固定在各第一钢柱（11）的另一侧；网Ⅰ（14）连接在第一上支撑绳（12）和第一下支撑绳（13）上；所述分流网（1）设置在分导网（2）引导落石路径出口处，所述分流网（1）沿引导路径布置，所述第一拉锚绳（15）固定在各第一钢柱（11）的下坡侧，所述第一下支撑绳（13）固定在各第一钢柱（11）的上坡侧。

② 如权利要求①所述的分导分流组合防护网，其特征在于，所述第一上支撑绳（12）能在其设置的第一钢柱（11）柱头上滑动，所述第一上支撑绳（12）两端分别固定在最外侧两根第一钢柱（11）的外侧。

③ 如权利要求②所述的分导分流组合防护网，其特征在于，所述网Ⅰ（14）滑动连接在所述第一上支撑绳（12）和第一下支撑绳（13）上。

④ 如权利要求③所述的分导分流组合防护网，其特征在于，相邻两根第一钢柱（11）之间设置有一张网片，所述网Ⅰ（14）由多张网片连接而成。

⑤ 如权利要求③所述的分导分流组合防护网，其特征在于，所述第一钢柱（11）柱头设置有第一钢瓦（16），第一钢瓦（16）平放在第一钢柱（11）上，瓦面向下弯曲；第二钢瓦（17）和第三钢瓦（18）竖直相对设置在第一钢瓦（16）上，瓦面朝外弯曲，所述第一上支撑绳（12）设置在第一钢瓦（16）、第二钢瓦（17）和第三钢瓦（18）的瓦面之间。

⑥ 如权利要求⑤所述的分导分流组合防护网，其特征在于，所述第一钢柱（11）上端第一钢瓦（16）下面设置有一对凸柱（19），所述第一拉锚绳（15）、第二拉锚绳（110）固定在所述第一钢瓦（16）和所述凸柱（19）之间。

⑦ 如权利要求⑥所述的分导分流组合防护网，其特征在于，每根第一钢柱（11）上设置有两根第一拉锚绳（15）。

⑧ 一种张口帘式分导分流组合网，包括张口帘式网（3）；所述张口帘式网（3）包括第二钢柱（31）、第二上支撑绳（32）、第二下支撑绳（33）和纵横交错间隔布置的多条横向拉绳（34）和纵向拉绳（35），所述上支撑绳（32）固定在第二钢柱（31）柱头上，所述横向拉绳（34）位于第二上支撑绳（32）与第二下支撑绳（33）之间，在所述第二上支撑绳（32）、第二下支撑绳（33）、纵横向拉绳（35、34）组成的网格上铺挂金属网（36），在所述张口帘式网（3）下部间隔布置有多条加强绳（37）；其特征在于，将如权利要求①~⑦任一所述的分导分流组合防护网布置在所述张口帘式网（3）的下部。

（4）解决的技术问题。

现有的分流疏导网往往因为制造工艺的限制无法制造得太高太大，因此急需寻找一种替代方案。本发明解决了上述技术问题。

（5）有益效果。

本实用新型的分导分流组合防护网在分导网（2）的下方设置分流网（1），使得分导网（2）不用制造得太高太大，也能完美实现分流引导功能，摆脱工艺限制，易于实现。由于分流网还可将落石引至坡脚区域，分导分流组合防护网还可解决高边坡防护后的清理问题。所述分流网的第一拉锚绳固定在各第一钢柱的一侧，第一下支撑绳固定在各第一钢柱的另一侧，网Ⅰ连接在第一上支撑绳和第一下支撑绳上，使得分流网形成一个稳固的结构，能够引导分流，相对拦截网，分流网不用完全拦截落石，对自身的性能要求相对较低，可对更高能级的落石进行防护。

张口帘式防护网（3）的第二钢柱（31）撑起张口帘式网形成开口，落石落入该开口，在下行过程中受到张口帘式网的限制落石速度受到制约，在张口帘式网下部设置的分导分流组合网又将速度受到制约的落石进一步分流引导，防护更加安全，对各防护网的防护能级要求进一步降低。由于是分导分流组合网，不需要太高太大，更容易与张口帘式网结合。

（6）小结。

该发明专利通过提供一种分导分流组合网及一种张口帘式分导分流组合网，解决了能够进行分流，防护更安全，且不需要分流疏导网太高太大的问题。

第4章

PART FOUR

柔性防护系统重点技术分析

本章在柔性防护系统的基础上对其重点技术进行分析，本书将柔性防护系统的技术划分为自恢复自复位、高能级高耗能、易安拆清理维护、预警预报、绿色环保、经济和装配式等技术分支，重点对其中的易安拆、易维护技术，高能级防护技术及灾害预警预报技术进行分析。

本章的分析主要集中于国内专利。

4.1 易安拆、易维护技术分析

本节研究的对象为在边坡灾害防护系统的基础上研究易安拆、易维护技术，装配式也是易安装的，所以分析时将其对应的专利也纳入该部分进行分析，共筛选出 161 项专利文献。此次分析主要从专利的申请量、技术集中度和重要专利几个角度进行分析。

4.1.1 申请量分析

柔性防护系统主要安装在容易出现滑坡灾害的地方，这些地方一般地势比较险峻，若是防护系统比较好安装或者损坏后容易维护，能大幅度提高柔性防护系统使用的安全稳定性，同时还能提高工人安装时的安全性。由图 4.1 可以知道，易安拆和易维护的专利申请在整个柔性防护总数据中的占比为 24%，其中，相关比例是通过将柔性防护系统对应的 667 项专利与本节筛选出的 161 项专利对比生成。

通过该占比看，易安拆和易维护方面的专利申请量还不错，相对 6 个方向而言，占比超过平均值，表明易安装维护领域的产品的市场占有率还是挺大的，所以企业会从该角度进行专利布局，力求获取较大的市场。

图 4.2 为易安拆和易维护技术对应的专利申请趋势，从专利申请数据看，该技术在 2006—2013 年期间，大部分年限仅有一项专利申请，仅在 2009 年出现了一次小高峰，申请量为 4 件。

2013—2019 年期间，专利申请数据持续增加，在这期间并没有出现波动，一方面表明这段时间内市场对这方面技术的需求增大，另一方面表明市场的竞争比较激烈，所以存在大量的专利布局，力求获取更大的竞争市场。

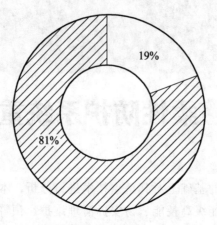

图 4.1　柔性防护系统中易安拆维护对应专利占比

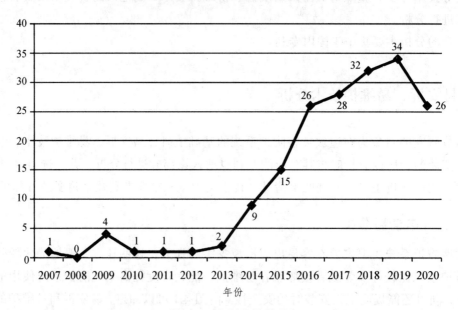

图 4.2　专利申请趋势

　　生命周期分析是专利定量分析中最常用的方法之一，它可以分析专利技术所处的发展阶段，推测未来技术发展方向。在图 4.3 中，专利申请人的数量从 2012—2019 年持续增加，表明这段时间市场需求增大，使得大量企业进入该行业，随着进入的企业的逐渐增多，市场的竞争也逐渐加大，所以企业布局的专利数量增多，这与 2013—2019 年的专利申请趋势基本相吻合。

　　从趋势线的走势看，2020 年企业数量下滑比较明显，极大可能是部分企业的专利申请还未公开，至少部分企业未统计上，所以 2020 年的数据不太具有参考意义。

4.1.2　技术集中度分析

　　在图 4.4 中，可以看出在易安拆维护方面申请的专利中，涵盖了分类号 E01F、E02D、

E02B、E21D、E01D、F16F、E04H、G01M、B61F 和 E21F，涵盖的技术效果包括便利性提高、复杂性降低、成本降低、安全性提高、防护性提高、稳定性提高、效率提高、速度提高、经济性提高和寿命提高。

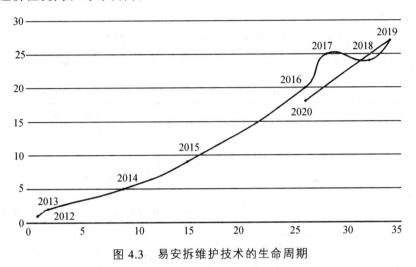

图 4.3　易安拆维护技术的生命周期

图 4.4 中气泡大小代表专利数量的多少，从气泡大小看，目前相对比较大的气泡主要集中在分类号为 E01F，其次是 E02D，对应的效果为便利性提高、复杂性降低、成本降低、安全性提高和防护性提高，也即目前技术主要集中分布在气泡较大的技术效果和分类号交叉区域。

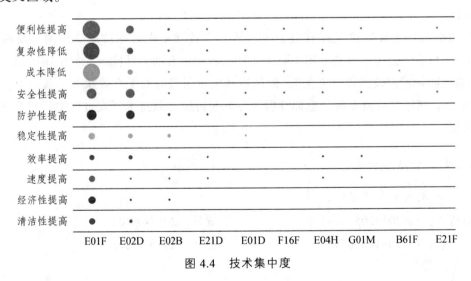

图 4.4　技术集中度

图 4.4 表明，目前市场竞争较大的区域主要集中在气泡较大区域，同时也表明这一部分技术对应的产品是目前市场的主导产品，若企业想进入该行业或者是获取更大的市场，可以选择其他气泡较小区域或是没有气泡的区域，这些区域企业布局专利较少或者是没有进行专利布局。

另外，气泡较小区域，可以肯定一点的是这些技术是可以走得通的；技术空白区域，没有专利申请，可以明确确定的是目前没有企业进入该市场，但是从技术角度，其可能存在技术走不通的风险性。

4.1.3 重要专利

在柔性防护中易安装维护的重要专利主要通过被引用次数进行获取，再结合其合享价值度进行分析，此处筛选被引用次数排名前3的专利，具体参见表4.1。

表4.1 易安装维护中的重要专利

标题	申请人	申请号	专利类型	被引证次数	当前法律状态	合享价值度
一种柔性防护棚洞及其设计方法	中国科学院水利部成都山地灾害与环境研究所	CN201110372820.X	发明申请	20	撤回	6
易修复式柔性被动防护网	四川奥思特边坡防护工程有限公司	CN201420503041.8	实用新型	9	授权	9
用于隔离防护飞石或落石的柔性棚洞	布鲁克（成都）工程有限公司	CN200910307080.4	发明申请	7	授权	9

在表4.1中，被引用次数最高的专利申请是中国科学院水利部成都山地灾害与环境研究所申请的"一种柔性防护棚洞及其设计方法"，引用次数高达20次，结合其申请时间和引用次数看，该申请可算是本领域的基础专利，后续技术改革过程中，其可以作为参考的基准。

四川奥思特边坡防护工程有限公司申请的"易修复式柔性被动防护网"及布鲁克（成都）工程有限公司申请的"用于隔离防护飞石或落石的柔性棚洞"的引用次数虽不及"一种柔性防护棚洞及其设计方法"，但是这两项专利目前处于有效状态，其合享价值度高达9分，属于高价值专利，也即这两项专利在后续类似技术开发过程中具有非常高的参考价值。

4.1.4 代表性专利

1. 易修复式柔性被动防护网

申请号：CN201420503041.8　　　　申请日：2014-09-02

公开号：CN204163087U　　　　　公告日：2015-02-18

（1）摘要。

一种易修复式柔性被动防护网，属边坡防护网系统。由多跨防护网组成，每跨防护网结构为：支撑绳固定在钢柱顶部和底部的4个卸扣上，金属网经卸扣连接在金属网上，钢柱铰接在锚固板上U形板的销轴上，拉锚绳固定在钢柱顶板上，另一端经卸扣连接消能装置一端，消能装置另一端经卸扣连接锚杆。消能装置由一个以上的交叉圆环组成，其两外端均为钢丝绳端头。本实用新型消能装置具有可更换性，防护网拆卸方便，两者受冲击荷载破坏后可单独更换，钢柱与锚固板铰接，与钢柱连接的金属网对冲击荷载具有柔性防护功能。

（2）附图。

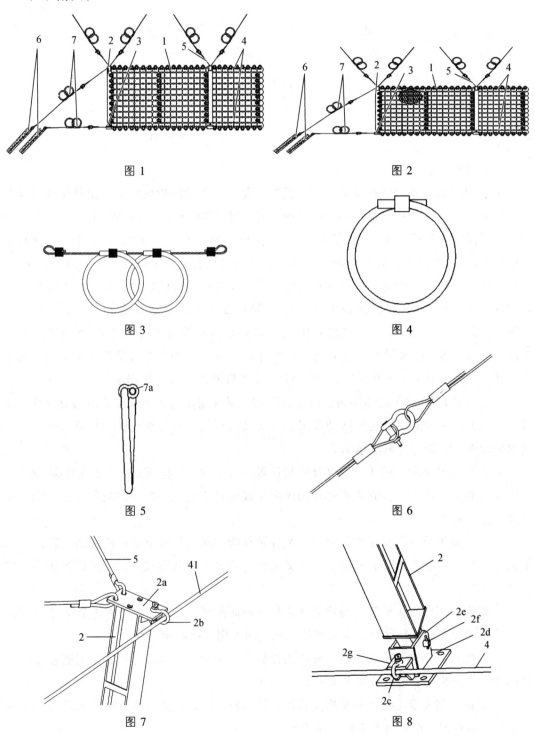

图 1　　　　　　　　　　图 2

图 3　　　　　　　　　　图 4

图 5　　　　　　　　　　图 6

图 7　　　　　　　　　　图 8

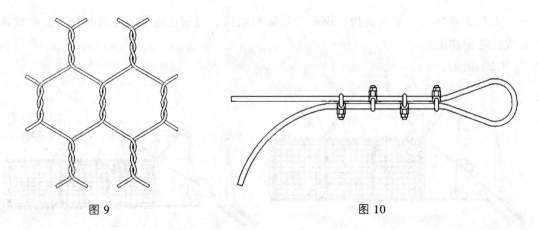

图 9   图 10

（3）权利要求。

① 一种易修复式柔性被动防护网，其特征是：由多跨防护网组成，由两钢柱以及金属网组成的每跨防护网结构为：由 H 型钢或工字钢制作的钢柱（2）顶部焊接有一个顶板（2a），顶板的孔上固定有一个上卸扣（2b），顶板上另有多个拉锚绳孔，每个拉锚绳孔上固定有一根拉锚绳（5），该拉锚绳另一端经另一卸扣与消能装置（7）一钢丝绳端头连接，消能装置（7）另一钢丝绳端头经卸扣与用作锚固在地面的锚杆（6）相固定，U 型板（2e）焊接在用作锚固在地面的锚固板（2d）上，销轴（2f）可转动地架设在 U 形板的两个侧立板上，钢柱（2）底部固定在销轴（2f）上，U 形板的底板底面上焊接有一水平板（2g），下卸扣（2c）固定在水平板（2g）上，支撑绳（4）一端从两根钢柱的两个上卸扣和两个下卸扣穿出后与其另一端相固定，金属网（1）经卸扣固定在支撑绳上。

上述消能装置（7）的结构为：由金属管或金属杆制作的交叉圆环的两端分别从一个板件（7a）上并列的两个孔中活动穿出，且交叉圆环的两端分别连接两根钢丝绳，上述两根钢丝绳的外端均为钢丝绳端头。

② 根据权利要求①所述的易修复式柔性被动防护网，其特征是：所述支撑绳（4）上还安装有消能装置（7），消能装置经钢丝绳连接在位于钢柱（2）与锚杆（6）的锚固点之间，另一侧同上。

③ 根据权利要求①所述的易修复式柔性被动防护网，其特征是：所述消能装置（7）中的交叉圆环为串联的两个或多个，或交叉圆环为多个并联方式，或交叉圆环为多个串并联的方式。

④ 根据权利要求①所述的易修复式柔性被动防护网，其特征是：所述金属网（1）为两个金属网片单元，且该两个金属网片单元之间采用卸扣连接。

⑤ 根据权利要求①所述的易修复式柔性被动防护网，其特征是：所述消能装置（7）的两个钢丝绳端头采用钢丝绳卡头固定。

⑥ 根据权利要求①所述的易修复式柔性被动防护网，其特征是：所述金属网（1）为环形网、菱形网、单绞网或双铰六边形网。

（4）解决的技术问题。

现有消能装置难以更换或重复使用，防护系统在完成一次拦截坠落物冲击后受到破坏，重新安装费时费力；被动防护网直接承受坡面滚石冲击荷载而没有避让缓冲余地，不具有柔性防护功能。本发明解决了上述技术问题。

（5）有益效果。

该实用新型结构简单，设计合理，当被动防护网完成一次冲击防护过后，不用拆卸原有系统，只需拆下卸扣、更换已启动的消能装置和已损坏的金属网单元（方便拆卸），更换后与原防护网具有同等效用，操作简单且可重复利用，降低了系统使用成本，更大限度地提高了防护系统功能。同时，当被动防护网受坡面滚石冲击荷载时，钢柱能在锚固板上随动而作一位置偏移，而不是以刚性来承受冲击，因而具有柔性防护功能。

（6）小结。

该实用新型提供一种消能装置易拆卸更换，具有柔性防冲击功能的被动防护网，解决了现有被动防护网只具备一次性拦截功能，消能装置难以更换或重复使用的技术难题。

2. 一种带耗能减震器的柔性防护棚洞及其设计方法

申请号：CN201110372820.X　　　　　申请日：2011-11-22
公开号：CN102493328A　　　　　　　公告日：2012-06-13

（1）摘要。

针对现有技术中耗能减震棚洞仅适用于直柱式棚洞的不足，本发明提供了一种带有耗能减震的柔性防护棚洞及其设计方法。防护棚洞包括棚体、支座，以及连接棚体与支座的耗能减震器，棚体是拱式结构，棚体包括多根平行并排的钢结构主拱圈，主拱圈通过网状排列的支撑圆管连接成一体；主拱圈外侧安装双层柔性防护网，所述柔性防护网是环形钢丝网，该棚洞特别适用于安装在桥面路段上方。本发明还提供上述防护棚洞的设计方法，解决耗能减震器壁厚设计参数的确定。本发明产品结构简单、建设容易、防护效果好，特别适用于桥面路段上方；棚洞设计方法原理可靠、过程简便，适用于工程领域需要。

（2）附图。

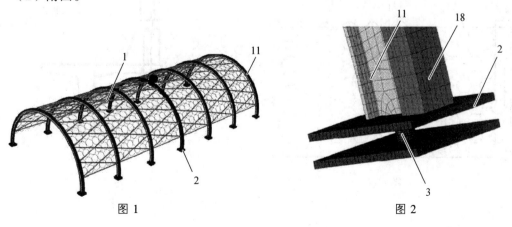

图 1　　　　　　　　　　　　　　　　　　图 2

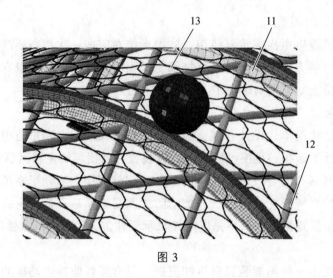

图 3

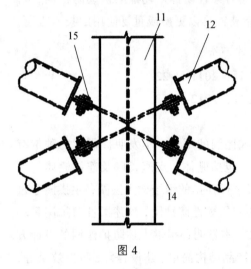

图 4

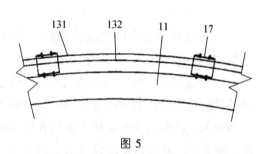

图 5

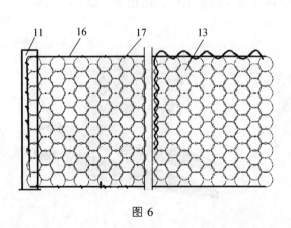

图 6

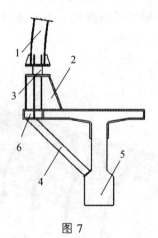

图 7

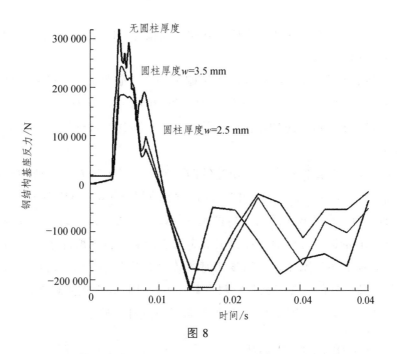

图 8

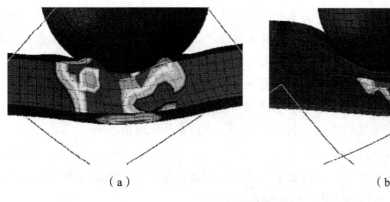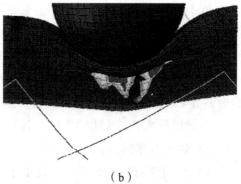

（a） （b）

图 9

（3）权利要求。

①一种柔性防护棚洞，包括棚体（1）、支座（2），以及连接棚体（1）与支座（2）的耗能减震器（3），其特征在于，防护棚洞安装在桥面路段上方，所述棚体（1）是拱式结构，棚体（1）包括多根平行并排的钢结构主拱圈（11），主拱圈（11）通过网状排列的支撑圆管（12）连接成一体；主拱圈（11）外侧安装双层柔性防护网（13），所述柔性防护网（13）是环形钢丝网。

②根据权利要求①所述防护棚洞，其特征在于，所述棚体（1）是全拱式结构。

③根据权利要求①或②所述的防护棚洞，其特征在于，所述外层柔性防护网（131）是 RX-025 环形钢丝网，内层柔性防护网（132）是热镀锌高强度环形钢丝网。

④根据权利要求③所述的防护棚洞，其特征在于，所述主拱圈（11）两端近基部布

置有支撑绳（16），柔性防护网（13）通过卸扣式连接件（17）或者缝合线与支撑绳（16）及主拱圈（11）连接。

⑤ 根据权利要求①或②或③所述的防护棚洞，其特征在于，主拱圈（11）上安装有缓冲垫层（18），缓冲垫层（18）位于双层柔性防护网（13）外侧。

⑥ 根据权利要求⑤所述防护棚洞，其特征在于，所述缓冲垫层（18）为厚度 100～300 mm 的 PVC 件。

⑦ 根据权利要求①或②或④或⑥所述的防护棚洞，其特征在于，所述支座（2）安装在道路桥面外侧扩展面（6），外侧扩展面通过斜支撑梁（4）与桥墩（5）固定连接。

⑧ 一种如权利要求⑦所述的柔性防护棚洞的设计方法，首先通过工程地质勘察确定滚石的最大冲击能量，通过桥面设计数据确定安装棚洞的桥面所能承受的最大桥面支座反力，其次确定棚洞主拱圈（11）初步几何参数、支撑圆管（12）初步几何参数、支座（2）初步几何参数、耗能减震器初步材料参数；最后计算确定耗能减震器（3）的壁厚参数。其特征在于，耗能减震器（3）的壁厚参数按下式计算确定：

$$t = [(P_{max}/6k\sigma_0)^2/D]^{1/3}$$

式中：t 为耗能减震器的壁厚；P_{max} 为支座最大反力，根据桥面设计数据确定；σ_0 为耗能减震器圆柱材料的屈服应力，通过查阅材料手册或产品手册确定；D 为耗能减震器的截面直径，根据支座初步几何参数与主拱圈几何参数确定；k 为系数，取值 4～6。

⑨ 根据权利要求⑧所述的方法，其特征在于，当棚洞设计要点在于提高耗能减震器寿命时系数 k 取值 4，当桥面路段安全系数不足可能需要多次更换耗能器时系数 k 取值 6。

⑩ 根据权利要求⑨所述的方法，其特征在于，所述系数 k 取值 5。

（4）解决的技术问题。

本发明针对现有技术的不足，提供了一种带耗能减震器的拱形棚洞及其设计方法，该棚洞适用范围更广，且特别适用于桥面路段的防护。

（5）有益效果。

与现有技术相比，本发明的有益效果是：① 发明提供了一种设有耗能减震器的拱式棚体的棚洞，结合了耗能减震器与拱式棚洞的优点，具有广泛的工程适用性；② 棚体采用双层柔性网钢结构辅以 PVC 材料使棚体具有自重轻、占地小、柔性好、防冲击性能高的特点，特别适用于桥面路段的防护工程；③ 棚洞结构简单，具有安装、拆卸方便，不影响交通，工厂加工制作，标准化作业，建设成本低，便于维护与修复等优点；④ 棚洞关键设计参数的计算方法科学、简便。

（6）小结。

该发明专利公开了一种带耗能减震器的柔性防护棚洞，结构简单、建设容易、防护效果好，解决了现有技术中耗能减震棚洞仅适用于直柱式棚洞的不足。

3. 装配式空间索托柔性棚洞

申请号：CN201720680928.8　　　　申请日：2017-06-13

公开号：CN207176529U　　　　　　公告日：2018-04-03

（1）摘要。

　　本实用新型提供一种装配式空间索托柔性棚洞，包括间隔设置的多个支撑拱架和位于所述多个支撑拱架构成的曲面上并与支撑拱架平面垂直的系杆；在所述支撑拱架和系杆交叉位置设置托索柱，环向支撑绳和纵向支撑绳滑动连接在所述托索柱上；所述环向支撑绳和纵向支撑绳组成的网格之间，环向支撑绳、支撑拱架与托索柱形成的矩形之间，纵向支撑绳、系杆与托索柱形成的矩形之间设置有柔性支撑；在装配式空间索托柔性棚洞两端相邻支撑拱架上的托索柱之间设置有局部刚性支撑。本实用新型的装配式空间索托柔性棚洞耗能更加合理、防护能级更高、更易修复。

　　（2）附图。

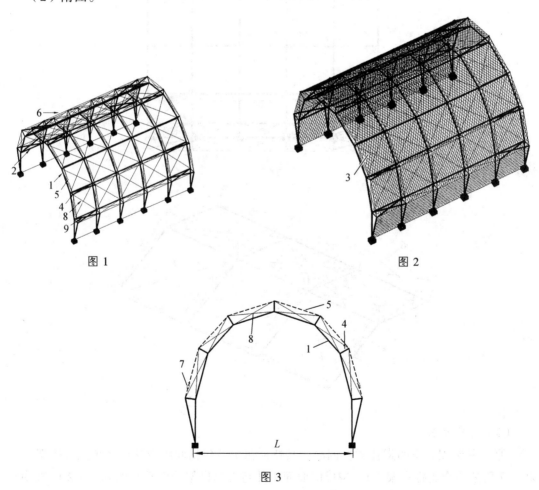

图 1　　　　　　　　　　　　　　　图 2

图 3

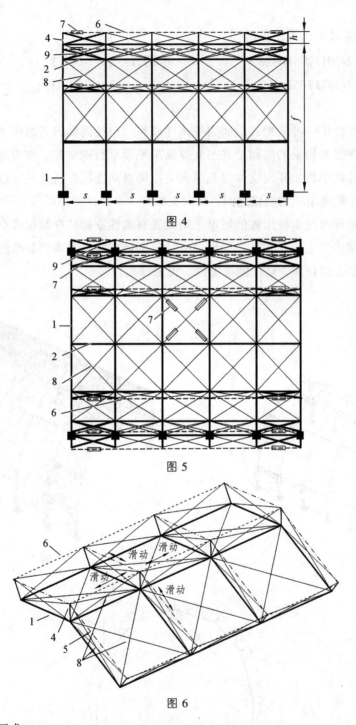

图 4

图 5

图 6

（3）权利要求。

① 一种装配式空间索托柔性棚洞，其特征在于，包括间隔设置的多个支撑拱架（1）和位于所述多个支撑拱架（1）构成的曲面上并与支撑拱架平面垂直的系杆（2）；在所述支撑拱架（1）和系杆（2）交叉位置设置托索柱（4），环向支撑绳（5）和纵向支撑绳（6）滑动连接在所述托索柱（4）上；所述支撑拱架（1）和系杆（2）组成的网格之间，所述

环向支撑绳（5）、支撑拱架（1）与托索柱（4）形成的矩形之间，纵向支撑绳（6）、系杆（2）与托索柱（4）形成的矩形之间设置有柔性支撑（8）；在装配式空间索托柔性棚洞两端相邻支撑拱架（1）上的托索柱（4）之间设置有局部刚性支撑（9）。

② 如权利要求①所述的装配式空间索托柔性棚洞，其特征在于，所述装配式空间索托柔性棚洞为全装配式。

③ 如权利要求②所述的装配式空间索托柔性棚洞，其特征在于，所述托索柱（4）上设有互不干扰的环向滑槽和纵向滑槽，环向支撑绳（5）置于所述环向滑槽内、纵向支撑绳（6）置于所述纵向滑槽内。

④ 如权利要求③所述的装配式空间索托柔性棚洞，其特征在于，所述柔性支撑由钢丝绳构成，沿所述网格或矩形的两个对角线方向交叉布置。

⑤ 如权利要求④所述的装配式空间索托柔性棚洞，其特征在于，所述局部刚性支撑（9）由钢构件组成，沿两端相邻支撑拱架（1）、系杆（2）及托索柱（4）形成的矩形的两个对角线方向交叉布置。

⑥ 如权利要求⑤所述的装配式空间索托柔性棚洞，其特征在于，拦截网（3）分块分区域铺设于环向支撑绳（5）和纵向支撑绳（6）上，并与环向支撑绳（5）和/或纵向支撑绳（6）连接。

（4）解决的技术问题。

本实用新型提供了一种耗能更加合理、防护能级更高、更易修复的新型装配式空间索托柔性棚洞。

（5）有益效果。

① 通过在钢拱架和拦截网（3）之间增加索托桁架，形成隔离层，使得落石冲击时直接砸中钢结构构件的概率大幅下降。

② 通过在钢拱架和拦截网（3）之间增加索托桁架，形成隔离层，可将落石拦截在隔离层以内，有效解决侵界的问题。

③ 通过采用耗能器（7）及拦截网（3）分块分区域独立安装的方式，使得受损后更易更换。

④ 采用耗能器（7）作为主要的耗能构件使得棚洞的耗能形式更为合理。

总体而言，本实用新型构思巧妙，结构简单，成本低廉，施工安装方便，具有广泛的市场应用前景，适合推广应用。

（6）小结。

该实用新型提供一种装配式空间索托柔性棚洞，耗能更加合理、防护能级更高、更易修复。

4. 装配式空间索托柔性棚洞

申请号：CN201921528454.0	申请日：2019-09-16
公开号：CN211038675U	公告日：2020-07-17

（1）摘要。

本实用新型提供一种快速拼装支护棚架，包括拱架（2）、横向支撑（3）、钢丝网片（4），两榀以上拱架（2）间隔安装布置，拱架（2）之间用横向支撑（3）固定连接，拱架（2）与横向支撑（3）形成的框格内安装网丝网片（4），所述拱架（2）分为相互连接的两段，每段拱架（2）顶部设有旋转结构（5），所述旋转结构（5）能绕拱架（2）轴向旋转和侧向旋转。本实用新型施工时间短、易于拼装、适用性好。

（2）附图。

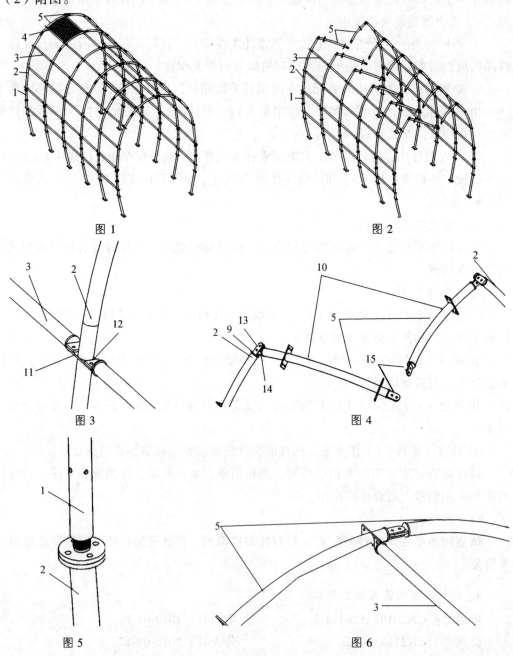

图1　　　　　　　　　　　图2

图3　　　　　　　　　　　图4

图5　　　　　　　　　　　图6

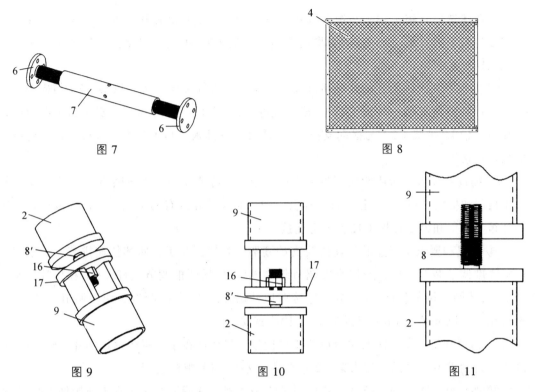

图 7   图 8

图 9   图 10   图 11

（3）权利要求。

①一种快速拼装支护棚架，包括拱架（2）、横向支撑（3）、钢丝网片（4），两榀以上拱架（2）间隔安装布置，拱架（2）之间用横向支撑（3）固定连接，拱架（2）与横向支撑（3）形成的框格内安装网丝网片（4），其特征在于，所述拱架（2）分为相互连接的两段，每段拱架（2）顶部设有旋转结构（5），所述旋转结构（5）能绕拱架（2）轴向旋转和侧向旋转。

②如权利要求①所述的快速拼装支护棚架，其特征在于，所述旋转结构（5）包括旋转螺纹（8）、连接件（9）和旋转臂（10）；所述旋转螺纹（8）一端与拱架（2）固定连接，一端与连接件（9）螺纹连接；连接件（9）上设有第三耳板（13），第三耳板（13）上开设有销孔，旋转臂（10）上也设置有与所述第三耳板（13）对应的第四耳板（14），第四耳板（14）上相应地开设有与第三耳板（13）对应的销孔，所述第三耳板（13）与第四耳板（14）通过销轴转动连接；所述旋转臂（10）自由端设置有第五耳板（15），用于将组成同一拱架（2）的两段拱架的旋转臂（10）能拆卸地固定连接起来。

③如权利要求①所述的快速拼装支护棚架，其特征在于，所述旋转结构（5）包括旋转轴（8′）、连接件（9）与限位螺母（16），所述连接件（9）底部连接支架板（17），所述旋转轴（8′）一端与拱架（2）固定连接，一端穿过连接件（9）底部支架板（17）并通过限位螺母（16）将连接件（9）旋转连接在旋转轴（8′）上；所述连接件（9）上设有第三耳板（13），第三耳板（13）上开设有销孔，旋转臂（10）上也设置有与所述第三耳板（13）对应的第四耳板（14），第四耳板（14）上相应地开设有与第三耳板（13）对应的

销孔，所述第三耳板（13）与第四耳板（14）通过销轴转动连接；所述旋转臂（10）自由端设置有第五耳板（15），用于将组成同一拱架（2）的两段拱架的旋转臂（10）能拆卸地固定连接起来。

④ 如权利要求①所述的快速拼装支护棚架，其特征在于，所述拱架（2）与横向支撑（3）连接处设置有第一耳板（11），横向支撑（3）上设置有与第一耳板（11）对应的第二耳板（12），拱架（2）与横向支撑（3）通过第一耳板（11）与第二耳板（12）能拆卸地固定连接。

⑤ 如权利要求④所述的快速拼装支护棚架，其特征在于，所述拱架（2）上的第一耳板（11）和横向支撑（3）上的第二耳板（12）对应处开设有两个孔，用销轴或螺栓将第一耳板（11）和第二耳板（12）固定连接起来。

⑥ 如权利要求①所述的快速拼装支护棚架，其特征在于，所述快速拼装支护棚架还包括高度调节装置（1），所述高度调节装置（1）包括两根调节丝杆（6）和顶升螺旋套（7），所述两根调节丝杆（6）分别连接在顶升螺旋套（7）的两端，两根调节丝杆（6）螺纹相反；调节丝杆（6）与拱架（2）固定连接。

⑦ 如权利要求①所述的快速拼装支护棚架，其特征在于，所述钢丝网片（4）由钢丝网片压条制成独立单元，与拱架（2）和横向支撑（3）螺栓连接。

⑧ 如权利要求②或③所述的快速拼装支护棚架，其特征在于，所述连接件（9）上的第三耳板（13）还开设有另一销孔，旋转臂（10）上相应地也开设有与第三耳板（13）对应的另一销孔。

⑨ 如权利要求②或③所述的快速拼装支护棚架，其特征在于，所述同一拱架（2）的两段拱架的旋转臂（10）的第五耳板（15）通过螺栓或销轴能拆卸地固定连接。

（4）解决的技术问题。

本实用新型所要解决的技术问题是提供一种施工时间短、适用性好的一种快速拼装支护棚架。

（5）有益效果。

本实用新型旋转结构可以绕过既有交通线隧道顶部接触网等障碍物，施工时间短，适用性好。高度调节装置可在隧道内部提供足够的安装空间，并能通过调节高度使拱架及网片紧贴隧道上部，达到有效防护。快速拼装支护棚架的拱架、横向支撑及钢丝网片均为独立单元，结构轻便，各独立单元通过螺栓或销轴快速固定，易于拼装，可根据实际工况灵活定制安装进度，在预定时间内可快速完成局部完整拼装，若因特殊原因安装不能继续，由于部件为独立单元结构，经过简单固定即可保证已安装部分不对交通运营造成影响，具有显著的社会效益。

（6）小结。

该实用新型提供了一种施工时间短、适用性好的快速拼装支护棚架，解决了现有维护方式施工时间长，在既有公路、铁路隧道的维护工程中适用性差的技术难题。

4.2 高能级防护技术分析

本节在边坡灾害防护系统的基础上对高能耗防护技术进行分析，共筛选出 218 项专利文献。此次分析主要从专利的申请量、技术集中度和重要专利几个角度进行。

4.2.1 申请量分析

在第 3 章中给出了柔性防护系统方面具有 667 项数据，从高能级防护对应的 218 项数据看，其占比高达 33%，如图 4.5 所示。通过专利申请数据，一方面可以表明目前市场对柔性防护产品这方面性能的需求比较大，所以企业会从该角度大量布局专利，力求获取较大的市场；另一方面也可以起到一定的导向作用，让企业研发出的产品更符合市场需求，以保证柔性防护对灾害的有效防护。

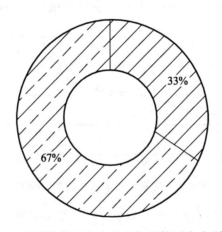

图 4.5　柔性防护系统中高能级防护对应专利占比

图 4.6 展示的是柔性防护系统中高能级防护对应专利的申请趋势。从图中可以看出，该技术方向起步于 2004 年，起步比较早，但是起步之后连续几年专利数据基本上保持 0 件或 1 件的速度增加，表明这段时间并无太多新的技术成果被研发出来。

2012—2019 年，专利的数据逐步在增加，但存在多个起伏点，表明这段时间技术虽有创新，但是比较曲折，技术上存在一些需要克服的难点。

在图 4.7 中可以看出，申请专利的企业的变化数据及每年对应的专利数据变动幅度相对比较大，具体为：2011—2012 年，企业数量从 1 家新增至 8 家左右，但是在 2013 年又回落至 1 家；2013—2016 年，申请专利的企业数量新增至 25 家；2016—2019 年，参与企业数据先保持不变，接着小幅回落，之后又增加。

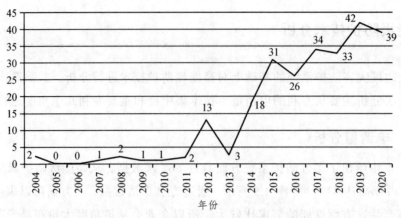

图 4.6　高能级防护技术专利的申请趋势

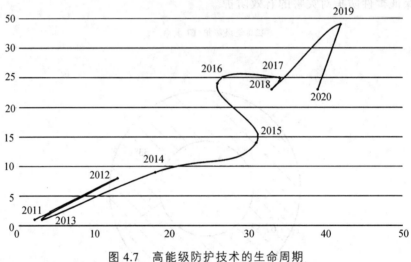

图 4.7　高能级防护技术的生命周期

通过上述参与企业数量可以看出，高能级防护技术初期由于存在技术壁垒，参与的企业比较少，随着技术的起步或市场的快速发展，参与企业数量快速增加，后续随着市场的竞争加剧，部分企业退出了市场，随着技术的再度创新，参与的企业又再次增多。

4.2.2　技术集中度分析

由图 4.8 可以看出，在高能级防护方面申请的专利中，涵盖了分类号 E01F、E02D、E21D、E02B、F16F、G06F、E04B、G01M、E03F 和 E04H，涵盖的技术效果包括便利性提高、复杂性降低、成本降低、安全性提高、防护性提高、稳定性提高、效率提高、速度提高、经济性提高和寿命提高。

从气泡大小看，目前相对比较大的气泡主要集中在分类号 E01F，其次是 E02D，对应的效果专利申请量从大到小依次是便利性提高、防护性提高、复杂度降低、成本降低、安全性提高、稳定性和能力提高，其中热度最大的是分类号 E01F 对应的便利性提高。

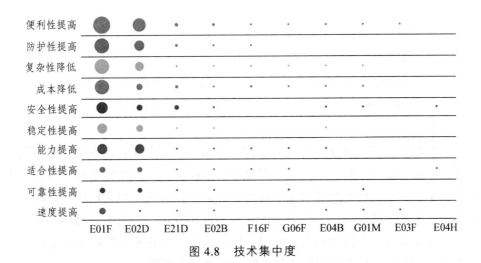

图 4.8　技术集中度

4.2.3　重要专利

柔性防护中高能级防护的重要专利主要通过被引用次数进行获取，再结合其合享价值度进行分析，此处筛选被引用次数排名前 4 的专利，具体参见表 4.2。

表 4.2　高能级防护专利中的重要专利

标题	申请人	申请号	专利类型	被引证次数	当前法律状态	合享价值度
一种用于边坡防落石的防护网及施工方法	五冶集团上海有限公司	CN201410467353.2	发明申请	9	驳回	4
一种隧道开挖防岩爆落石的柔性防护装置	四川川交路桥有限责任公司	CN201521103443.X	实用新型	8	未缴年费	5
柔性拦挡网	布鲁克（成都）工程有限公司	CN201320530024.9	实用新型	7	避重放弃	5
一种应用于被动防护网的消能部件	中铁二院工程集团有限责任公司,四川奥特机械设备有限公司	CN201410347271.4	发明申请	6	授权	9

在表 4.2 中，被引用次数最多的是五冶集团上海有限公司申请的"一种用于边坡防落石的防护网及施工方法"，该专利是在申请阶段被驳回了，可见该专利的创造性不足，其合享价值度为 4，非常低，可见其价值度并不高。

中铁二院工程集团有限责任公司和四川奥特机械设备有限公司联合申请的"一种应用于被动防护网的消能部件"，虽然被引用次数不是很多，但是从其合享价值度看，高达 9 分，显然为高价值专利，结合被引用次数和合享价值度可以判定其是高能级防护领域的高价值专利。

4.2.4 代表性专利

1. 高性能被动防护网结构

申请号：CN201520921478.8 　　　　申请日：2015-11-18

公开号：CN205205836U 　　　　公告日：2016-05-04

（1）摘要。

本实用新型公开了一种高性能被动防护网结构，可解决现有技术达不到预期防护效果的问题。本实用新型涉及网片、上支撑绳系的支撑索、上支撑绳系的挂网索、下支撑绳系的支撑索、下支撑绳系的挂网索、连接件、立柱柱头鞍座和立柱柱脚支座。通过明确拦截系统与支撑系统、支撑系统内部的连接与滑移方式，强调无阻滑移原理的基本要求，增强了被动柔性防护网结构内部的滑移运动能力，使其满足被动柔性防护网的高性能防护要求，使得结构在服役期间的预期防护效果得以实现。

（2）附图。

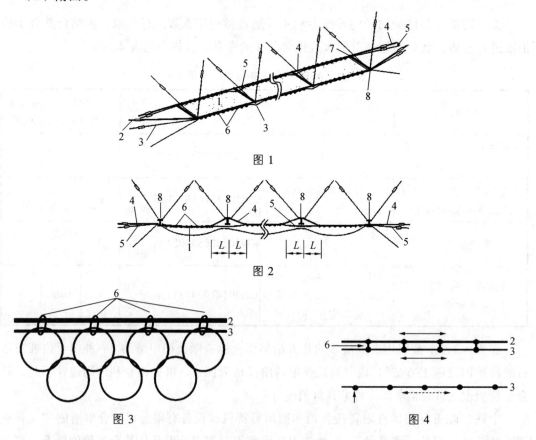

图 1

图 2

图 3　　　　　　　　　　　　　　图 4

（3）权利要求。

① 高性能被动防护网结构，包括网片（1）、上支撑绳系、下支撑绳系、连接件（6）、立柱柱脚支座（7）、立柱柱头鞍座（8）和耗能装置（9），其特征在于，所述上支撑绳系由两股平行索：上支撑绳系的支撑索（2）和上支撑绳系的挂网索（3）组成；所述下支

撑绳系由两股平行索：下支撑绳系的支撑索（4）和下支撑绳系的挂网索（5）组成。

所述上支撑绳系的两股平行索之间和下支撑绳系的两股平行索之间均由连接件（6）套接，网片（1）纵向边界分别穿挂于上支撑绳系的挂网索（3）和下支撑绳系的挂网索（5）上；所述上支撑绳系的支撑索（2）和下支撑绳系的支撑索（4）分别穿挂通过立柱柱头鞍座（8）和立柱柱脚支座（7），并外延锚固于两侧坡面和岩石上。

② 根据权利要求①所述的高性能被动防护网结构，其特征在于，穿挂于上支撑绳系的挂网索（3）与下支撑绳系的挂网索（5）的网片，可以沿挂网索长度方向自由滑移。

③ 根据权利要求①所述的高性能被动防护网结构，其特征在于，通过连接件（6）套接在一起的上支撑绳系的挂网索（3）、下支撑绳系的挂网索（5）可以分别沿着对应的支撑绳系支撑索的长度方向自由滑移。

④ 根据权利要求①所述的高性能被动防护网结构，其特征在于，所述上支撑绳系的支撑索（2）穿挂通过结构中所有立柱柱头，并可沿立柱柱头鞍座（8）自由滑移；所述下支撑绳系的支撑索（4）穿挂通过所有立柱的立柱柱脚支座（7），并可沿立柱柱脚支座（7）自由滑移。

所述上支撑绳系的挂网索（3）穿挂通过结构两侧边柱柱头，并可沿立柱柱头鞍座（8）自由滑移；所述下支撑绳系的挂网索（5）穿挂通过结构两侧边柱柱脚支座，并可沿立柱柱脚支座（7）自由滑移；支撑绳系均外延锚固至外侧坡面。

⑤ 根据权利要求①～④任一项所述的高性能被动防护网结构，其特征在于，所述耗能装置挂接于上支撑绳系和/或下支撑绳系的外延部分，通过支撑绳系产生拉伸作用，带动耗能装置工作。

（4）解决的技术问题。

本实用新型解决了现有被动柔性防护网结构中支撑绳系在受拉条件下的无阻滑移问题。

（5）有益效果。

① 本实用新型增强了被动柔性防护网单元的滑移运动能力，实现滑移路径上的无阻运动。

② 本实用新型可充分展示耗能装置的耗能能力，提高支撑绳系上耗能装置的工作效率。

③ 本实用新型旨在提高被动柔性防护网的高性能工作效率，可延长被动柔性防护网的服役周期，且适用于不同防护能级的被动柔性防护网结构。

（6）小结。

本实用新型公开了一种被动高性能被动防护网结构，可充分发挥被动柔性防护网结构的拦截能力以及延长服役周期，解决现有技术达不到预期防护效果的问题。

2. 主被动混合拖尾式高性能防护网

申请号：CN201520922548.1   申请日：2015-11-18

公开号：CN205295975U   公告日：2016-06-08

（1）摘要。

本实用新型公开了主被动混合拖尾式高性能防护网，采用多根平行支撑绳取代传统的上下支撑绳，通过将最下根平行支撑绳抬离地面一定距离，形成下部落石通过的开口空间，使得系统具备开口特征，便于落石进入拖尾网片区；将网片分为拦截网片与拖尾网片，使得一定体积的落石在被拦截后能通过最下根平行支撑绳下部开口空间进入拖尾网片区域，并顺拖尾方向运动至预设收集区域，拖尾网片对所覆盖区域内发生的崩塌落石具有一定的轨迹管控作用。本实用新型汲取了主、被动防护网系统各自的优点兼具较高的防护能级和易清理性。

（2）附图。

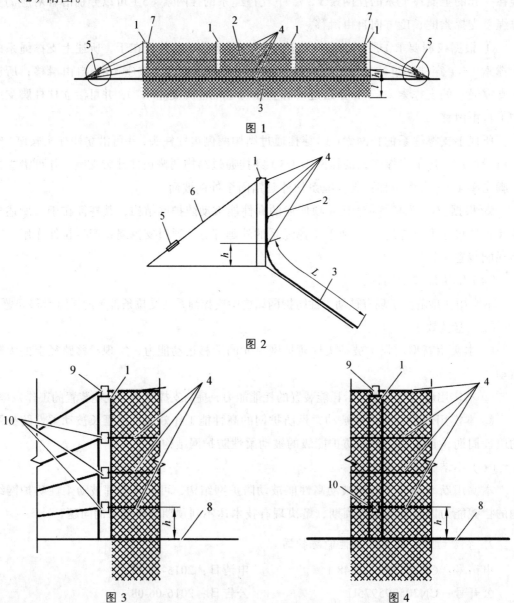

图 1

图 2

图 3

图 4

（3）权利要求。

① 主被动混合拖尾式高性能防护网，包括立柱（1）、网片、支撑绳、拉锚绳（6）、端支撑绳（7），所述立柱纵向间隔布置若干根，网片沿立柱延伸并且两端穿挂于外侧立柱的端支撑绳（7）上，端支撑绳（7）的两端分别从外侧立柱穿过并固定于两侧地面支座，支撑绳穿挂于立柱和网片上，两端固定于两侧地面支座，拉锚绳一端与立柱上端连接，另一端锚固于地面，其特征在于，所述网片包括拦截网片（2）和拖尾网片（3），拦截网片沿立柱延伸并且两端固定于外侧立柱的端支撑绳上，支撑绳包括多根相互平行设置的平行支撑绳（4），多根平行支撑绳均穿挂于拦截网片（2）和两端立柱上，两端固定于两侧地面支座，组成拦截结构单元；最下根平行支撑绳与地面不接触，拖尾网片（3）则缀接于拦截网片下端部。

② 根据权利要求①所述的主被动混合拖尾式高性能防护网，其特征在于，拦截网片（2）的上端穿挂于最上根平行支撑绳上，最上根平行支撑绳穿挂于柱头鞍座并牵引至拦截结构单元的两侧然后锚固于地面，拦截网片（2）的下端穿挂于最下根平行支撑绳上，拦截网片（2）的中部穿挂于中部的平行支撑绳上。

③ 根据权利要求①所述的主被动混合拖尾式高性能防护网，其特征在于，所述拖尾网片（3）角点锚固于坡面。

④ 根据权利要求①所述的主被动混合拖尾式高性能防护网，其特征在于，所述多根平行支撑绳（4）、拉锚绳（6）与端支撑绳（7）均与拦截网片（2）穿挂，形成拦截网片的辅助支撑系统，辅助支撑系统还连接耗能装置（5）。

⑤ 根据权利要求④所述的主被动混合拖尾式高性能防护网，其特征在于，所述多根平行支撑绳（4）中，最上与最下根平行支撑绳均穿挂于每根立柱并外延至防护网两侧地面，锚固于支座，且在延伸段上设置耗能装置（5）。

⑥ 根据权利要求⑤所述的主被动混合拖尾式高性能防护网，其特征在于，所述多根平行支撑绳（4）中，中间平行支撑绳均穿挂于两侧端部立柱并外延至防护网两侧地面，锚固于支座，且在延伸段上设置耗能装置（5）。

⑦ 根据权利要求⑥所述的主被动混合拖尾式高性能防护网，其特征在于，所述端支撑绳（7）上设置耗能装置（5）。

⑧ 根据权利要求⑦所述的主被动混合拖尾式高性能防护网，其特征在于，所述拉锚绳（6）上设置耗能装置（5）。

（4）解决的技术问题。

本实用新型提供了一种主被动混合拖尾式高性能防护网，主要解决了现有的主动防护网系统和被动防护网系统在防护能级和易清理性上无法兼备的问题。

（5）有益效果。

① 本实用新型可根据实际情况，允许小规模数量落石在拦截或减速后通过系统，达到易清理的效果。

② 本实用新型在遭遇满载或大规模落石时，可有效拦截，使之控制于系统内部，避

免发生二次灾害。

③ 本实用新型对拖尾网片覆盖区域内发生的落石，具有轨迹管控与减速缓冲的作用。

④ 本实用新型可通过增设多根平行支撑绳的方式，提高结构防御能级与落石拦截距离，扩大了在实际工程中的适用范围。

（6）小结。

本实用新型公开了一种主被动混合拖尾式高性能防护网，汲取了主、被动防护网系统各自的优点，兼具较高的防护能级和易清理性，解决了现有的主动防护网系统和被动防护网系统在防护能级和易清理性上无法兼备的技术难题。

3. 一种适用于大冲击量的柔性防护网系统

申请号：CN201821175126.2 　　　　　申请日：2018-07-24
公开号：CN208933843U 　　　　　　　公告日：2019-06-04

（1）摘要。

一种适用于大冲击量的柔性防护网系统，包括钢柱立柱、辅助钢丝绳及金属网，钢柱立柱顶部焊接有接头，接头经由上支撑绳、侧拉锚绳和上拉锚绳固定，立柱底部设有基座；辅助钢丝绳包括上支撑绳、下支撑绳、中间加固支撑绳、侧拉锚绳和上拉锚绳；金属网包括加筋网内网、环形网外网或双绞网内网，金属网挂于支撑绳上；辅助钢丝绳上均设置有压缩式消能装置，中间加固支撑绳布置钢柱中间，上下支撑绳增加并绳，通过连接件连接上下支撑绳，加筋网内网包括双绞六边形网格、加强筋和绳卡。本系统通过压缩式消能装置，增加并绳与支撑绳，解决传统减压环不能重复使用及现有防护系统遇到大冲击量，防护能力弱的问题。

（2）附图。

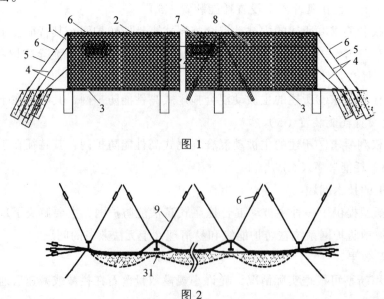

图 1

图 2

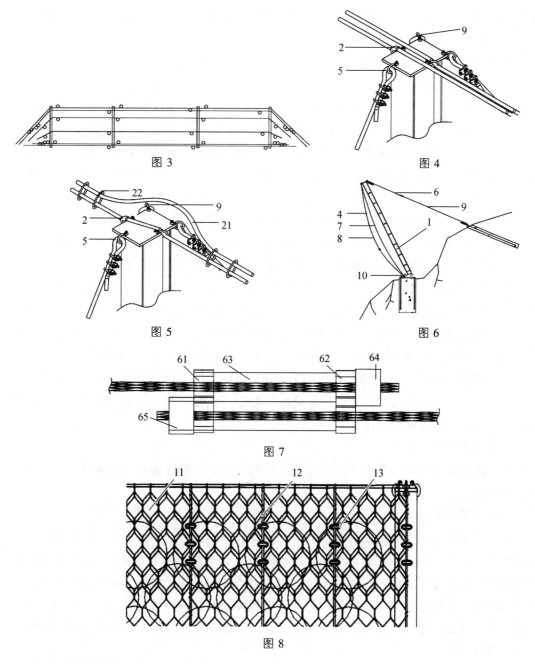

图 3

图 4

图 5

图 6

图 7

图 8

（3）权利要求。

①一种适用于大冲击量的柔性防护网系统，其特征在于，包括钢柱立柱、辅助钢丝绳及金属网；所述钢柱立柱顶部焊接有一个接头，接头经由上支撑绳、侧拉锚绳和上拉锚绳连接固定，立柱底部设有基座；所述辅助钢丝绳包括上支撑绳、下支撑绳、上支撑绳并绳、下支撑绳并绳、中间加固支撑绳、侧拉锚绳和上拉锚绳；所述钢柱立柱由侧拉锚绳和上拉锚绳共同锚固；所述金属网包括加筋网内网、环形网外网或双绞网内网；金属网挂于支撑绳上，辅助钢丝绳上均设置有压缩式消能装置，中间加固支撑绳每隔多跨

连接一个钢柱，加筋网内网包括双绞六边形网格、加强筋和绳卡，双绞六边形网格与加强筋间至少绞合两圈连接。

② 根据权利要求①所述的一种适用于大冲击量的柔性防护网系统，其特征在于，所述压缩式消能装置包括紧固套管、限位套管和缓冲套管，所述紧固套管包括紧固套管Ⅰ和紧固套管Ⅱ，限位套管包括限位套管Ⅰ和限位套管Ⅱ，缓冲套管由上下 2 个且相互并联设置的套筒组成，所述缓冲套管的两侧还设置有与其配合的限位套管Ⅰ和限位套管Ⅱ，钢丝绳的一端依次通过限位套管Ⅰ的上出口、缓冲套管的上套筒、限位套管Ⅱ的上出口和紧固套管Ⅰ，并由紧固套管Ⅰ固定锁死；钢丝绳的另一端则依次通过限位套管Ⅱ的下出口、缓冲套管的下套筒、限位套管Ⅰ的下出口和紧固套管Ⅱ，并由紧固套管Ⅱ固定锁死。

③ 根据权利要求①所述的一种适用于大冲击量的柔性防护网系统，其特征在于，所述上支撑绳并绳和下支撑绳并绳分别通过连接件连接上支撑绳和下支撑绳，金属网连接在并绳上，上、下支撑绳并绳端部连接有压缩式消能装置并锚固在地面。

④ 根据权利要求①所述的一种适用于大冲击量的柔性防护网系统，其特征在于，所述中间加固支撑绳布置于立柱中间部位，其端部连接有压缩式消能装置并锚固在地面。

⑤ 根据权利要求①所述的一种适用于大冲击量的柔性防护网系统，其特征在于，所述加筋网内网与加筋网内网之间通过加强筋与加强筋用绳卡连接或缝合绳连接。

⑥ 根据权利要求①所述的一种适用于大冲击量的柔性防护网系统，其特征在于，所述加筋网内网与支撑绳通过从坡面外上翻折叠连接，采用 3 绳卡设置，加筋网内网的加筋间距为 300 mm 或 500 mm。

（4）解决的技术问题。

本实用新型提供了一种大冲量的柔性防护网系统，可解决面对冲击能量大，防护能力弱的问题。

（5）有益效果。

该防护系统应用于防护能量等级大，冲击波数多的灾害地点，通过辅助钢丝绳和并联压缩式效能装置的相互配合，解决了传统减压环不能重复利用的问题，钢丝绳通过紧固套管带动限位套管进而压缩缓冲套管，以达到消能的目的；缓冲套管被完全压缩达到最大消能级，能量释放完后拆除紧固套管，更换缓冲套管即可重复使用，并联套管的使用增大了消能减压能力的等级，使能量传递达到了优良的效果，为大冲击量的消能传递提供了很好的支持。

（6）小结。

本实用新型提供一种大冲量的柔性防护网系统，解决传统减压环不能重复使用及现有防护系统遇到大冲击量，防护能力弱的问题。

4. 一种高能级防护钢棚洞

申请号：CN202020065974.9　　申请日：2020-01-13

公开号：CN211772971U　　公告日：2020-10-27

（1）摘要。

本实用新型公开了一种高能级防护钢棚洞，包括钢棚洞体，在所述钢棚洞体顶板靠山侧设置旋转支座，旋转支座与一根活塞弹簧撑杆底部相连，活塞弹簧撑杆顶部连接有滑轮，所述钢棚洞体上方设置有柔性防护网，柔性防护网一侧固定在钢棚洞体顶板远山侧，另一侧连接有拉绳，拉绳绕过滑轮锚固在边坡中，所述拉绳靠近边坡一端设有减压环。本实用新型采用箱型拼装结构，通过在钢棚洞顶部以及边坡侧面安装柔性防护网体系，对钢棚洞结构进行全方位无死角防护，大幅提高钢棚洞的落石防护性能。

（2）附图。

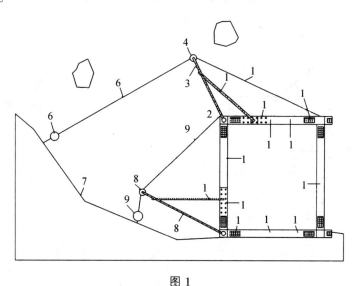

图 1

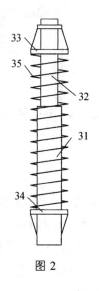

图 2

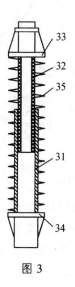

图 3

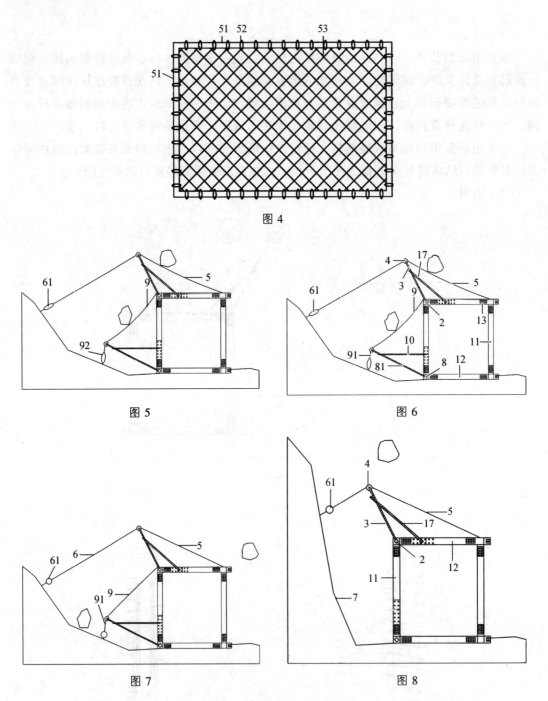

图 4

图 5

图 6

图 7

图 8

（3）权利要求。

①一种高能级防护钢棚洞，包括钢棚洞体（1），其特征在于，在所述钢棚洞体（1）顶板靠山侧设置旋转支座（18），旋转支座（18）与一根活塞弹簧撑杆（3）底部相连，活塞弹簧撑杆（3）顶部连接有滑轮（4），所述钢棚洞体（1）上方设置有柔性防护网（5），柔性防护网（5）一侧固定在钢棚洞体（1）顶板远山侧，另一侧连接有拉绳（6），拉绳（6）绕过滑轮（4）锚固在边坡（7）中，所述拉绳（6）靠近边坡（7）一端设有减压环

（61），所述旋转支座（18）、活塞弹簧撑杆（3）和滑轮（4）结构设有若干组，并沿钢棚洞体（1）纵向排布。

②根据权利要求①所述的一种高能级防护钢棚洞，其特征在于，所述钢棚洞体（1）包括立柱（11）、横梁（12）和纵梁（13），横梁（12）和纵梁（13）相互连接构成顶板骨架（14）和底板骨架（15），所述立柱（11）连接顶板骨架（14）和底板骨架（15）。

③根据权利要求②所述的一种高能级防护钢棚洞，其特征在于，所述活塞弹簧撑杆（3）可绕旋转支座（18）旋转并固定，所述横梁（12）上横向预留若干螺栓孔（16），螺栓孔（16）用于安装辅杆（17），辅杆（17）顶端向靠山侧倾斜。

④根据权利要求③所述的一种高能级防护钢棚洞，其特征在于，所述活塞弹簧撑杆（3）包括杆体（31）和活塞杆（32），杆体（31）顶部为空心筒，空心筒内设置活塞杆（32），活塞杆（32）顶部与滑轮（4）相连，滑轮（4）下方的活塞杆（32）上套设有第一限位环（33），所述活塞弹簧撑杆（3）上套设有第二限位环（34），第一限位环（33）与第二限位环（34）间固定一根弹簧（35），所述第一限位环（33）直径大于活塞弹簧撑杆（3）直径。

⑤根据权利要求④所述的一种高能级防护钢棚洞，其特征在于，所述辅杆（17）顶端与活塞弹簧撑杆（3）可拆卸相连。

⑥根据权利要求②所述的一种高能级防护钢棚洞，其特征在于，所述立柱（11）底部或横梁（12）靠山侧设置有第二旋转支座（8），第二旋转支座（8）连接一根第二活塞弹簧撑杆（81），第二活塞弹簧撑杆（81）端部连接第二滑轮（82），所述立柱（11）靠山侧设有第二防护网（9），第二防护网（9）上侧与立柱（11）顶面相连，下侧连接牵引绳（91），牵引绳（91）绕过第二滑轮（82）后锚固在边坡（7）靠近底板骨架（15）的一侧，牵引绳（91）靠近边坡（7）一侧设有第二减压环（92）。

⑦根据权利要求⑥所述的一种高能级防护钢棚洞，其特征在于，所述第二活塞弹簧撑杆（81）构造与活塞弹簧撑杆（3）相同，所述立柱（11）上竖向预留若干螺栓孔（16），螺栓孔（16）用于安装加强杆（10），加强杆（10）与第二活塞弹簧撑杆（81）的杆体（31）部分可拆卸相连。

⑧根据权利要求②所述的一种高能级防护钢棚洞，其特征在于，所述立柱（11）为工字钢，横梁（12）和纵梁（13）为箱型梁。

⑨根据权利要求①所述的一种高能级防护钢棚洞，其特征在于，所述柔性防护网（5）包括支撑绳（51）、卸扣（52）和钢环网（53），所述钢环网（53）设置在数条支撑绳（51）间，钢环网（53）与支撑绳（51）间通过若干卸扣（52）相连。

⑩根据权利要求②所述的一种高能级防护钢棚洞，其特征在于，所述旋转支座（18）设置在横梁（12）靠山侧或立柱（11）顶端。

（4）解决的技术问题。

本实用新型公开了一种高能级防护钢棚洞，采用箱型拼装结构，通过在钢棚洞顶部以及边坡侧面安装柔性防护网体系，对钢棚洞结构进行全方位无死角防护，可大幅提高钢棚洞的落石防护性能。

（5）有益效果。

① 钢棚洞本身采用箱型拼装结构，以柔性防护网为防护体系，防护钢棚洞顶板免受落石冲击，当有落石落入柔性防护网时，可利用柔性防护网的大变形量来缓冲高位崩塌高能级落石的冲击能量，同时减压环启动，通过减压环与柔性防护网变形进行第一道耗能。

② 当落石冲击能量过大时，在拉绳和滑轮作用下，触发活塞弹簧撑杆压缩，对落石冲击能量进行缓冲，实现第二道耗能，活塞弹簧撑杆压缩后，柔性网进一步变形，在此过程中落石作用时间被大大延长，落石冲击力也由一个脉冲力转化为一个平均力，进一步增强了柔性网的缓冲能力，落石速度逐步降为零，当活塞弹簧撑杆弹簧、减压环和柔性防护网的回复力大于落石重力时，减压环、弹簧恢复原始长度，柔性防护网被绷直，落石被剥离钢棚洞范围，通过双重耗能，大幅提高了钢棚洞的落石防护性能。

（6）小结。

本实用新型公开了一种高能级防护钢棚洞，采用箱型拼装结构，通过在钢棚洞顶部以及边坡侧面安装柔性防护网体系，对钢棚洞结构进行全方位无死角防护，大幅提高钢棚洞的落石防护性能。

4.3 灾害预警预报技术分析

在柔性防护系统的技术上筛选出的边坡灾害预警预报技术专利仅有 16 项，数据量很少，不太有分析意义。因此本节在边坡灾害防护系统的基础上对灾害预警预报技术专利进行分析，共筛选出 36 项专利文献。此次分析主要从专利的申请量、技术集中度和重要专利几个角度进行。

4.3.1 申请量分析

图 4.9 展示的是边坡灾害预警系统中灾害预警预报技术的占比示意。从图中可知，灾害预警预报的专利布局非常少，但是目前已有大量技术通过大数据方法实现灾害预测，随着技术的进一步发展，未来有望将灾害预测方法与柔性防护系统进行结合，以提高边坡灾害防护的安全性。

如图 4.10 所示，灾害预警预报技术起步于 2008 年，起步较晚。2010—2019 年期间，除 2013 年外，每年都有一定的专利申请，但是申请量比较少。

目前灾害防护中的普遍做法是在易发生灾害位置安装防护系统，以保证灾害附近的安全，由于灾害发生的不确定性，很难预测其发生时间，所以灾害预警预报方面的专利申请量比较少。

■灾害预警预报 □其余

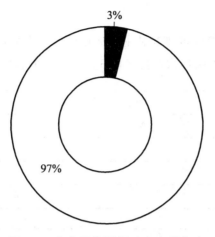

图 4.9 灾害预警预报对应专利占比

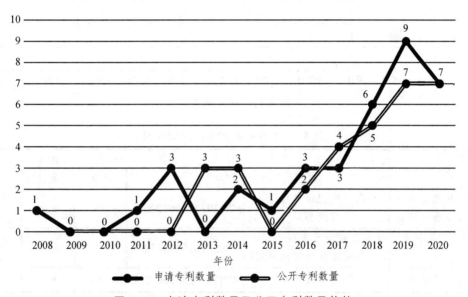

图 4.10 申请专利数量及公开专利数量趋势

目前大数据技术发展迅速，且分析越来越准确，未来灾害预警预报技术极大可能转变为热门发展方向。

4.3.2 技术集中度分析

由图 4.11 可以看出，灾害预警预报技术虽然整体申请的专利量比较少，但是从气泡分布情况看，大部分分类号对应的技术效果处均有相应的专利分布，可见还是存在不少企业尝试着从这些方向提高灾害预警的准确性。

图中气泡最大的几个分别是分类号 E02D 对应的便利性提高、准确性提高及 E01F 对应的安全性提高，可见虽然灾害预警预报技术对应的专利布局量较少，但是仍存在一定数量的侧重点，即这三个角度极大可能性是目前的热门发展方向。

4.3.3 重要专利

柔性防护中高能级防护的重要专利主要通过被引用次数进行获取，再结合其合享价值度进行分析，此处筛选被引用次数排名前 3 的专利，具体参见表 4.3。

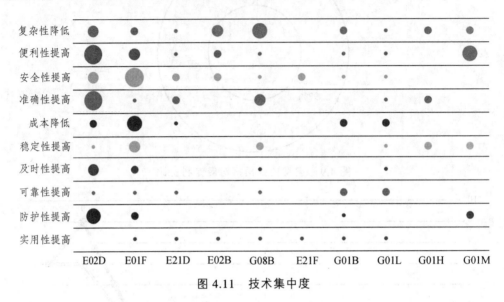

图 4.11 技术集中度

表 4.3 高能级防护中的重要专利

标题	申请人	申请号	被引证次数	法律事件	合享价值度
铁路沿线危岩落石监控报警系统	同方威视技术股份有限公司	CN201210467220.6	10	有效	9
被动防护网及其安装方法	中铁隧道集团有限公司，中铁隧道股份有限公司	CN201610110270.7	6	失效	4
一种柔性锚杆	西安科技大学	CN201720330682.1	6	失效	4

在表 4.3 中，同方威视技术股份有限公司申请的"铁路沿线危岩落石监控报警系统"被引用次数最多，其合享价值度高达 9 分，可见其是一项高价值专利，即灾害预警预报的重要专利。其他两项专利虽然在灾害预警预报领域被引用次数也不少，但是其合享价值度非常低，很显然不能判定为重要专利。

4.3.4 代表性专利

1. 铁路沿线危岩落石监控报警系统

申请号：CN201210467220.6   申请日：2012-11-19

公开号：CN103824422A   公告日：2014-05-28

（1）摘要。

在此公开一套现场监测设备、信号处理系统和监控报警系统。所述现场监测设备包括光纤光栅传感器个体或者由其构成的分布式阵列以及光纤光栅解调仪。其中，所述光纤光栅解调仪与所述光纤光栅传感器或由其构成的阵列通过信号传输光纤相连接，所述光纤光栅传感器设置在铁轨的预定位置，用于实时监测与铁轨上落有落石时相关联的信号，并将该信号返回给所述光纤光栅解调仪。

（2）附图。

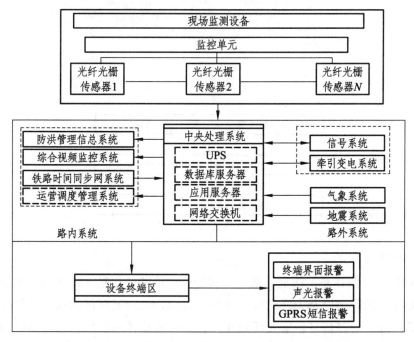

图 1

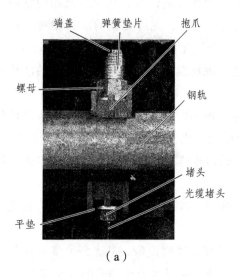

（a）

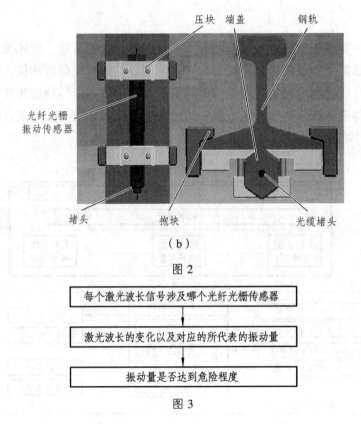

图 2

每个激光波长信号涉及哪个光纤光栅传感器

↓

激光波长的变化以及对应的所代表的振动量

↓

振动量是否达到危险程度

图 3

（3）权利要求。

① 一种用于监测铁路沿线危岩落石的现场监测设备，包括光纤光栅传感器个体或者由其构成的分布式阵列以及光纤光栅解调仪。其中，光纤光栅解调仪与光纤光栅传感器或由其构成的阵列通过信号传输光纤相连接，光纤光栅传感器设置在铁轨的预定位置，用于实时监测与铁轨上落有落石时相关联的信号，并将该信号返回给光纤光栅解调仪。

② 如权利要求①所述的现场监测设备，其光纤光栅传感器为光纤光栅振动传感器，用于监测当铁路界限内落有落石时，光纤光栅的波长相对于光纤光栅的特征波长的振动量信号，并将其返回给所述光纤光栅解调仪。

③ 如权利要求②所述的现场监测设备，其光纤光栅的波长实时传递给所述光纤光栅解调仪。

④ 如权利要求②所述的现场监测设备，其光纤光栅解调仪包括激光发射装置（用于生成激光）以及输入输出端口（用于将激光输出到信号传输光纤中）。其中，所述信号传输光纤与所述光纤光栅传感器相连接，激光经光纤光栅传感器反射后返回到所述光纤光栅解调仪。

⑤ 如权利要求①~④中任一项所述的现场监测设备，其光纤光栅传感器设置在铁轨的下侧。

⑥ 如权利要求⑤所述的现场监测设备，其光纤光栅解调仪对从所述光纤光栅传感器传导回来的信号进行解调处理，并得出传导信号的波长信号。

⑦ 信号处理系统包括信号接收装置（用于接收来自根据权利要求①所述的现场监测设备的信号）和处理器单元，设置成通过分析来确定：（a）每个波长信号涉及哪个光纤光栅传感器；（b）所述波长的变化以及对应的所代表的振动量；（c）所述振动量是否达到危险程度。

⑧ 根据权利要求⑦所述的信号处理系统，还包括存储装置，其中预先存储：光纤光栅传感器与特征波长之间的对应关系；波长变化和光纤光栅传感器所测的振动量之间的关系；振动量和发生危岩落石的危险之间的对应关系。

⑨ 根据权利要求⑦所述的信号处理系统，其处理器单元还设置成用于：确定是否对应于一个或者几个光栅光纤传感器的波长信号消失；根据预定的逻辑规则判断是何处位置发生了危岩落石和/或哪条光纤光缆损毁。

⑩ 根据权利要求⑦所述的信号处理系统，其处理器单元还设置成用于确定：相对于时间，所述振动量增加的速度是否大于预定的阈值。

⑪ 一种用于铁路沿线危岩落石的监控报警系统，包括：根据权利要求①～⑥中任一项所述的现场监测设备；根据权利要求⑦～⑩中任一项所述的信号处理系统；报警系统，在所述信号处理系统确定振动量发生和/或达到危险程度的情况下，以一种或多种方式发出报警信号和/或情报信息。

⑫ 根据权利要求⑪所述的监控报警系统，其特征在于，所述现场监测设备与所述信号处理系统通过有线或者无线方式远距离连接。

⑬ 根据权利要求⑪或⑫所述的监控报警系统，其特征在于，包括一个或多个所述现场监测设备，并且所述一个或多个现场监测设备向一个或多个所述信号处理系统提供收集到的信息。

⑭ 如权利要求⑪所述的铁路沿线危岩落石的监控报警系统，其信号处理系统接入其他路内系统或路外信息系统。

⑮ 如权利要求⑭所述的铁路沿线危岩落石的监控报警系统，其路内系统包括防洪管理信息系统、综合视频监控系统、铁路时间同步网系统、运营调度管理系统之一，而所述路外系统包括信号系统、牵引变电系统、气象系统和地震系统之一。

（4）解决的技术问题。

本发明提供了一套符合经济高效需求的用于铁路防灾安全监测的现场监测设备、信号处理系统和监控报警系统，克服了现有技术的不足。

（5）有益效果。

根据本发明实施例的现场监测设备、信号处理系统和监控报警系统能够接入其他路内系统和路外信息系统，来完善此系统的外部互通功能，也给准确、有效的报警带来保障，更为铁路安全运营保驾护航。

本发明中的现场监测设备、信号处理系统和监控报警系统，具有结构简单、适应性强、稳定性好的优点，尤其适合于在铁路无人区、无电区以及恶劣的环境下长期稳定工作。另外，整体系统结构清晰，统一为整体，又相互之间独立分系统，并采用双机热备形式，能够在艰难困苦的情况下稳定不间断运行。再者，本系统的信息传输和处理均采用新技术实现，为铁路防灾系统互通奠定了基础。通过本发明，不仅克服了现有监测系统诸多缺点，更为铁路运营安全防灾监控技术提供了一个全新的思路和方向。

（6）小结。

该发明专利公开了一种克服现有技术不足并且符合经济高效需求的用于铁路防灾安全监测的现场监测设备、信号处理系统和监控报警系统。

2.被动防护网及其安装方法

申请号：CN201610110270.7　　　　申请日：2016-02-29
公开号：CN105569059A　　　　　　公告日：2016-05-11

（1）摘要。

本发明公开了一种柔性和拦截强度高、便于安装且具有示警功能的被动防护网及其安装方法，该被动防护网包括钢丝绳网、固定钢丝绳网的钢柱、上支撑绳、下支撑绳和上拉锚绳以及示警组件，钢柱底部通过连接螺杆固定安装于基座上，上支撑绳、下支撑绳将钢丝绳网与钢柱固定连接在一起，上拉锚绳将钢柱的顶端拉紧固定；示警组件包括设置于所述钢丝绳网、上支撑绳或上拉锚绳上的拉力传感器，设置于所述钢柱顶端的控制装置、警示灯和蜂鸣器。本发明柔性和拦截强度高，采用模块化安装方式，缩短了工期和施工费用，示警组件便于工作人员及时发现险情，有利于及时、准确地对防护网进行排查和检修，提高防护网的安全防护性能。

（2）附图。

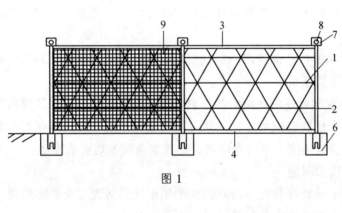

图1

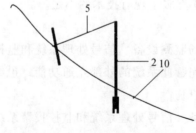

图2

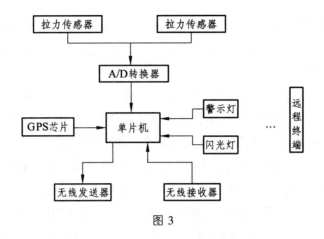

图 3

（3）权利要求。

① 一种被动防护网，其特征在于，包括钢丝绳网、固定钢丝绳网的钢柱、上支撑绳、下支撑绳和上拉锚绳，所述钢柱底部通过连接螺杆固定安装于基座上，上支撑绳、下支撑绳将钢丝绳网与钢柱固定连接在一起，上拉锚绳将钢柱的顶端拉紧固定；所述被动防护网还包括示警组件，示警组件包括设置于钢丝绳网、上支撑绳或上拉锚绳上的拉力传感器，设置于钢柱顶端的控制装置、警示灯和蜂鸣器；所述控制装置包括 GPS 定位模块、无线传输模块、控制模块以及为各模块提供电量的电源模块；所述拉力传感器通过 A/D 转换器与控制模块对应连接，警示灯和蜂鸣器与控制模块对应电连接；所述控制模块通过无线传输模块与远程终端相连接。

② 根据权利要求①所述的被动防护网，其特征在于，所述控制装置密封封装在金属壳体内。

③ 根据权利要求①所述的被动防护网，其特征在于，所述控制模块为 Arm7 系列的单片机。

④ 根据权利要求①所述的被动防护网，其特征在于，在所述上支撑绳、下支撑绳和上拉锚绳上均设有减压环。

⑤ 根据权利要求①所述的被动防护网，其特征在于，在所述钢柱上还安装有侧拉锚绳。

⑥ 根据权利要求①所述的被动防护网，其特征在于，在所述钢丝绳网内侧还安装有铁丝格栅。

⑦ 根据权利要求①所述的被动防护网，其特征在于，所述钢丝绳网为镀锌钢丝绳网。

⑧ 一种权利要求①所述被动防护网的安装方法，其特征在于，包括下列步骤：

（a）清理待施工坡面上的浮土及浮石，对钢柱和锚杆基础进行测量定位，测量放线确定钢柱位置，并对锚索孔进行钻孔并清孔；

（b）在钢柱基础位置钻凿锚杆孔，基础顶面用混凝土作为覆盖层，混凝土基础顶面与拦石网系统走向中心线处地面齐平；钢柱基础长轴方向与该基础中心线和其左右基础中心连线夹角的平分线方向一致；

（c）将上拉锚绳的挂环挂于钢柱顶端挂座上，将钢柱底部插入基座中，再插入连接螺杆并拧紧；通过上拉锚绳调整钢柱的方位，拉紧上拉锚绳并用绳卡固定；然后采用相同的方法安装侧拉锚绳；

（d）安装上、下支撑绳，先安装第一根上支撑绳，减压环设置于距钢柱 40～50 cm 处，同一根支撑绳上每一跨的减压环相对于钢柱对称布置；然后与第一根支撑绳反向安装第二根支撑绳，且第二根支撑绳上的减压环位于同一跨的另一侧；在距减压环的 30～40 cm 处用一个绳卡将两根上部支撑绳相互联结；再以相同方法安装下支撑绳；

（e）安装钢丝绳网，用一根起吊钢绳穿过钢丝绳网上缘网孔，一端固定在一根临近钢柱的顶端，另一端通过另一根钢柱挂座绕到其基座并暂时固定；用紧绳器将起吊绳拉紧，直到钢丝绳网上升到上支撑绳的水平位置，用绳卡将钢丝绳网与上、下支撑绳暂时进行松动联结，再用缝合绳将钢丝绳网与上、下支撑绳缝合联结在一起；

（f）格栅安装，将铁丝格栅铺挂在钢丝绳网的内侧，叠盖钢丝绳网上缘并折到钢丝绳网的外侧 15～20 cm，格栅底部沿斜坡向上敷设 0.5～1 m，每张格栅间叠盖 8～10 m；用扎丝将格栅固定到钢丝绳网上，扎结间距≤1 m；

（g）安装示警组件，将拉力传感器安装于钢丝绳网、上支撑绳或上拉锚绳上的受力位置，设置好受力界限值，将警示灯和蜂鸣器安装于所述钢柱顶端，再将拉力传感器、警示灯和蜂鸣器与控制装置对应连接并进行调试，通过无线传输模块与远程终端连接。

（4）解决的技术问题。

本发明提供了一种柔性、拦截强度高、便于安装且具有示警功能的被动防护网，解决了现有技术问题。

（5）有益效果。

① 本发明以高强度钢丝绳柔性网作为主要构成部分，并以覆盖、紧固来防治坡面岩石崩塌、滚落、爆破飞石等危害的钢丝绳柔性防护系统。其柔性和拦截强度足以吸收和分散传递 500 kJ 以内的落石冲击动能，该被动防护网克服了刚性防护施工中的诸多弊端，整个系统由高强度钢丝绳柔性、锚杆及其他安装附件组合安装而成，采用模块化安装方式、缩短了工期和施工费用。同时被动防护网呈网状，便于人工绿化，利于环保，在其防护区域内可以充分保持土地、岩石的稳固。

② 在被动防护网的钢丝绳网、上支撑绳或上拉锚绳上设置拉力传感器，当防护网受到冲击时，拉力传感器将信号传递给控制器，控制器控制警示灯和蜂鸣器发出示警信号，提醒周围的车辆和行人注意安全；同时通过无线传输将信号传递到远程终端，便于工作人员及时发现险情，有利于及时、准确地对防护网进行排查和检修，提高防护网的安全防护性能。

（6）小结。

该发明专利公开了一种柔性和拦截强度高、便于安装且具有示警功能的被动防护网及其安装方法，解决了现有被动防护网在受到冲击、损坏之后，不易及时发现，不利于及时检修和维护的技术难题。

3. 防护网发信减压环

申请号：CN200820062318.2　　　　申请日：2008-02-29

公开号：CN201162219　　　　　　公告日：2008-12-10

（1）摘要。

本实用新型公开了一种防护网发信减压环，包括螺旋环形钢管和固定件。所述固定件的下方连接有传感器，与固定件相对的螺旋环形钢管上设有连接卡件，所述传感器为回力传感器，回力传感器包括发出开关信号的开关，开关设置在传感器外壳中，开关的信号输出导线穿出传感器外壳，传感器外壳下端开有导入孔，触发拉杆的顶端经导入孔伸入所述传感器外壳，且触发拉杆的顶端与导入孔之间设有套在所述触发拉杆上的弹簧，所述连接卡件上安装有调节拉杆，触发拉杆与调节拉杆之间经拉绳连接。采用本实用新型，当灾害发生后，减压环受到冲击，产生变形，会及时发出报警信号，告知人们险情，达到监测和报警的效果。

（2）附图。

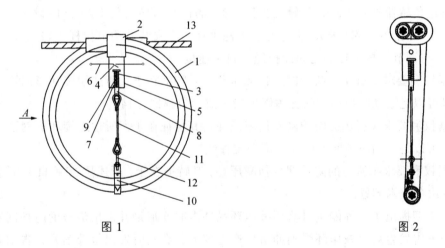

图 1　　　　　　　　　　　　　　图 2

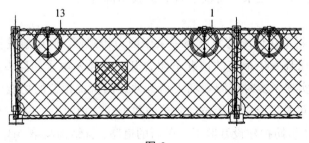

图 3

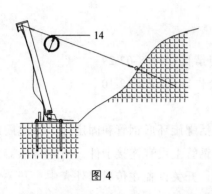

图 4

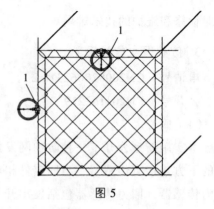

图 5

（3）权利要求。

① 一种防护网发信减压环，包括螺旋环形钢管（1）和固定件（2），其特征在于，所述固定件（2）的下方连接有传感器，与固定件（2）相对的螺旋环形钢管（1）上设有连接卡件（10），所述传感器为回力传感器（3），回力传感器（3）包括发出开关信号的开关（4），开关（4）设置在传感器外壳（5）中，开关（4）的信号输出导线（6）穿出传感器外壳（5），传感器外壳（5）下端开有导入孔（7），触发拉杆（8）的顶端经导入孔（7）伸入所述传感器外壳（5），且触发拉杆（8）的顶端与导入孔（7）之间设有套在所述触发拉杆（8）上的弹簧（9），所述连接卡件（10）上安装有调节拉杆（12），所述触发拉杆（8）与调节拉杆（12）之间经拉绳（11）连接。

② 根据权利要求①所述的防护网发信减压环，其特征在于，所述螺旋环形钢管（1）内的钢丝绳可以是被动防护网上的支撑绳（13）或上拉锚绳（14）。

③ 根据权利要求①所述的防护网发信减压环，其特征在于，所述螺旋环形钢管（1）内的钢丝绳可以是主动防护网上的纵、横向支撑绳。

④ 根据权利要求①所述的防护网发信减压环，其特征在于，所述拉绳（11）为钢丝。

（4）解决的技术问题。

本实用新型提出了一种能实时监测减压环受冲击时变形量并发出信号的防护网发信减压环。当灾害发生后，减压环受到冲击，产生变形，会及时发出报警信号，告知人们险情，达到监测和报警的效果，解决了现有的技术问题。

（5）有益效果。

① 由于本实用新型在传统的减压环中采用回力传感器，利用触发拉杆、钢丝等拉绳、弹簧和开关，在减压环发生形变的情况下闭合开关，激发电子回路发出警报，利用这一原理，从而智能地实现了实时监测现场灾情，并发出警报预警的功能。

② 本实用新型可被广泛应用于被动防护网和主动防护网中，为公路、水电站、铁路等需要防护网治理的边坡防护建设开辟了一条新的道路，且结构简单，成本低廉，易于推广。

（6）小结。

本实用新型提出了一种能实时监测减压环受冲击时的变形量并发出信号的防护网发信减压环。采用本实用新型，当灾害发生后，减压环受到冲击产生变形，会及时发出报警信号，告知人们险情，达到监测和报警的效果。

4. 一种柔性锚杆

申请号：CN201720330682.1　　　　申请日：2017-03-30

公开号：CN206753634U　　　　公告日：2017-12-15

（1）摘要。

本实用新型公开了一种柔性锚杆，包括杆体、设置在杆体外露段的托盘、与托盘固定连接的弹簧体，以及插入安装在托盘上且与杆体平行布设的刻度尺；托盘包括第一托盘和第二托盘，第一托盘和第二托盘依次平行套入安装在杆体的外露段上，弹簧体设置在第一托盘和第二托盘之间，刻度尺穿过第一托盘固定连接在第二托盘上。本实用新型设计合理且操作简便、使用效果好，在围岩来压时，弹簧体被压缩，在保护锚杆的同时，充分发挥了围岩的自稳功能，且能通过刻度尺监测围岩来压时围岩的变形量，在围岩卸压时，弹簧体被拉伸，使围岩能够充分卸压，能够通过刻度尺监测围岩卸压时的变形量，满足了隧道支护时"勤量测"的原则。

（2）附图。

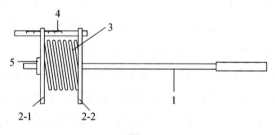

图 1

图 2

（3）权利要求。

① 一种柔性锚杆，其特征在于，包括杆体（1）、设置在所述杆体（1）外露段的托盘和与所述托盘固定连接的弹簧体，以及插入安装在所述托盘上且与所述杆体（1）平行布设的刻度尺（4）；所述托盘包括第一托盘（2-1）和第二托盘（2-2），第一托盘（2-1）和第二托盘（2-2）依次平行套入安装在杆体（1）的外露段上，弹簧体设置在第一托盘（2-1）和第二托盘（2-2）之间，刻度尺（4）穿过第一托盘（2-1）固定连接在第二托盘（2-2）上。

② 按照权利要求①所述的一种柔性锚杆，其特征在于，所述第一托盘（2-1）和第二托盘（2-2）均为圆形托盘，圆形托盘的圆心位置上开设有圆形孔，杆体（1）的外露段插

入设置在圆形孔内，圆形孔的直径不小于杆体（1）外露段的直径。

③ 按照权利要求①或②所述的一种柔性锚杆，其特征在于，所述第一托盘（2-1）的外侧通过限位螺母（5）固定在杆体（1）的外露段上。

④ 按照权利要求①或②所述的一种柔性锚杆，其特征在于，所述弹簧体为圆柱螺旋弹簧（3），圆柱螺旋弹簧（3）的中心与托盘的圆心重合，圆柱螺旋弹簧（3）套设在杆体（1）的外露段上，弹簧体的刚度为 $1.2\times10^6 \sim 3.8\times10^6$ N/m，圆柱螺旋弹簧（3）的直径与所述托盘的直径的比值为 0.7 ~ 0.85。

⑤ 按照权利要求④所述的一种柔性锚杆，其特征在于，所述圆柱螺旋弹簧（3）簧条的截面为矩形。

⑥ 按照权利要求①所述的一种柔性锚杆，其特征在于，刻度尺（4）为圆柱形刻度尺，所述刻度尺（4）的刻度范围为-10 ~ 15 cm，第一托盘（2-1）上开设有供圆柱形刻度尺穿过的第一开孔，第二托盘（2-2）上开设有供圆柱形刻度尺安装的第二开孔，第一开孔的直径大于圆柱形刻度尺的直径。

（4）解决的技术问题。

授权公告号为 CN201934112U 的中国专利，公开了一种弹柔性锚杆，通过在锁固端和托板之间加一弹柔性装置，从而使得该锚杆在正常的预紧力下几乎不会发生变形，只有当因外力导致锚杆受力瞬间变大时，弹柔性装置才会产生变形，使锚杆在突然受到大力时不被破坏。该专利存在以下不足：①该专利描述仅在锚杆突然受到大力时弹柔性装置才会产生变形，正常预紧力下不会变形，说明弹柔性装置刚度依然偏大，所起作用仍然十分有限，且强调锚杆受力的突然性，柔性变形范围窄，此时对弹柔性装置具有一定的冲击性，影响弹柔性锚杆的稳定性和使用寿命；②未对所述的弹柔性装置的具体形式、劲度系数、允许变形范围等作出具体说明，适用范围模糊，在具体实施例中较难实施；③锚杆只有在围岩来压，引起弹柔性装置压缩时，弹柔性装置才能发挥作用，而在围岩卸压时，弹柔性装置并未起到作用，应用范围有限；④没有测量装置，无法监测围岩实时变形量。

本实用新型所要解决的技术问题在于针对上述现有技术中的不足，提供一种柔性锚杆，其结构简单、设计合理且使用操作简便、使用效果好。在围岩来压时，弹簧体被压缩，在保护锚杆的同时，充分发挥了围岩的自稳功能，且能通过刻度尺监测围岩来压时围岩的变形量；在围岩卸压时，弹簧体被拉伸，使围岩能够充分卸压，同时能够通过刻度尺监测围岩卸压时的变形量，满足了隧道支护时"勤量测"的原则。

（5）有益效果。

① 本实用新型结构简单且加工制作简便，投入成本较低。

② 结构设计合理，包括杆体、设置在杆体外露段的托盘、与托盘固定连接的弹簧体，以及插入安装在托盘且与杆体平行布设的刻度尺，连接简便。

③ 本实用新型在围岩来压时，弹簧体被压缩，在保护柔性锚杆杆体的同时，充分发挥了围岩的自稳功能，且能通过刻度尺监测围岩来压时围岩的变形量；在围岩卸压时，

弹簧体被拉伸,使围岩能够充分卸压,同时能够通过刻度尺监测围岩卸压时的变形量,满足了隧道支护时"勤量测"的原则。

④ 在限位螺母加压定位后即对弹簧有一定的压缩量,变形范围增大,柔性更强,在突然受大力时,缓冲能力增强,对弹簧体冲击降低,可靠性增强;由于在开始对螺母加压时弹簧已经有一定的压缩变形量,在围岩卸压时,柔性变形范围大。

⑤ 通过圆柱形刻度尺对柔性锚杆加固区域围岩的变形量进行实时观测,从而产生观测数据,其具体作用体现在两个方面:第一,在施工过程中,由于隧道或者巷道所处地质围岩条件复杂多变,围岩的变形监测是非常重要的一项工作,只有实时掌握围岩变形情况,在最恰当的时机采取有效的支护措施是防止围岩变形加剧的重要手段,采用圆柱形刻度尺对围岩变形量进行监测方法简单,可实时掌握围岩的变形情况,保障施工的安全性;第二,对于深埋或者处于不良地质段的隧道或者巷道,对于其围岩变形现有研究成果还不丰富,仍需采用大量的实验或者数值模拟对其围岩变形等问题进行深入研究,采用圆柱形刻度尺对围岩变形量进行监测产生的大量数据也可为研究提供数据支持。

⑥ 圆柱形刻度尺的刻度范围符合围岩常见变形量范围,并且刻度尺与弹簧体和柔性锚杆杆体独立安装,故可根据不同区域围岩条件的好坏和监测要求的高低有选择性地安装刻度尺。

⑦ 圆柱螺旋弹簧相比其他装置来说具有易批量生产、成本低廉的优点,并且圆柱螺旋弹簧直径、劲度系数以及长度可根据实际工程情况具体设置,且矩形截面的圆柱螺旋弹簧与圆形托盘组成的柔性装置整体稳定性好、可靠度高。

(6)小结。

本实用新型公开了一种柔性锚杆,其结构简单、设计合理且使用操作简便、使用效果好。在围岩来压时,弹簧体被压缩,在保护锚杆的同时,能通过刻度尺监测围岩来压时围岩的变形量;在围岩卸压时,弹簧体被拉伸,使围岩能够充分卸压,同时能够通过刻度尺监测围岩卸压时的变形量。

5. 一种被动防护网压力支撑装置

申请号:CN201821801184.1 申请日:2018-11-02

公开号:CN209082529U 公告日:2019-07-09

(1)摘要。

本实用新型公开了一种被动防护网压力支撑装置,包括支撑基础、压力支撑部件、拉伸部件和报警部件;可置于边坡下方,能有效抵抗地震中边坡破碎岩体对被动柔性防护网的冲击作用,可利用压力支撑柱对钢柱的倾斜提供缓冲,避免钢柱的弯折及拉锚绳的断裂,压力环可同时对山体滑坡提供预警,其结构简单、制造方便、性能可靠,适用于地震高烈度区的边坡防护及预警工作。

(2)附图。

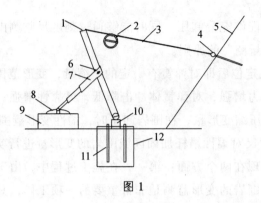

图 1

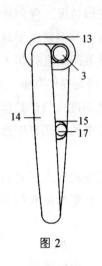

图 2

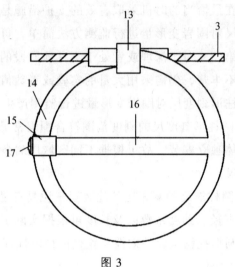

图 3

（3）权利要求。

① 一种被动防护网压力支撑装置，其特征在于，包括支撑基础、压力支撑部件、拉伸部件和报警部件；所述支撑基础包括嵌入土体内的基座，设置于基座上的支座以及转动安装于支座上的钢柱；所述压力支撑部件包括压力基座、设置在压力基座上的气缸以及一端受控于气缸、另一端与所述钢柱相连接的压力支撑柱；所述拉伸部件包括拉锚绳和锚定杆，锚定杆嵌入于坡体内，拉锚绳一端与钢柱顶端相连接，另一端与锚定杆相连；所述报警部件为压力环，所述压力环设置于拉锚绳上。

② 根据权利要求①所述的一种被动防护网压力支撑装置，其特征在于，所述钢柱基座通过定位螺栓安装于土体内。

③ 根据权利要求①所述的一种被动防护网压力支撑装置，其特征在于，所述锚定杆的长度为 80～220 cm。

④ 根据权利要求①所述的一种被动防护网压力支撑装置，其特征在于，所述压力基座为铺设在地面上的水泥块。

⑤ 根据权利要求①所述的一种被动防护网压力支撑装置，其特征在于，所述压力支撑柱与钢柱之间通过固定螺钉连接固定。

⑥ 根据权利要求①所述的一种被动防护网压力支撑装置，其特征在于，所述压力环包括锁环块、两端固定于锁环块内的环套以及设置在环套上的光敏传感器；环套外壁一侧设置限位环，限位环一侧安装有顶盖，环套上设置有一端与环套固接、一端伸入限位环内的横杆，横杆自由端上设置光敏传感器。

⑦ 根据权利要求①所述的一种被动防护网压力支撑装置，其特征在于，所述拉锚绳为铝材质。

⑧ 根据权利要求①所述的一种被动防护网压力支撑装置，其特征在于，所述钢柱表面涂有防腐漆。

⑨ 根据权利要求①所述的一种被动防护网压力支撑装置，其特征在于，所述压力支撑柱为气缸驱动的连续腔体结构。

⑩ 根据权利要求①所述的一种被动防护网压力支撑装置，其特征在于，所述压力支撑柱与钢柱连接处一侧连成为环状头。

（4）解决的技术问题。

本实用新型中的支撑装置可置于边坡下方，能有效抵抗地震中边坡破碎岩体对被动柔性防护网的冲击作用，可利用压力支撑柱对钢柱的倾斜提供缓冲，避免钢柱的弯折及拉锚绳的断裂，压力环可同时对山体滑坡提供预警，其结构简单、制造方便、性能可靠，适用于地震高烈度区的边坡防护及预警工作。

（5）小结。

本实用新型公开了一种被动防护网压力支撑装置，结构简单、制造方便、性能可靠，适用于地震高烈度区的边坡防护及预警工作。

第5章

PART FIVE

重要申请人分析及核心技术

本章主要对柔性防护系统领域的重要申请人进行介绍，并对排名前 4 的申请人从专利申请和布局、技术构成及核心技术几个维度进行分析。

5.1 柔性防护系统领域主要申请人

在分析柔性防护系统的主要专利申请人之前，首先对柔性防护系统对应的申请人类型进行分析说明。

图 5.1 展示的是专利申请人类型的分布，从图中可以看出，目前企业申请量占比 60% 左右，科研机构申请量占比 40% 左右，从该占比可以看出目前基础研究占比非常的大，商业应用还有待提高。

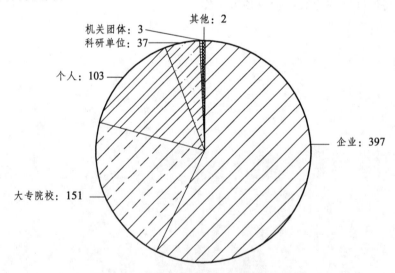

机关团体：3
其他：2
科研单位：37
个人：103
企业：397
大专院校：151

图 5.1 柔性防护系统专利申请人类型

由图 5.2 可以得知，目前排名靠前的申请人分别是中铁二院工程集团有限责任公司、西南交通大学、四川睿铁科技有限责任公司和奥思特边坡防护工程有限公司等重要申请人。

由于柔性防护系统方面每个申请人申请的专利数据相对比较少，本章主要选取排名靠前的 4 名申请人进行针对性分析。

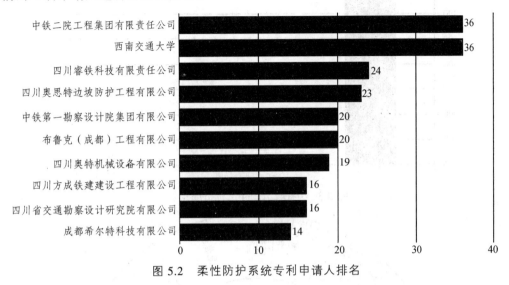

图 5.2　柔性防护系统专利申请人排名

5.2　中铁二院工程集团有限责任公司

5.2.1　申请人介绍

中铁二院工程集团有限责任公司（简称中铁二院），原名铁道第二勘察设计院（简称铁二院），成立于 1952 年 9 月，总部设在成都，现有员工四千多人。其中：全国工程设计大师 1 人，四川工程勘察设计大师 3 人，教授级高级工程师 90 人、高级工程师 968 人、工程师 1 500 余人。隶属于世界企业 500 强、世界品牌 500 强的中国中铁股份有限公司。

中铁二院属全国大型综合甲级勘察设计企业，人事部、全国博士后管理委员会在中铁二院设有"博士后科研工作站"，是全国首批获得"工程设计综合资质甲级"的企业。自 1992 年以来，中铁二院始终位于全国勘察设计综合百强单位排名前列，2006 年被中国勘察设计协会表彰为全国优秀勘察设计企业。

目前，中铁二院是具有公路勘察设计"四甲"资质证书的企业，其依托铁路，业务拓展到公路、地铁、城市轻轨、市政工程、房地产、轮渡码头、工程总承包、工程监理、岩土工程施工等各类工程建设领域。

5.2.2　申请人专利申请和布局

通过对中铁二院的整体专利布局、边坡灾害防护专利布局及柔性防护专利布局进行检索，其申请量分别为 3 547、76 和 36 件，如图 5.3 所示。

由图 5.4 可知，中铁二院的专利主题涉及面非常广，包括危岩落石、止水带、铁路钢桁梁、紧急救援站和电气化铁路等。

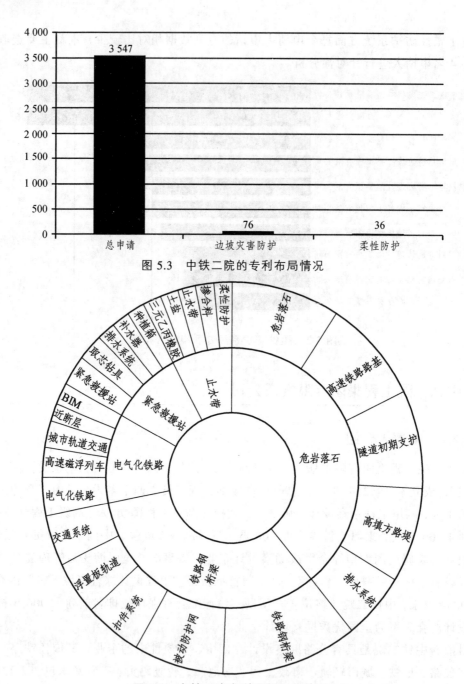

图 5.3　中铁二院的专利布局情况

图 5.4　中铁二院专利主题细化情况

　　在中铁二院排名靠前的 5 个主题中,以危岩落石的细分主题专利数目最多,高达 1 487 项,其后是铁路钢桁梁(专利量 1 251 项)、电气化铁路(专利量 402 项)、紧急救援站(专利量 337 项)、止水带(专利量 69 项)。

　　其中,柔性防护占边坡灾害的比例为 47.37%,占比相当高。柔性防护和边坡灾害防护的申请趋势如图 5.5 所示。

　　在图 5.5 中,从有专利数量看,中铁二院在 2007—2010 年期间边坡灾害防护和柔性防护趋势线重合，可见在初期阶段，中铁二院主要申请专利为柔性防护，可进一步推出这段时间主要产品市场为柔性防护。

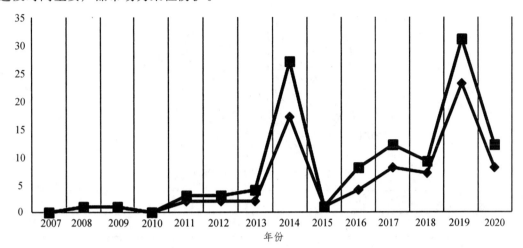

图 5.5　中铁二院在边坡灾害和柔性防护方面的申请趋势

在 2011—2019 年期间，两者的申请趋势完全相同，从走势看，这段时间出现两次突变，分别在 2014 年和 2017 年，其中 2020 年距离现在较近，部分专利申请未公开，不具备参考意义。

5.2.3　技术构成

如图 5.6 所示，对中铁二院目前的所有专利申请数据进行分析，可知中铁二院涉及的分类号比较广，占比较大的几个技术领域分别为 E02D（基础及水下结构物）、E01D（桥梁）、E01B（铁路轨道及附件）和 E21D（竖井、隧道、平硐和地下室），这表明中铁二院目前在这几个领域涉及的产品及服务占比也是最大的。

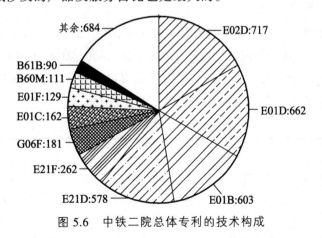

图 5.6　中铁二院总体专利的技术构成

结合图 5.7 和图 5.8 可知，中铁二院在柔性防护和边坡灾害防护方面，涉及的主要分类号均为 E02D（基础及水下结构物）、E01D（桥梁）和 E21D（竖井、隧道、平硐和地下室）。

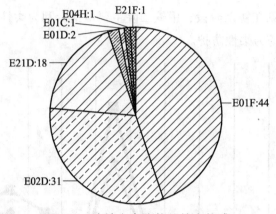

E21F:1
E04H:1
E01C:1
E01D:2
E21D:18
E01F:44
E02D:31

图 5.7 边坡灾害防护的技术构成

复杂性降低
便利性提高
成本降低
防护性提高
安全性提高
损坏避免
经济性提高
可靠性提高
速度提高
偏摆降低
E01F
E02D
E21D

图 5.8 柔性防护的技术构成

5.2.4 核心技术

本书主要研究的是边坡灾害防护系统及其涵盖的柔性防护系统，本章对核心技术进行分析时仅考虑边坡灾害防护系统，此处就不再对中铁二院的总体专利的核心技术进行分析。

对核心技术进行分析时，仍主要参考专利被引用次数和合享价值度进行分析，检索筛选出被引用次数排名前 3 的专利，具体参见表 5.1。

表 5.1 中铁二院重要专利

标题	申请人	申请号	专利类型	被引证次数	当前法律状态	合享价值度
一种应用于被动防护网的消能部件	中铁二院工程集团有限责任公司，四川奥特机械设备有限公司	CN201410347271.4	发明申请	6	授权	9
铁路隧道接长明洞落石防护构造	中铁二院工程集团有限责任公司	CN201120211851.2	实用新型	4	期限届满	9
柔性减胀生态护坡构造	中铁二院工程集团有限责任公司	CN201420829951.5	实用新型	4	授权	9

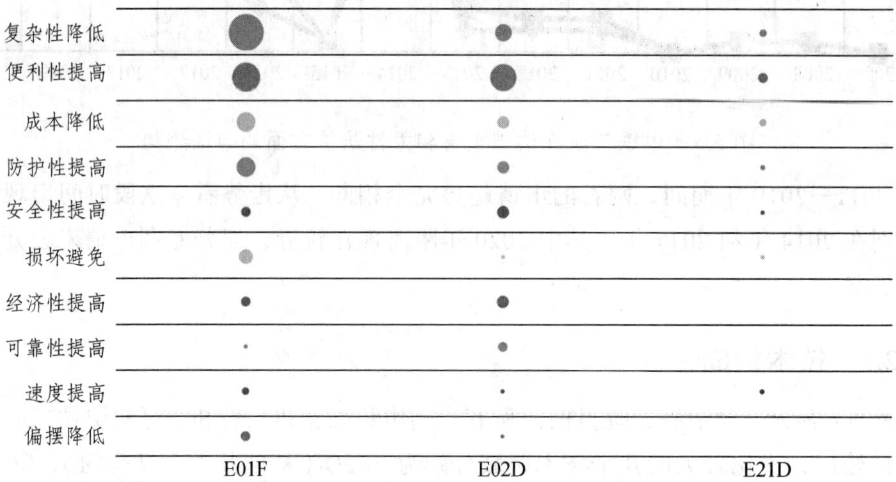

5.2.5 代表性专利

1. 浮动立柱防护网构造

申请号：CN201620303249.4　　　　　申请日：2016-04-12

公开号：CN205591134U　　　　　　　公告日：2016-09-21

（1）摘要。

浮动立柱防护网构造，可有效避免立柱受落石直接冲击而发生损坏，它包括成排设置的立柱和悬挂固定于其上的防护网网体。所述立柱两侧分别设置与地层连接为一体的前侧锚固构件、后侧锚固构件。各立柱通过一对前侧钢索、后侧钢索悬置于地面之上，前侧钢索在立柱上部、前侧锚固构件和立柱下部之间形成三点固定连接且张紧，后侧钢索在立柱上部、后侧锚固构件和立柱下部之间形成三点固定连接且张紧。前侧钢索上设置有至少一个阻尼器。

（2）附图。

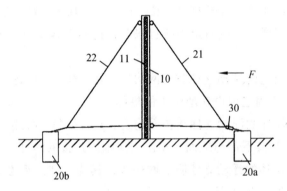

图 1

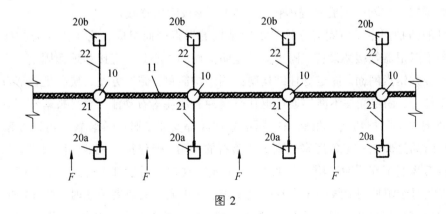

图 2

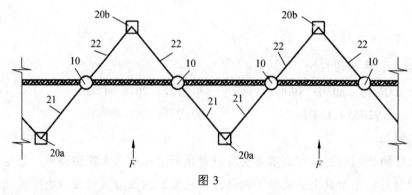

图 3

（3）权利要求。

① 浮动立柱防护网构造，包括成排设置的立柱（10）和悬挂固定于其上的防护网网体（11），其特征是：所述立柱（10）两侧分别设置与地层连接为一体的前侧锚固构件（20a）、后侧锚固构件（20b）；各立柱（10）通过一对前侧钢索（21）、后侧钢索（22）悬置于地面之上，前侧钢索（21）在立柱（10）上部、前侧锚固构件（20a）和立柱（10）下部之间形成三点固定连接且张紧，后侧钢索（22）在立柱（10）上部、后侧锚固构件（20b）和立柱（10）下部之间形成三点固定连接且张紧；前侧钢索（21）上设置有至少一个阻尼器（30）。

② 如权利要求①所述的浮动立柱防护网构造，其特征是：所述前侧锚固构件（20a）、后侧锚固构件（20b）为固定埋设在地层中的桩体。

③ 如权利要求①所述的浮动立柱防护网构造，其特征是：所述前侧锚固构件（20a）、后侧锚固构件（20b）为其下部与地面下稳定岩层锚固连接的锚杆。

④ 如权利要求①所述的浮动立柱防护网构造，其特征是：所述阻尼器（30）的设置位置靠近前侧锚固构件（20a）顶部。

⑤ 如权利要求①～④任意一项所述的浮动立柱防护网构造，其特征是：所述各立柱（10）中，两相邻前侧钢索（21）与同一个前侧锚固构件（20a）形成固定连接，两相邻后侧钢索（22）与同一个后侧锚固构件（20b）形成固定连接。

常见的防护网主要由固定立柱、不同结构的钢索网面组成，为了提高防护能力，往往也安装了阻尼器等缓冲设备。固定立柱是防护网的主心骨，直接和地面固定，主要作用是稳定和竖立钢索网面。固定立柱结构防护网结构简单，施工方便，缺点是若落石直接冲击固定立柱上，固定立柱不能够通过退让来缓冲和消耗落石动能，直接被落石损毁，整个防护网便丧失了防护功能。虽然一些固定立柱底部安装了脚链等装置，可以在落石冲击固定立柱时通过倾斜一定角度来达到缓冲落石的作用，但保护立柱的实际效果有限，对于大中型落石也起不到缓冲作用。除此之外，固定立柱往往通过打入地面一定深度来固定其位置，因此对于防护网沿线的土质有一定要求。当土质松塌或者坚硬时，往往需要对立柱位置的地层基础采取相应的工程措施进行处理，这无疑会增加防护网工程的建设成本。

（4）解决的技术问题。

目前的固定立柱结构防护网，落石直接冲击在固定立柱上，固定立柱不能通过退让来缓冲和消耗落石动能，直接被落石损毁，整个防护网便丧失了防护功能。本发明解决了上述技术问题。

（5）有益效果。

立柱浮置于地面之上，呈双三角结构张紧的前侧钢索、后侧钢索保持浮置立柱的稳定平衡，并张紧悬挂于其上的防护网网体，防护网网体与各立柱构成的体系具有相当的柔性，因此具有更为良好的抗落石冲击性能；前侧钢索上设置的阻尼器能有效消耗直接冲击在立柱上落石的动能，因此能有效避免立柱受落石直接冲击而发生损坏；前侧锚固构件、后侧锚固构件可以根据不同类型地质条件进行类型、位置选定，提高了防护网对地形地质的适应性。

（6）小结。

该发明专利通过提供一种浮动立柱防护网构造，成排设置的立柱和悬挂固定于其上的防护网网体，以有效避免立柱受落石直接冲击而发生损坏，解决了使用固定立柱结构防护网时，落石直接冲击固定立柱上，固定立柱不能够通过退让来缓冲和消耗落石动能，直接被落石损毁，整个防护网便丧失防护功能的技术难题。

2. 降噪型危岩落石柔性防护结构

申请号：CN201820297867.1　　　　申请日：2018-03-02
公开号：CN207933908U　　　　　　公告日：2018-10-02

（1）摘要。

本实用新型公开了一种降噪型危岩落石柔性防护结构，包括若干个钢拱架，所有钢拱架之间通过横系梁连接成整体，在所述钢拱架和横系梁的外侧面铺设有柔性防护网，在所述钢拱架和横系梁的内侧面铺设有声屏障板，所述钢拱架通过基座与被防护体连接，且在基座处设置有金属耗能器。本装置通过在基座处设置金属耗能器，利用金属耗能器的塑性变形来吸收落石的冲击力，因此，落石通过柔性防护结构基座传递到桥梁梁体混凝土的冲击力也相应减小，防止了基座处混凝土被落石冲击破坏现象的发生；另一方面，在所述钢拱架和横系梁的内侧面铺设有声屏障板，声屏障板可以反射和吸收行车噪声，可大大减小行车噪声对周围环境的影响。

（2）附图。

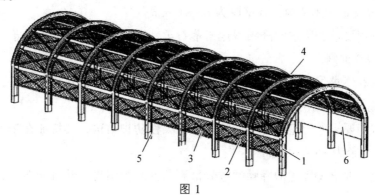

图 1

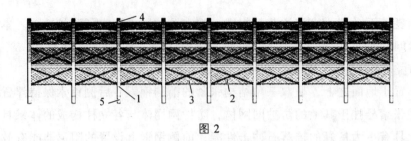

图 2

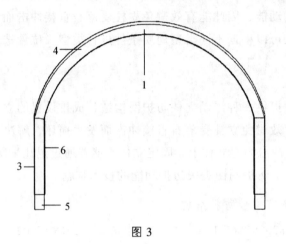

图 3

（3）权利要求。

① 一种降噪型危岩落石柔性防护结构，其特征在于，包括若干个钢拱架（1），所有钢拱架（1）之间通过横系梁（2）连接成整体，在所述钢拱架（1）和横系梁（2）的外侧面铺设有柔性防护网（3），在所述钢拱架（1）和横系梁（2）的内侧面铺设有声屏障板（6），所述钢拱架（1）通过基座与被防护体连接，且在基座处设置有金属耗能器（5）。

② 根据权利要求①所述的降噪型危岩落石柔性防护结构，其特征在于，所述钢拱架（1）的顶板上还铺设有橡胶缓冲层（4）。

③ 根据权利要求②所述的降噪型危岩落石柔性防护结构，其特征在于，所述橡胶缓冲层（4）沿所述钢拱架（1）的顶板均匀满布。

④ 根据权利要求①所述的降噪型危岩落石柔性防护结构，其特征在于，所述金属耗能器（5）为薄板立方体结构，且壁厚为 6 ~ 10 mm。

⑤ 根据权利要求①所述的降噪型危岩落石柔性防护结构，其特征在于，所述柔性防护网（3）为碳纤维网。

⑥ 根据权利要求①所述的降噪型危岩落石柔性防护结构，其特征在于，所述柔性防护网（3）为高强度钢丝网。

⑦ 根据权利要求⑥所述的降噪型危岩落石柔性防护结构，其特征在于，所述高强度钢丝网的钢丝直径为 10 ~ 14 mm。

⑧ 根据权利要求①所述的降噪型危岩落石柔性防护结构，其特征在于，相邻两个钢

拱架（1）之间的横系梁（2）包括若干组成交叉型设置的斜撑。

⑨ 根据权利要求①所述的降噪型危岩落石柔性防护结构，其特征在于，所述声屏障板（6）为包括 PC 和玻璃钢的复合层结构件。

⑩ 根据权利要求①～⑨任一所述的降噪型危岩落石柔性防护结构，其特征在于，所述钢拱架（1）采用 H 型钢。

（4）解决的技术问题。

现有的柔性钢护棚存在落石作用下基座对桥梁梁体冲击过大的缺点，路面行车产生的噪声，往往会打扰周围居民的日常生活，特别是山区的路比较崎岖，弯道多，行车噪声和汽车鸣笛声严重影响了周围居民的睡眠质量。本专利解决了上述问题。

（5）有益效果。

① 本装置通过在基座处设置金属耗能器，利用金属耗能器的塑性变形来吸收落石的冲击力，因此，落石通过柔性防护结构基座传递到桥梁梁体混凝土的冲击力也相应减小，防止了基座处混凝土被落石冲击破坏现象的发生。另一方面，在所述钢拱架和横系梁的内侧面铺设有声屏障板，声屏障板可以反射和吸收行车噪声，可大大减小行车噪声对周围环境的影响。

② 所述钢拱架的顶板上还铺设有橡胶缓冲层。橡胶材料具有滞后、阻尼及能进行可逆大变形的特点，因此钢拱架在落石冲击力作用下，具有很好的吸收冲击的能力，拱架塑性变形也相应减小，提高了行车安全性。

③ 本装置构思巧妙、结构简单，能满足结构设计的要求，并且施工方便、施工效率高。无须复杂的施工设备，仅通过铺设橡胶材料和设置金属耗能器就可提高防护性能，减弱道路所受冲击力影响，且使用工程材料常见，可广泛应用于桥梁与建筑结构中。

（6）小结。

该发明专利通过提供一种降噪型危岩落石柔性防护结构，解决了现有的柔性钢护棚存在落石作用下基座对桥梁梁体冲击过大以及路面噪声大影响居民生活的问题。

3. 棚洞顶部轻型防护构造

申请号：CN201410795834.6　　　　申请日：2014-12-19
公开号：CN104695973A　　　　　　公告日：2015-06-10

（1）摘要。

棚洞顶部轻型防护构造，可大幅度降低棚洞结构荷载，并且使顶部防护结构能长期保持其缓冲效果。它包括被动防护网和网装弹性体，被动防护网固定设置于棚洞顶部之上，距离防水层一定距离，网装弹性体填充于被动防护网与防水层之间的空间内。

（2）附图。

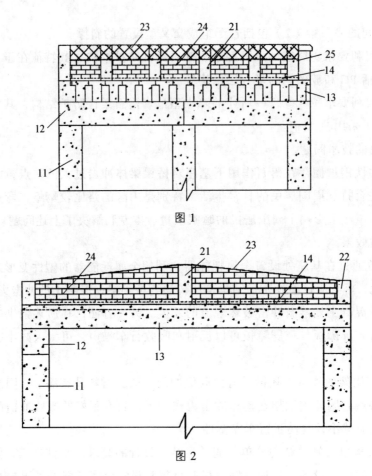

图 1

图 2

（3）权利要求。

① 棚洞顶部轻型防护构造，其特征是：它包括被动防护网（23）和网装弹性体缓冲层（24），被动防护网（23）固定设置于棚洞顶部之上，距离防水层（14）一定距离，网装弹性体（24）填充于被动防护网（23）与防水层（14）之间的空间内。

② 如权利要求①所述的棚洞顶部轻型防护构造，其特征是：所述棚洞顶部中部固定设置中部支架（21），横向两侧固定设置边部支架（22），所述被动防护网（23）呈人字形挂设固定于中部支架（21）、边部支架（22）上。

③ 如权利要求①所述的棚洞顶部轻型防护构造，其特征是：所述网装弹性体（24）由网袋和约束于其内的弹性体构成，弹性体为聚乙烯泡沫块或者中空橡胶块。

（4）解决的技术问题。

传统的棚洞方法是棚顶设置一定厚度的回填层，材料一般用土石或轻质矿渣回填层，是棚洞结构荷载的主要来源，缓冲效果与结构构件要求更小的回填厚度是相互矛盾的。本发明解决了上述问题。

（5）有益效果。

本发明由设置在棚洞顶部的被动防护网及网装弹性体作为缓冲层，可以有效减轻原有回填层的重量，减小结构荷载，结构及构件设计更灵活且可节省坊工，可使棚洞实现更大跨度；被动防护网可设置为人字形，对落石的缓冲作用更加明显；可长期保持缓冲效果，不会随着时间增加而逐渐减弱；缓冲层结构轻，施工更方便，因而在结构受到破坏时进行更换操作简单。

（6）小结。

该发明专利通过设置在棚洞顶部的被动防护网及网装弹性体作为缓冲层，以大幅度降低棚洞结构荷载，并且使顶部防护结构能长期保持其缓冲效果。

5.3 西南交通大学

西南交通大学作为高校，主要以教学和科研为主，其申请的大部分专利申请，极大可能性为基础性专利；虽然其在柔性防护方面专利申请整体排名靠前，但是按单位性质划分为科研机构，其申请的专利应用于商业的相对概率不大，所以在本章仅作简单介绍。

5.3.1 申请人介绍

西南交通大学（Southwest Jiaotong University），简称"西南交大"，位于四川省成都市，是教育部直属的全国重点大学，由教育部、国铁集团、四川省和成都市共建，位列国家首批世界一流学科建设高校、211 工程、985 工程优势学科创新平台重点建设的研究型大学，入选 2011 计划、111 计划、卓越工程师教育培养计划、国家大学生创新性实验计划、国家建设高水平大学公派研究生项目、新工科研究与实践项目、中国政府奖学金来华留学生接收院校、首批高等学校科技成果转化和技术转移基地、援藏计划培养单位，为中欧精英大学联盟成员。

5.3.2 申请人专利申请和布局

通过对西南交通大学边坡灾害防护专利布局及柔性防护专利布局进行检索，其申请量分别为 51、36 件，如图 5.9 所示。

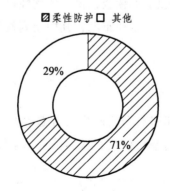

图 5.9 西南交通大学柔性防护相对边坡防护的专利占比

从图 5.9 可以看出，西南交通大学的柔性防护专利在边坡灾害防护专利方面的占比高达 71%，可见该校目前的基础研究主要集中在柔性防护方面。

如图 5.10 所示，西南交通大学在 2014 年开始进入边坡灾害防护领域，起步比较晚，在 2014—2017 年期间，每年基本上保持几件的申请量，在 2018 年达到申请高峰，当年专利申请量达到 22 件和 18 件，2019 年申请量出现了明显下滑，回落至 13 件，2020 年统计数据量不是很准确，呈现出的继续回落趋势不太具有参考价值。

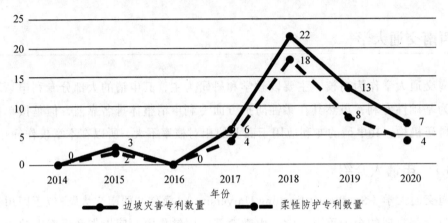

图 5.10　西南交通大学柔性防护和边坡灾害防护专利的申请趋势

从 2018 和 2019 申请量的总体占比看，西南交通大学的大部分申请量主要集中在这两年，呈爆发式增长，这一定程度上受外界政策影响较大，短时间的增长并不能反映这段时间的市场产品动态。

5.3.3　技术构成

从图 5.11 可以看出，西南交通大学在柔性防护方面的主要研究领域是 G01M、E02D 和 E01F。在 E01F 领域，技术效果主要集中在便利性提高，其他效果基本上都有一定程度的涉及；在 E02D 领域，分布相对比较均匀，除局限性方面无相关专利申请，其他技术效果方面都涉及专利申请；在 G01M 领域，仅在便利性提高、成本降低、安全性提高、效率提高和局限性 5 个方向进行了专利布局，其中便利性提高、效率提高和局限性布局专利相对较多。

5.3.4　核心技术

对西南交通大学的核心技术进行分析时也仅考虑边坡灾害防护系统，在具体分析中，仍主要参考专利被引用次数和合享价值度，检索筛选出整体排名前 2 的专利申请，具体见表 5.2。

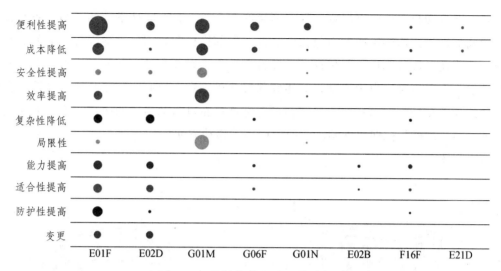

图 5.11　柔性防护系统的技术构成

表 5.2　西南交通大学重要专利

标题	申请号	专利类型	被引证次数	当前法律状态	合享价值度
一种大跨度隧道预应力锚网支岩壳自承载支护结构	CN201810623905.2	发明申请	2	实质审查	8
网片顶破拉伸一体化自平衡实验装置及试验方法	CN201811505407.4	发明申请	2	授权	9

　　从筛选出的专利看，2 项专利申请被引证次数并不是最高，而是排名第 4 和第 5，前 3 项在申请阶段就被驳回了，且合享价值度非常低，不太具有研究意义，故直接排除。

　　从表 5.2 中 2 项专利申请的合享价值度看，"网片顶破拉伸一体化自平衡实验装置及试验方法"合享价值度高达 9 分，属于高价值专利，具有一定的研究价值；"一种大跨度隧道预应力锚网支岩壳自承载支护结构"目前还在实审阶段，所以合享价值度略微低一点，若是其能顺利授权，其合享价值度会进一步上升，在后续研究时，这 2 项专利均可以认为是核心技术。

5.3.5　代表性专利

1. 网片顶破拉伸一体化自平衡实验装置及试验方法

申请号：CN201811505407.4　　　　申请日：2018-12-10

公开号：CN109443936A　　　　　　公告日：2019-03-08

（1）摘要。

　　本发明提供一种网片顶破拉伸一体化自平衡实验装置，它包括立柱、中间框架、顶部框架、底部反力梁、滑轨、滑块、可滑动横梁和液压装置；所述顶部框架呈矩形并水平设置，至少四根立柱竖直焊接在顶部框架的四个角上，在立柱下部的适当位置设置有矩形的底部框架；所述中间框架包括由竖杆、顶部横杆及底部反力梁围合而成的竖直矩形框架；所述滑轨分别设置在竖杆上，并且滑轨至少延伸穿过底部框架，滑块可拆卸地安装在滑轨上并可竖向自由滑动；所述底部反力梁固定在地面，液压装置一端连接在中间框架的顶部横杆上，另一端通过销轴可拆卸连接在可滑动横梁的中部。本发明实验装置可进行网片顶破和拉伸两种实验，结构精巧，移动方便。

（2）附图。

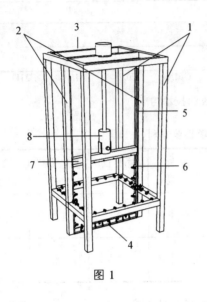

图 1

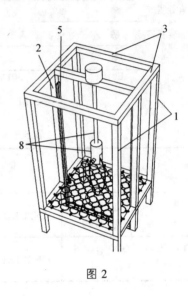

图 2

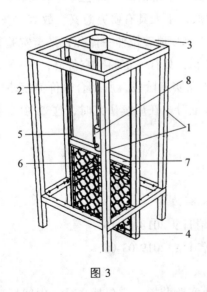

图 3

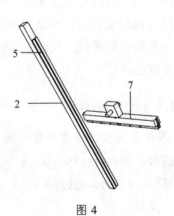

图 4

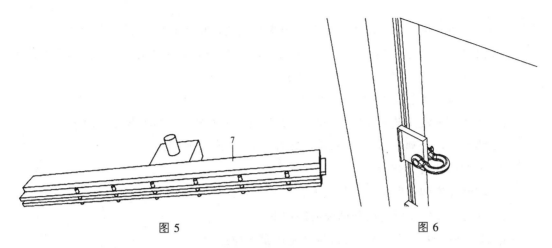

图 5   图 6

（3）权利要求。

① 网片顶破拉伸一体化自平衡实验装置，其特征在于，它包括立柱（1）、中间框架（2）、顶部框架（3）、底部反力梁（4）、滑轨（5）、滑块（6）、可滑动横梁（7）和液压装置（8）。

所述顶部框架（3）呈矩形并水平设置，至少四根立柱（1）竖直焊接在顶部框架（3）的四个角上，在立柱（1）下部的适当位置设置有矩形的底部框架。

所述中间框架（2）包括由竖杆、顶部横杆及底部反力梁（4）围合而成的竖直矩形框架，至少两根竖杆分别固定在顶部框架（3）的两相对边的中点处。

所述滑轨（5）分别设置在竖杆上，并且滑轨（5）至少延伸穿过所述底部框架，滑块（6）可拆卸地安装在滑轨（5）上并可竖向自由滑动，可滑动横梁（7）两端分别可拆卸地连接在两侧的滑轨（5）内。

所述底部反力梁（4）固定在地面，液压装置（8）一端连接在中间框架（2）的顶部横杆上，另一端通过销轴可拆卸连接在可滑动横梁（7）的中部。

所述底部框架、可滑动横梁（7）、滑块（6）和底部反力梁（4）上均设有用于连接网片的卸扣。

② 根据权利要求①或②所述的网片顶破拉伸一体化自平衡实验装置，其特征在于，所述顶部框架（3）和底部框架形状尺寸相同。

③ 根据权利要求①或②所述的网片顶破拉伸一体化自平衡实验装置，其特征在于，所述可滑动横梁（7）中部设置有矩形凸块，可拆卸销轴垂直贯穿所述凸块。

④ 根据权利要求③所述的网片顶破拉伸一体化自平衡实验装置，其特征在于，所述液压装置（8）设有容置凸块的凹槽，凹槽两端设有销轴孔，销轴穿过销轴孔和凸块，从而将可滑动横梁（7）与液压装置（8）连接。

⑤ 根据权利要求①~④之一所述的网片顶破拉伸一体化自平衡实验装置，其特征在于，所述底部框架设置在底部反力梁（4）上方 40 cm 处。

⑥ 根据权利要求①~④之一所述的网片顶破拉伸一体化自平衡实验装置，其特征在

于，还包括设置在网片下部的顶推装置，顶推装置通过钢丝绳与液压装置（8）连接。

⑦根据权利要求①~⑥之一所述的网片顶破拉伸一体化自平衡实验装置用于网片顶推试验的方法，其特征在于，包括以下步骤：

（a）取下所述底部反力梁（4）处卸扣；

（b）利用所述液压装置（8）将可滑动横梁（7）顶推至底部反力梁（4）处；

（c）将所述可滑动横梁（7）从液压装置（8）上断开连接；

（d）升起所述液压装置（8）；

（e）将卸扣安装在所述底部框架上；

（f）将网片穿挂在所述底部框架的卸扣上；

（g）将所述液压装置（8）与顶推装置用钢丝绳连接；

（h）启动所述液压装置（8），通过顶推装置对网片施加顶推力。

⑧根据权利要求⑦所述的用于网片顶推试验的方法，其特征在于，通过拔除可拆卸销轴将可滑动横梁（7）从液压装置（8）上断开连接。

⑨根据权利要求①~⑥之一所述的网片顶破拉伸一体化自平衡实验装置用于网片拉伸试验的方法，其特征在于，包括以下步骤：

（a）将卸扣安装在所述中间框架（2）、滑块（6）、可滑动横梁（7）和底部反力梁（4）上；

（b）将网片穿挂在所述中间框架（2）、滑块（6）、可滑动横梁（7）和底部反力梁（4）上；

（c）启动所述液压装置（8），对网片施加拉力。

（4）解决的技术问题。

传统网片的顶破试验和拉伸试验需要借助额外的反力墙，导致整体实验装置庞大笨重，不宜移动。本发明解决了上述技术问题。

（5）有益效果。

本网片拉伸顶破一体化自平衡装置可进行网片拉伸和顶破两种试验，装置结构精巧，占地少，重量轻，便于移动和拆卸。

（6）小结。

该发明专利通过提供一种网片顶破拉伸一体化自平衡实验装置，解决了传统的网片的顶破试验和拉伸试验需要借助额外的反力墙，导致整体实验装置庞大笨重，不宜移动的技术难题。

2. 一种多维多向多功能联合冲击试验台

申请号：CN201910426015.7　　　申请日：2019-05-21

公开号：CN110196147A　　　　公告日：2019-09-03

（1）摘要。

本发明提供一种多维多向多功能冲击联合试验台，它包括斜坡滚落试验台、可多维旋转的球面基座试验台和巨型龙门吊。所述斜坡滚落试验台包括液压导轨，液压导轨可在液压系统的作用下形成具有一定坡宽和一定坡角的人造机械坡面；所述可多维旋转的球面基座试验台包括柔性棚洞试验模型，柔性棚洞试验模型锚固在台面基座上，巨型球面支座及液压顶升机构用于转动并支撑台面基座。本申请实验系统具有试验成本低，效率高，并且可以安全、方便、重复地进行冲击试验和数据采集的优势。

（2）附图。

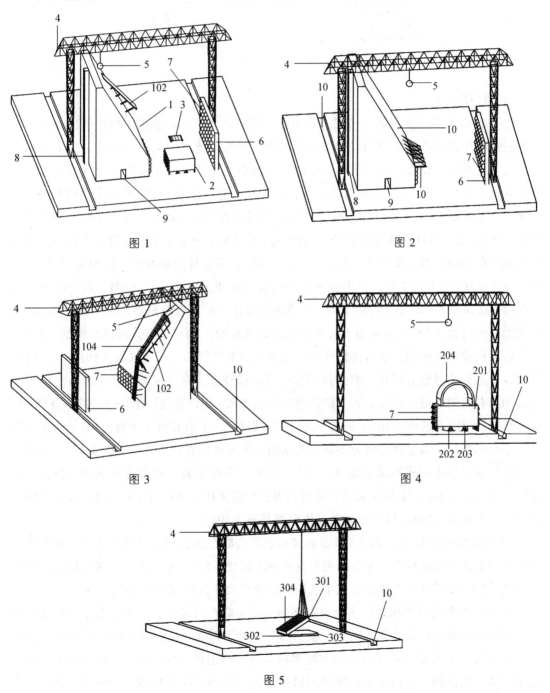

图1

图2

图3

图4

图5

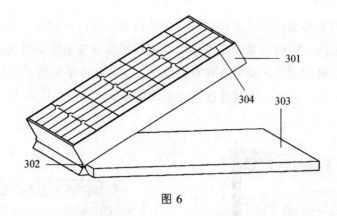

图 6

（3）权利要求。

① 一种多维多向多功能冲击联合试验台，其特征在于，它包括斜坡滚落试验台、可多维旋转的球面基座试验台和巨型龙门吊；所述斜坡滚落试验台包括钢筋混凝土基座，钢筋混凝土基座上设有一定坡度的钢筋混凝土坡面，钢筋混凝土坡面上设有液压导轨，液压导轨（102）可在液压系统的作用下形成具有一定坡宽和一定坡角的人造机械坡面；钢筋混凝土坡面（101）用于安装被动柔性防护网试验模型（103），被动柔性防护网试验模型（103）通过锚杆安装在坡脚处，锚杆固定在钢筋混凝土坡面上预留的锚孔内，拉索一端固定在钢筋混凝土坡面（101）上，另一端固定在锚杆的悬臂端；巨型龙门吊（4）用于冲击试块（5）的提升，并通过远程脱钩装置在冲击试块（5）达到试验要求的高度后释放冲击试块（5），使其自由下落，完成被动柔性防护网试验模型（103）的冲击试验；钢筋混凝土坡面（101）还可用于安装帘式网试验模型（104），帘式网试验模型（104）上端连接在锚杆的两端，该锚杆悬臂端通过拉索连系在钢筋混凝土坡面（101）上，液压导轨以下适当位置设有锚杆，帘式网两端固定在锚杆上，帘式网下端依重力自由垂下，帘式网左右两侧适当位置设有若干根拉索与坡面连接；用巨型龙门吊（4）将冲击滑块（5）提升至钢筋混凝土坡面（101）顶端，使得冲击滑块（5）沿着液压导轨（102）的轨道滑落，冲击滑块（5）通过轨道将势能转换为动能，在离开轨道时获得一定的水平方向速度，以设计的能量冲击帘式网试验模型（104）；所述可多维旋转的球面基座试验台包括柔性棚洞试验模型（204），柔性棚洞试验模型锚固在台面基座（201）上，巨型球面支座（202）及液压顶升机构（203）用于转动并支撑台面基座（201）。

② 根据权利要求①所述的多维多向多功能冲击联合试验台，其特征在于，对于可多维旋转的球面基座试验台，远程脱钩装置在冲击试块（5）达到试验要求的高度后释放冲击试块（5），使其自由下落，完成柔性棚洞试验模型（204）的冲击试验。

③ 根据权利要求②所述的多维多向多功能冲击联合试验台，其特征在于，所述台面基座（201）四周设有可替换式支撑结构，用于实现台面基座在旋转特定角度后的加固支撑。

④ 根据权利要求①或②所述的多维多向多功能冲击联合试验台，其特征在于，还包括主动防护网试验台；所述主动防护网试验台包括主动柔性防护网试验模型（304），主

动柔性防护网试验模型（304）安装在主动网试验槽（301）上，转动支座（302）安装在钢筋混凝土基座（303）前方的地面上；主动网试验槽（301）支撑在钢筋混凝土基座（303）上；巨型龙门吊（4）用于提升主动网试验槽（301）使其定轴转动。

⑤ 根据权利要求①或②所述的多维多向多功能冲击联合试验台，其特征在于，所述混凝土坡面坡度为 60°，液压导轨一端可转动设置在距所述混凝土坡面顶部 20 m 处，液压导轨另一端设置有液压支撑杆，液压支撑杆垂直固定在混凝土坡面上，液压导轨可提供不超过 15°的坡脚。

⑥ 根据权利要求④所述的多维多向多功能冲击联合试验台，其特征在于，所述钢筋混凝土基座长 12 m、宽 12 m、高 0.5 m、主动网试验槽（301）长 10 m、宽 10 m、槽深 1.2 m。

⑦ 根据权利要求①所述的多维多向多功能冲击联合试验台，其特征在于，在所述混凝土坡面内部设有预埋管，用于埋藏传感器数据线。

⑧ 根据权利要求①～⑦之一所述的多维多向多功能冲击联合试验台，其特征在于，还包括保护墙，保护墙竖直设置在距所述球面基座试验台 20 m 处。

⑨ 根据权利要求①～⑦之一所述的多维多向多功能冲击联合试验台，其特征在于，可多维旋转的球面基座试验台可 360°旋转，最大旋转角度为 30°。

⑩ 根据权利要求①～⑦之一所述的多维多向多功能冲击联合试验台，其特征在于，还包括保护面，保护面设置在保护墙上、斜坡滚落试验台下部和可多维旋转的球面基座试验台台面基座周围。

（4）解决的技术问题。

国外针对被动柔性防护网、帘式防护网和柔性棚洞的试验基本上是利用既有山坡开展冲击试验，其缺点是试验场地易受现场环境的限制，试验成本高且效率低。人工建立的试验场试验对象单一，不具有多种柔性防护系统的多维多功能联合试验能力。本发明解决了上述技术问题。

（5）有益效果。

本发明的大型多功能联合平台可以修建在就近的场地，利用斜坡滚落试验台来安装被动柔性防护网和帘式网试验模型，可多维旋转的球面基座试验台安装柔性棚洞试验模型，主动防护网试验台安装主动柔性防护网试验模型，在同一平台上实现多种柔性防护结构在多种冲击体多角度冲击下的足尺冲击的试验；试验场地不受现场环境限制，不需要每次试验时搬运试验设备到较远的山地，试验成本低，效率高；可以安全、方便、重复地进行冲击试验和数据采集。

（6）小结。

该发明专利通过提供一种可降低试验成本、节约时间成本以及可用于多种柔性防护结构足尺冲击试验的多维多向多功能联合冲击试验台，解决了国外针对被动柔性防护网、帘式防护网和柔性棚洞的试验成本高且效率低的问题，以及人工建立的试验场试验对象单一、不具有多种柔性防护系统的多维多功能联合试验能力的技术难题。

3. 一种可用于多种柔性防护结构足尺冲击试验的大型综合平台

申请号：CN201811074124.9　　　　　申请日：2018-09-14

公开号：CN109186916A　　　　　　公告日：2019-01-11

（1）摘要。

本发明提供一种可用于多种柔性防护结构足尺冲击试验的大型综合平台，它包括用于安装被动柔性防护网试验模型及帘式网试验模型的反力墙和可拆卸施工平台、用于安装柔性棚洞试验模型的地锚沟、用于提升并释放冲击试块与冲击滑块的起吊设备、用于为冲击滑块提供水平冲击速度的滑道和滑道支撑、用于架设高速摄像机的观测台、用于埋藏传感器数据线的集线盒。本发明的大型综合平台可以修建在就近的场地，试验场地不受现场环境限制，试验成本低，效率高，可以方便、重复地进行冲击试验和数据采集。

（2）附图。

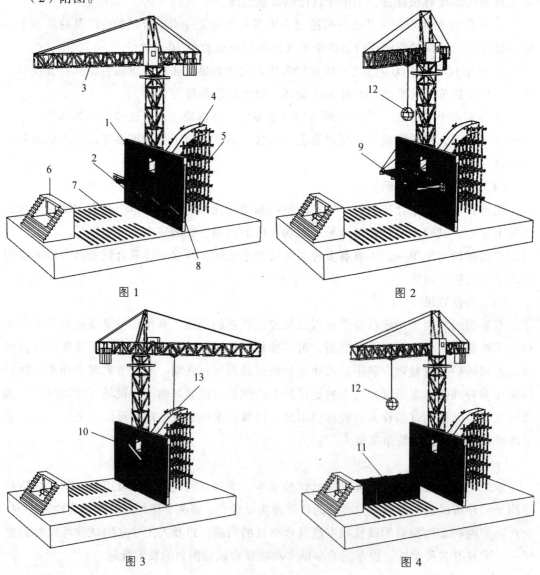

图1　　　　　　　　　　　　图2

图3　　　　　　　　　　　　图4

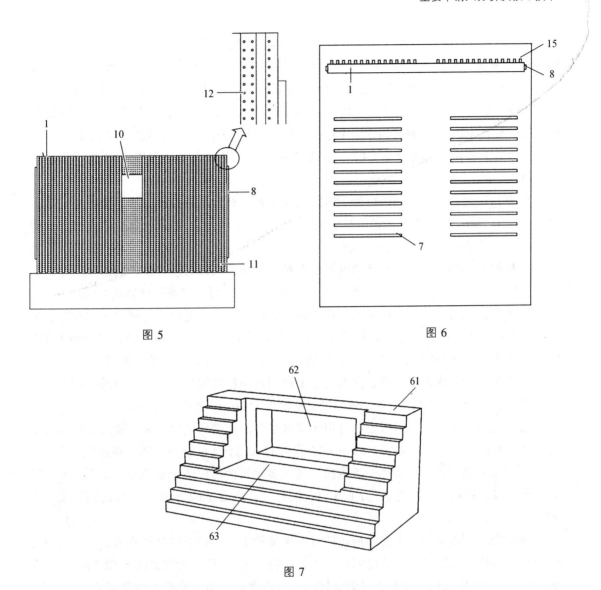

图 5   图 6

图 7

（3）权利要求。

① 可用于多种柔性防护结构足尺冲击试验的大型综合平台，其特征在于，它包括基底平台、反力墙（1）、可拆卸施工平台（2）、地锚沟（7）、起吊设备（3）、滑道（4）和滑道支撑（5）；反力墙（1）设置在所述基底平台中部，为竖直设置的板式墙体，中央设置有开洞口（10），开洞口（10）距反力墙（1）顶部 3 m，距反力墙（1）左右两端 28 m；所述反力墙（1）上设置有均匀分布的贯穿墙体的锚孔（12），锚孔（12）间距为 500 mm×500 mm；被动柔性防护网试验模型（13）借助锚固件通过锚孔（12）安装在反力墙（1）开洞口（10）下方；帘式网试验模型（14）借助锚固件通过锚孔（12）安装在反力墙（1）开洞口（10）纵向中心线上；反力墙（1）的一侧设置可拆卸施工平台（2），所述可拆卸施工平台（2）借助锚固件通过锚孔（12）安装在反力墙（1）任意高度上；地锚沟（7）设置在反力墙（1）设置有可拆卸施工平台（2）的一侧，所述地锚沟（7）

为 18 m×0.2 m×0.5 m 的长方体的沟槽，共 2 列，每列中相邻地锚沟（7）中心线间距为 1 m，2 列地锚沟（7）中线间距为 30m；所述起吊设备（3）设置在基底平台（9）上，设置在反力墙（1）未设置可拆卸施工平台（2）的一侧；滑道（4）和滑道支撑（5）为一体现浇成型的钢筋混凝土结构，滑道（4）和滑道支撑（5）设置在反力墙（1）未设置可拆卸施工平台（2）的一侧，滑道（4）呈直滑梯形状，表面设置有轨道，冲击滑块（17）可以在轨道上滑动；所述滑道（4）顶部距基底平台为 30 m；所述滑道（4）尾端通过所述开洞口（10）。

② 根据权利要求①所述的可用于多种柔性防护结构足尺冲击试验的大型综合平台，其特征在于，所述被动柔性防护网试验模型（9）、帘式网试验模型（10）、柔性棚洞试验模型（11）可在同一平台上进行试验。

③ 根据权利要求①或②所述的可用于多种柔性防护结构足尺冲击试验的大型综合平台，其特征在于，反力墙（1）两侧设置有集线盒（8），用于埋藏传感器数据线。

④ 根据权利要求①或②所述的可用于多种柔性防护结构足尺冲击试验的大型综合平台，其特征在于，所述用于安装被动柔性防护网试验模型（9）及帘式网试验模型（10）的可拆卸施工平台（2）可以安装在反力墙（1）任意高度上，便于施工安装。

⑤ 根据权利要求①或②所述的可用于多种柔性防护结构足尺冲击试验的大型综合平台，其特征在于，反力墙（1）在地面以上的高度为 20 m，长度为 60 m。

⑥ 根据权利要求①或②所述的可用于多种柔性防护结构足尺冲击试验的大型综合平台，其特征在于，所述反力墙（1）正前方设置有观测台（6），用于架设高速摄像机。

⑦ 根据权利要求①～⑥之一所述的可用于多种柔性防护结构足尺冲击试验的大型综合平台，其特征在于，反力墙（1）背面设置有与反力墙（1）现浇为一体的钢筋混凝土加劲肋（11）。

⑧ 根据权利要求①～⑥之一所述的可用于多种柔性防护结构足尺冲击试验的大型综合平台，其特征在于，还包括观测台（6），观测台（6）设置在地锚沟（7）的前侧，观测台（6）为梯形结构，观其顶部为供试验人员观测和拍摄试验照片的顶部平台（61），中部为用于架设高速摄像机的中间观测平台（62），中间观测平台（62）的前部设置有观测窗口（63），观测窗口（63）安装防弹玻璃，以便试验过程中保护试验人员和器材。

⑨ 根据权利要求①～⑥之一所述的可用于多种柔性防护结构足尺冲击试验的大型综合平台，其特征在于，地锚沟（7）用于安装柔性棚洞试验模型（11）。

⑩ 根据权利要求①所述的可用于多种柔性防护结构足尺冲击试验的大型综合平台，其特征在于，可拆卸施工平台（2）为直角边紧贴反力墙（1）设置的倒直角三角形结构，倒直角三角形结构借助锚固件通过锚孔（12）安装在反力墙（1）上，可拆卸施工平台（2）上设置有护栏和搭板。

（4）解决的技术问题。

国外的被动柔性防护网试验、帘式防护网试验和柔性棚洞试验基本上是利用既有山坡开展冲击试验，其缺点是试验场地易受现场环境的限制，而且试验场地往往距离市区较远，每一次试验成本相对较高，花费时间较多。本发明解决了上述技术问题。

（5）有益效果。

本发明的大型综合平台可以修建在就近的场地，利用反力墙来安装被动柔性防护网和帘式网试验模型，反力墙前方地锚沟安装柔性棚洞试验模型，在同一平台上实现多种柔性防护结构足尺冲击的试验；试验场地不受现场环境限制，不需要每次试验时搬运试验设备到较远的山地，试验成本低，效率高；可以方便重复地进行冲击试验和数据采集。

（6）小结。

该发明专利通过提供一种就近修建可用于多种柔性防护结构足尺冲击试验的大型综合平台，解决了国外的被动柔性防护网试验、帘式防护网试验和柔性棚洞试验成本相对较高，花费时间较多的技术难题。

4. 一种棚洞结构的高能级多攻角摆锤冲击试验台及其实验方法

申请号：CN201910592038.5　　　　　申请日：2019-07-03

公开号：CN110243703A　　　　　　　公告日：2019-09-17

（1）摘要。

本发明提供一种棚洞结构的高能级多攻角摆锤冲击试验台，它包括用于安装棚洞试验模型的地锚沟、用于提升并释放冲击锤的起吊天车、用于控制冲击锤冲击攻角和冲击轨迹的摆锤冲击系统和巨型龙门吊；所述摆锤冲击系统包括牵引天车、可伸缩圆柱摆杆和冲击锤接头，牵引天车用于调整摆轴位置，用于改变摆长的可伸缩圆柱摆杆一端通过销轴与牵引天车相连，另一端的冲击锤接头用于安装冲击锤；本试验系统具有试验成本低，效率高，并且可以安全、方便、重复地进行冲击试验和数据采集的优势。

（2）附图。

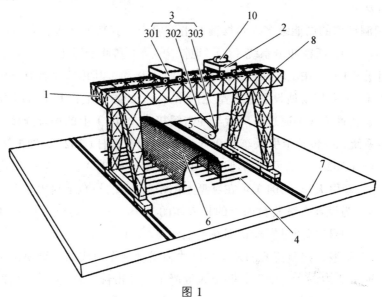

图 1

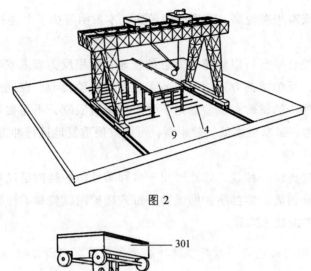

图 2

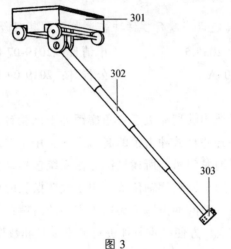

图 3

（3）权利要求。

① 一种棚洞结构的高能级多攻角摆锤冲击试验台，其特征在于，它包括巨型龙门吊（1）、起吊天车（2）、摆锤冲击系统（3）、地锚沟（4）和冲击锤（5）。

巨型龙门吊（1）可在试验台面上的轨道上自由移动，其顶部设置有导轨。

起吊天车（2）可移动地设置在巨型龙门吊（1）的导轨上；其上设有升降释放装置（10），升降释放装置（10）通过升降索与冲击锤接头（303）上的吊耳连接。

摆锤冲击系统（3）包括牵引天车（301）、可伸缩圆柱摆杆（302）和冲击锤接头（303），可伸缩圆柱摆杆（302）一端可转动地连接在牵引天车（301）上，另一端连接在冲击锤接头（303）上，牵引天车（301）可在巨型龙门吊（1）的导轨上自由移动。

地锚沟（4）为设置在试验台面上的长方体的沟槽，设置在所述巨型龙门吊（1）的导轨内侧，棚洞试验模型通过螺栓锚固在地锚沟（4）上。

冲击锤（5）是根据试验需要的外形、尺寸和质量制作而成的可更换预制构件，外表面由钢板焊接而成，内部布置钢筋，并浇筑混凝土。冲击锤（5）上设有预设耳板，冲击锤接头（303）上设有与耳板相适配的夹槽，耳板和夹槽均设有相对应的预设锚孔，耳板和夹槽通过螺栓穿过锚孔进行锚固，实现冲击锤（5）和冲击锤接头（303）的连接。

起吊天车（2）和摆锤冲击系统（3）将冲击锤（5）提升到试验要求的高度后，升降释放装置（10）松开绕其内部转轴绞紧的升降索，松弛的升降索随冲击锤接头（303）释放，使冲击锤（5）以设计的能量和攻角完成棚洞试验模型的冲击试验。

② 根据权利要求①所述的棚洞结构的高能级多攻角摆锤冲击试验台，其特征在于，所述地锚沟（4）为 9 m×0.2 m×0.5 m 的长方体的沟槽，所述地锚沟（4）共 2 列，每列中相邻地锚沟（4）中心线间距为 2.5 m，两列地锚沟（4）中线间距为 19 m。

③ 根据权利要求①或②所述的棚洞结构的高能级多攻角摆锤冲击试验台，其特征在于，所述可伸缩圆柱摆杆（302）由 4 段空心圆柱钢管组成，每段空心圆柱钢管长 5 m、壁厚 50 mm，与牵引天车（301）相连的空心圆柱钢管外径为 600 mm；所述可伸缩圆柱摆杆（302）可实现 0～20 m 范围内任意长度的摆长改变。

④ 根据权利要求①或②所述的棚洞结构的高能级多攻角摆锤冲击试验台，其特征在于，所述冲击锤接头（303）上的夹槽为 500 mm×300 mm×150 mm 的长方体的沟槽；所述冲击锤（5）上所设的耳板为 600 mm×300 mm×150 mm 的长方体板；耳板和夹槽均设有相对应的 4 组预留锚孔，通过螺栓锚固耳板和夹槽。

⑤ 根据权利要求①～④之一所述的棚洞结构的高能级多攻角摆锤冲击试验台，其特征在于，在所述地锚沟（4）外侧设有预埋管，用于埋藏传感器数据线。

⑥ 根据权利要求①～④之一所述的棚洞结构的高能级多攻角摆锤冲击试验台，其特征在于，所述棚洞试验模型包括柔性棚洞试验模型（6）和钢筋混凝土棚洞试验模型（9）。

⑦ 根据权利要求①～④之一所述的棚洞结构的高能级多攻角摆锤冲击试验台，其特征在于，所述可伸缩圆柱摆杆（302）通过销轴与牵引天车（301）相连。

⑧ 根据权利要求①～⑦任一项所述的棚洞结构的高能级多攻角摆锤冲击试验台的实验方法，其特征在于，包括以下步骤：

（a）将棚洞试验模型用锚固件安装在地锚沟（4）上；

（b）将可伸缩圆柱摆杆（302）调整为试验要求的摆长，前后移动牵引天车（301）至试验要求的摆轴位置，用起吊天车（2）提升冲击锤接头（303），带动冲击锤（5）达到试验要求的高度；

（c）通过升降释放装置（10）松开绕其内部转轴绞紧的升降索，松弛的升降索随冲击锤接头（303）释放，使冲击锤（5）以可伸缩圆柱摆杆（302）的杆长为摆长，绕摆轴定轴摆落，将势能转换为动能，以设计的能量和攻角完成棚洞试验模型的冲击试验。

⑨ 根据权利要求⑧所述的试验方法，其特征在于，它还包括移动巨型龙门吊（1），可选定冲击位置。

⑩ 根据权利要求⑧或⑨所述的试验方法，其特征在于，通过改变摆轴到棚洞试验模型中轴线的距离×1，冲击点到棚洞试验模型中轴线的距离×2，可伸缩圆柱摆杆 302 的摆长 L，初始提升位置到冲击位置的高度差 H，可控制攻角 α 的改变。

（4）解决的技术问题。

国外针对棚洞结构的试验基本上是利用既有山坡开展冲击试验，其缺点是试验场地易受现场环境的限制，试验成本高且效率低，而且所建立的试验场试验对象单一，不具有多种棚洞防护系统的高能级多攻角摆足尺冲击试验能力。本发明解决了上述技术问题。

（5）有益效果。

本发明的棚洞结构的高能级多攻角摆锤冲击试验台可以修建在就近的场地，利用地锚沟安装棚洞结构试验模型，在同一平台上可实现多种棚洞结构在多种冲击体多攻角冲击下的足尺冲击的试验；试验场地不受现场环境限制，不需要每次试验时搬运试验设备到较远的山地，试验成本低，效率高；可以安全、方便、重复地进行冲击试验和数据采集。

（6）小结。

该发明专利通过提供一种可用于多种棚洞结构足尺冲击试验的高能级多攻角摆锤冲击试验台，解决了试验场地易受现场环境的限制，试验成本高、效率低、试验对象单一的技术难题。

5.4　四川睿铁科技有限责任公司

本节主要从四川睿铁科技有限责任公司的企业介绍、申请人专利申请和布局、技术构成及核心技术几个角度进行分析说明。

5.4.1　申请人介绍

四川睿铁科技有限责任公司（简称"睿铁科技"）是成立于 2014 年的民营企业，其经营范围涵盖土建工程实用新材料、新产品、新设备、新工艺的研发、生产（生产项目仅限分支机构，在工业园区内经营）、销售或代理，以及技术推广服务；软件的开发及销售；工程监测、病害工程的维修、加固及养护、工程技术咨询、专业化技术服务；土建工程、绿化景观工程的设计及施工；建筑工程机械设备租赁。

5.4.2　申请人专利申请和布局

睿铁科技总共申请了 192 项专利，其中边坡灾害防护系统方面一共有 25 件专利申请，柔性防护系统方面具有 24 件专利申请。

睿铁科技自 2014 年成立后，每年都有大量的专利申请，少则十几项，多则四十多项，并在短短几年时间将专利申请量布局至 192 项，从每年持续具有专利申请量看，睿铁科技的专利保护意识非常强，也深刻认识到专利布局对企业的发展至关重要。

由于睿铁科技在柔性防护系统和边坡灾害防护系统方面的专利申请基本相同，在专利申请和布局分析时以柔性防护系统为分析目标。

如图 5.12 所示，睿铁科技在柔性防护系统方面于 2015 年开始有专利申请，其起步较晚，在 2015—2019 年期间，每隔一年便有一定量的专利数据呈现，表明睿铁的技术创新能力比较强。

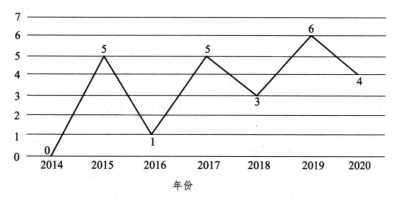

图 5.12   睿铁科技的专利申请趋势

5.4.3   技术构成

从图 5.13 可以看出，睿铁科技在柔性防护方面的主要研究领域是 E21D、E02D 和 E01F。在 E01F 领域，技术效果在稳定性提高和复杂性降低两个方面集中度最高，除缓冲性提高和受力避免布局量比较少外，在防护性提高、安全性提高、损坏避免、便利性提高、成本降低和清洁性几个效果方面布局比较均匀；在 E02D 领域，在各个技术效果上布局的专利非常少，甚至还出现了不少技术空白点；在 E21D 领域，仅在防护性提高这一效果上进行了专利布局，表明这个领域还处于尝试阶段。

5.4.4   核心技术

对睿铁科技的核心技术分析时也仅考虑边柔性防护系统，在具体分析中，仍主要参考专利被引用次数和合享价值度进行分析，检索筛选出整体排名前 5 的专利申请，具体参见表 5.3。

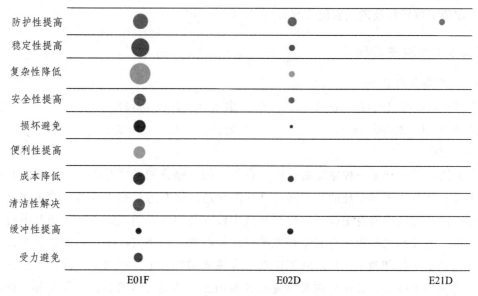

图 5.13   睿铁科技柔性防护技术构成

表 5.3　睿铁科技重要专利

标题	申请人	申请号	专利类型	被引证次数	当前法律状态	合享价值度
一种采用环形网的主动防护网	四川奥思特边坡防护工程有限公司，铁道第三勘察设计院集团有限公司，四川睿铁科技有限责任公司	CN201520728965.2	实用新型	5	授权	9
柔性分导系统	四川睿铁科技有限责任公司，四川奥思特边坡防护工程有限公司，四川新途科技有限公司	CN201710441295.X	发明申请	3	实质审查	8
装配式隧道支护棚架	四川奥特机械设备有限公司，四川睿铁科技有限责任公司	CN201621178602.7	实用新型	2	授权	9
一种改进型的柔性被动防护网	四川奥思特边坡防护工程有限公司，铁道第三勘察设计院集团有限公司，四川睿铁科技有限责任公司	CN201520727261.3	实用新型	1	授权	9
一种高铁沿线落石防护网	四川卓奥交通设施工程有限公司，四川金洪源金属网栏制造有限公司，四川睿铁科技有限责任公司	CN201920825945.5	实用新型	1	授权	9

通过表 5.3 可知，睿铁科技被引用次数排名靠前的几项专利申请，都是与多家企业联合申请；从合享价值度看，其中 4 项专利的分值都高达 9 分，表明这些专利对应的技术都非常的不错，属于高价值专利。其中，"柔性分导系统"在未授权的情况下，其合享价值度就高达 8 分，待其授权后，其价值度会进一步提高。

睿铁科技在柔性防护系统方面仅有 24 项专利，但分值高达 9 分的高价值专利有多项，进一步印证了睿铁科技的创新能力比较强。

5.4.5　代表性专利

1. 一种感知防护网

申请号：CN201821347869.3　　　申请日：2018-08-21

公开号：CN208830181U　　　公告日：2019-05-07

（1）摘要。

本实用新型公开了一种感知防护网，在两边的基座分别连接有边柱，中间的基座连接有中柱；所有边柱和中柱的顶端通过支撑绳相连，所有边柱和中柱的底端也通过支撑绳相连；两个边柱中间有中柱，边柱与最近中柱以及中柱之间固定有若干相互平行的支持板，上下支撑绳之间固定有若干相互平行的拦截绳，两条支撑绳和两个边柱形成一方形，在两条支撑绳和两个边柱之间固定有击穿感知网片，击穿感知网片同时固定在拦截绳、支持板和中柱上；在中柱内部设置有带振动感知功能的传感器；支撑绳和拦截绳的两头都接有缓冲位移计，缓冲位移计又直接连接在边柱与相邻中柱之间。本实用新型可增强原防护网的抗冲击能力，使其具备智能防护、监测告警功能。

（2）附图。

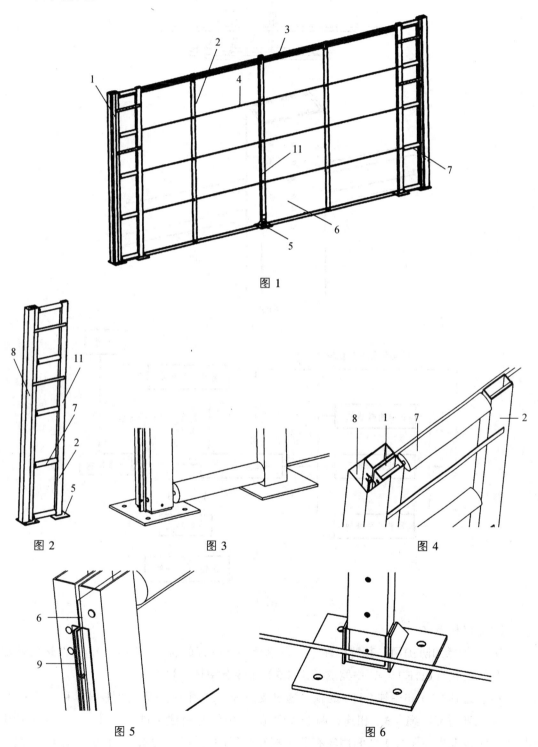

图 1

图 2   图 3   图 4

图 5   图 6

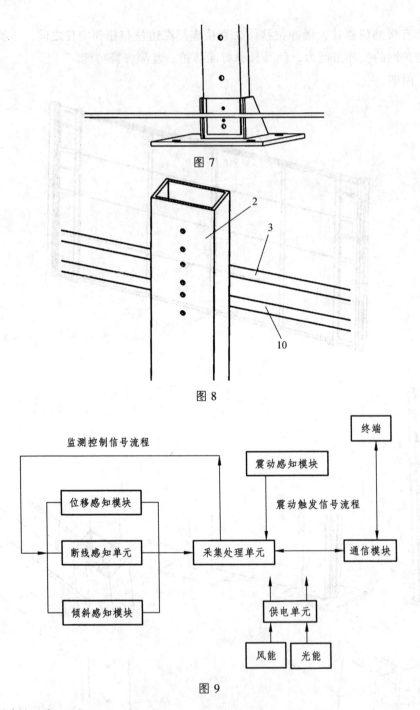

图 7

图 8

监测控制信号流程

图 9

（3）权利要求。

①一种感知防护网，其特征在于，它包括一字排开的若干基座（5），在两边的基座（5）分别连接有边柱（1），中间的基座（5）连接有中柱（11）。

所有边柱（1）和中柱（11）的顶端通过支撑绳（3）相连，所有边柱（1）和中柱（11）的底端也通过支撑绳（3）相连；两个边柱（1）中间有中柱（11），边柱（1）与最近中柱（11）以及中柱（11）之间固定有若干相互平行的支持板（2），上下支撑绳（3）之间固定有若干相互平行的拦截绳（4），两条支撑绳（3）和两个边柱（1）形成一方形，在两条支撑绳（3）和两个边柱（1）之间固定有击穿感知网片（6），并且所述击穿感知网片（6）同时固定在拦截绳（4）、支持板（2）和中柱（11）上。

在所述中柱（11）内部设置有带振动感知功能的传感器；支撑绳（3）和拦截绳（4）的两头都接有缓冲位移计（7），所述缓冲位移计（7）又直接连接在边柱（1）与相邻中柱（11）之间。

在每个边柱（1）和中柱（11）的顶端内部都安装有倾斜传感器；所述缓冲位移计（7）、倾斜传感器和带振动感知功能的传感器所采集到的信号都发送到相应的信号采集设备。

② 如权利要求①所述的一种感知防护网，其特征在于，所述基座（5）为柔性偏摆基座，所述柔性偏摆基座增强了所述感知防护网的整体抗冲击能力，使得感知防护网具备自我修复还原能力。

③ 如权利要求①所述的一种感知防护网，其特征在于，所述边柱（1）由两个中柱（11）拼接而成。

④ 如权利要求③所述的一种感知防护网，其特征在于，所述边柱（1）外固定有边柱密封壳（8）。

⑤ 如权利要求④所述的一种感知防护网，其特征在于，在边柱（1）中间的空隙处固定有由角钢组成的网片夹板（9），所述击穿感知网片（6）固定在中柱（11）、支撑绳（3）、拦截绳（4）和网片夹板（9）中。

⑥ 如权利要求①所述的一种感知防护网，其特征在于，在所述边柱（1）和中柱（11）顶端还固定有一条过线管（10）。

⑦ 如权利要求①所述的一种感知防护网，其特征在于，每个信号采集设备都赋予唯一的身份标记，且每个信号采集设备通过通信设备与服务器相连，或者与局域网交换机相连，用于将采集到的各类传感器数据打包发送到局域网交换机；所述局域网交换机连接到信息处理中心，用于对各现场信号采集设备组建局域网络，上传数据到信息处理中心。

⑧ 如权利要求①所述的一种感知防护网，其特征在于，每个边柱（1）通过拉锚绳紧固在地面上。

（4）解决的技术问题。

单一的防护网无法做到随时监测其防护状态，只能人工巡查，这带来了诸多不便和安全隐患。本发明解决了上述技术问题。

（5）有益效果。

① 柔性偏摆基座增强了防护网装置的整体抗冲击能力，具备自我修复还原能力，保护了防护网钢柱，减少了防护网被冲击之后钢柱的损坏。

② 通过缓冲位移计，不但能对防护网受力状况进行实时监测，同时解决了常规防护网的减压环在受力变形后不再具备恢复能力的问题，增加了防护网的抗多次冲击能力。

③ 总的来说，本实用新型能够增加防护网的抗冲击能力，对防护网工作状态进行感知，及时进行预警和报警。

（6）小结。

该发明专利设计了一种感知防护网，它包括一字排开的若干基座，在两边的基座分别连接有边柱，中间的基座连接有中柱，解决了现有单一的防护网无法随时监测其防护状态，存在安全隐患的技术难题。

2．一种高铁沿线落石防护网

申请号：CN201920825945.5　　　申请日：2019-06-03
公开号：CN210341690U　　　　公告日：2020-04-17

（1）摘要。

本实用新型提供了一种高铁沿线落石防护网，它包括两个立柱，两个立柱对称排列，两个立柱的顶端和底端之间均设有安装杆，立柱的顶端和底端均开设有与两个安装杆位置对应的通孔，两个安装杆的两端分别延伸至位置对应的通孔内，两个安装杆的两端均连接有第一螺柱，四个第一螺柱上均螺纹连接有锁紧螺母，四个锁紧螺母的侧面分别与两个立柱的侧面接触，两个安装杆之间套接有若干组减压环，两个立柱之间设有护网机构。本实用新型在立柱上开设有通孔，在四个通孔之间分部插设安装杆，因此在将减压环从立柱上取下时，只需将两个安装杆分别从通孔的内部取出，从而方便了工作人员的操作。

（2）附图。

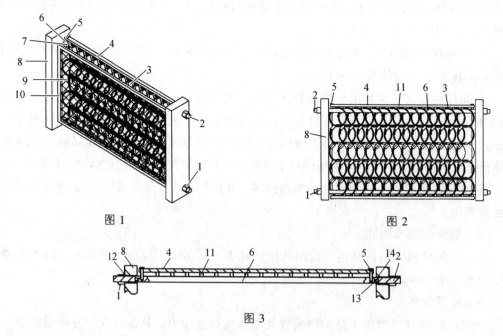

图1　　　图2

图3

（3）权利要求。

①一种高铁沿线落石防护网，它包括两个立柱（8），两个所述立柱（8）对称排列，其特征在于，两个所述立柱（8）的顶端和底端之间均设有安装杆（6），两个所述立柱（8）的顶端和底端均开设有与两个安装杆（6）位置对应的通孔（12），两个安装杆（6）的两端分别延伸至位置对应的通孔（12）内，两个安装杆（6）的两端均连接有第一螺柱（2），

四个第一螺柱（2）上均螺纹连接有锁紧螺母（1），四个锁紧螺母（1）的侧面分别与两个立柱（8）的侧面接触，两个安装杆（6）之间套接有若干组减压环（3），两个所述立柱（8）之间设有护网机构。

② 根据权利要求①所述的一种高铁沿线落石防护网，其特征在于，所述护网机构包括框体（10），所述框体（10）的内部匹配安装有防护网（9），所述框体（10）和两个安装杆（6）之间至少焊接有两个对称的连接杆（7）。

③ 根据权利要求①所述的一种高铁沿线落石防护网，其特征在于，两个所述安装杆（6）的表面均安装有限位机构，所述限位机构包括压板（4），所述压板（4）与安装杆（6）位置对应的表面均安装有多个固定块（11），每个固定块（11）均位于相邻两个减压环（3）之间，所述压板（4）的两端均通过锁紧螺钉（5）安装在安装杆（6）的内壁。

④ 根据权利要求①所述的一种高铁沿线落石防护网，其特征在于，两个所述安装杆（6）的两端均开设有螺孔（13），四个第一螺柱（2）的一端均安装有第二螺柱（14），所述第二螺柱（14）与螺孔（13）螺纹连接。

⑤ 根据权利要求①所述的一种高铁沿线落石防护网，其特征在于，所述减压环（3）至少设有十五个并等距排列，每组减压环（3）至少设有五个，五个减压环（3）相互环扣在一起，每组减压环（3）中的两个减压环（3）分别套接在两个安装杆（6）上。

（4）解决的技术问题。

现有的减压环和防护网的立柱之间通过焊接的方式连接，拆卸损坏的减压环时较为烦琐，工作效率低。本发明解决了上述技术问题。

（5）有益效果。

本实用新型在立柱上开设有通孔，在四个通孔之间分部插设安装杆，因此在将减压环从立柱上取下时，只需将两个安装杆分别从通孔的内部取出，从而方便了工作人员的操作；通过在两个安装杆的两端分别设有第一螺柱和锁紧螺母，用于将安装杆的两端进行限位，从而提高了减压环安装在两个立柱之间的稳定性。

（6）小结。

该发明专利通过在立柱上开设通孔，在四个通孔之间分别插设安装杆，解决了现有减压环在拆卸时较为烦琐、工作效率低的技术难题。

3. 一种落石路径引导防护结构

申请号：CN201821348896.2　　　　申请日：2018-08-21

公开号：CN208965424U　　　　　　公告日：2019-06-11

（1）摘要。

本实用新型公开了一种落石路径引导防护结构，它包括右主架和左主架。所述右主架和左主架顶端相连，底端分别铰接在隧道口两边的地面上；在右主架和左主架之间平行固定有若干横杆；横杆两端分别连接一条斜杆，两条斜杆相接并通过伸缩杆或缓冲消能器固定到山体；在右主架与山体之间设置有若干横向钢丝绳，在右主架与其相应的横向钢丝绳组成的右侧面上固定有金属网，在左主架与山体之间也设置有若干横向钢丝绳，在左主架与其相应的横向钢丝绳组成的左侧面上也固定有金属网。本实用新型通过金属网的分流作用，使落石等沿着金属网落入远离隧道的两边，避免了隧道口产生积石，有利于隧道安全。

（2）附图。

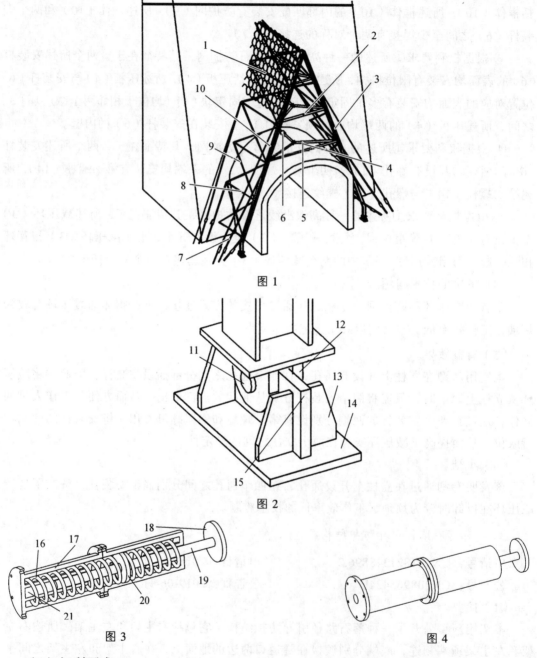

图 1

图 2

图 3　　　　　　　　　　　　　　　　图 4

（3）权利要求。

①一种落石路径引导防护结构，其特征在于，它括右主架（3）和左主架（10），所述右主架（3）和左主架（10）顶端相连，底端分别铰接在隧道口两边的地面上；在右主

架（3）和左主架（10）之间平行固定有若干横杆，包括第一横杆（2）和第二横杆（4）；横杆两端分别连接一条斜杆（5），两条斜杆（5）相接并通过伸缩杆（6）或缓冲消能器固定到山体；在右主架（3）与山体之间设置有若干横向钢丝绳（8），在右主架（3）与其相应的横向钢丝绳（8）组成的右侧面上固定有金属网（1），在左主架（10）与山体之间也设置有若干横向钢丝绳（8），在左主架（10）与其相应的横向钢丝绳（8）组成的左侧面上也固定有金属网（1）。

② 如权利要求①所述的一种落石路径引导防护结构，其特征在于，所述右主架（3）与山体之间、左主架（10）与山体之间还设置有若干斜向钢丝绳（9）。

③ 如权利要求①所述的一种落石路径引导防护结构，其特征在于，所述右主架（3）和左主架（10）都通过基座安装在地面上，所述基座结构包括固定于地面的底板（14），底板（14）上平行设置两块侧板（13），两块侧板（13）之间固定一块固定板（15），固定板（15）嵌入右主架（3）或左主架（10）的耳板（12）之间，通过螺栓（11）固定耳板（12）和固定板（15）。

④ 如权利要求①所述的一种落石路径引导防护结构，其特征在于，所述缓冲消能器结构为：在圆筒形外壳（17）内设置有一个螺旋弹簧（16），螺旋弹簧（16）中部设置一个定位盘（20），定位盘（20）中心固定有一条滑杆（19），滑杆（19）沿着螺旋弹簧（16）长度方向并且置于螺旋弹簧（16）内部，滑杆（19）位于圆筒形外壳（17）外的一端固定有连接盘（18）。

⑤ 如权利要求④所述的一种落石路径引导防护结构，其特征在于，所述圆筒形外壳（17）内部两端固定有内管（21），所述内管（21）用于提供滑杆（19）来回运动的通道。

（4）解决的技术问题。

现有的隧道出口处，没有特定的防护措施，在山体受到一定外界或自身因素的作用下，会产生落石，给隧道运营维护带来不利影响。本发明解决了上述技术问题。

（5）有益效果。

通过在隧道出口设置落石路径引导防护结构，使山体落石不会直接堆积在隧道口或隧道口周围，通过金属网的分流作用，落石等会沿着金属网落入远离隧道的两边，避免了隧道口产生积石，有利于隧道安全；此外，本装置中采用了缓冲消能器连接主架和山体，使得本装置可以适用于各种形状不一的山体。

（6）小结。

该发明专利通过在隧道出口设置落石路径引导防护结构，解决了现有的隧道出口处，没有特定的防护措施，在山体受到一定外界或自身因素的作用下，会产生落石，对隧道运营维护带来不利影响的技术难题。

4. 用于防护网钢柱与基座间的新型连接结构

申请号：CN201521082681.7　　　　申请日：2015-12-22
公开号：CN205688356U　　　　　　公告日：2016-11-16

（1）摘要。

本实用新型公开了一种用于防护网钢柱与基座间的新型连接结构，它包括基座底板、钢柱、连杆、第一销轴、第二销轴、钢柱耳板、基座耳板、基座弯板和钢柱底板。基座耳板和基座弯板固定于基座底板上，钢柱底板固定于钢柱的端部，钢柱耳板为2个并平行固定于钢柱底板上，连杆的一端通过第一销轴与钢柱耳板之间转动连接，连杆的另一端通过第二销轴与基座耳板和基座弯板之间的间隙并能够转动。与现有技术相比，本实用新型保证了耳板与钢柱的可靠连接，提高了钢柱的承载力，保证防护系统实现预定的防护能级；通过连杆两端的铰连接钢柱耳板与基座耳板，实现了钢柱的平移、侧移两个方向的运动，满足防护系统承载时钢柱的侧向偏转要求，具有推广应用的价值。

（2）附图。

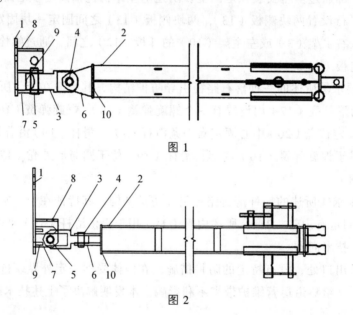

图 1

图 2

（3）权利要求。

① 一种用于防护网钢柱与基座间的新型连接结构，其特征在于，它包括基座底板、钢柱、连杆、第一销轴、第二销轴、钢柱耳板、基座耳板、基座弯板和钢柱底板，所述基座耳板和基座弯板固定于基座底板上，所述钢柱底板固定于钢柱的端部，钢柱耳板为2个并平行固定于钢柱底板上，连杆的一端通过第一销轴与钢柱耳板之间转动连接，连杆的另一端通过第二销轴与基座耳板和基座弯板之间的间隙并能够转动。

② 根据权利要求①所述的用于防护网钢柱与基座间的新型连接结构，其特征在于，所述基座底板与基座耳板之间设置有加劲板，所述基座底板与基座弯板之间设置有加劲板。

③ 根据权利要求①所述的用于防护网钢柱与基座间的新型连接结构，其特征在于，所述基座耳板、基座弯板和钢柱耳板上的通孔均倒有圆角。

④ 根据权利要求①所述的用于防护网钢柱与基座间的新型连接结构，其特征在于，所述加劲板的高度低于所述基座耳板的高度。

⑤ 根据权利要求①所述的用于防护网钢柱与基座间的新型连接结构，其特征在于，所述第一销轴和所述第二销轴与所述连杆两端的通孔之间采用过盈配合连接。

（4）解决的技术问题。

现有防护网钢柱与基座的连接方式不能充分发挥钢柱的力学性能，钢柱易被破坏，从而导致防护系统失效。本发明解决了上述技术问题。

（5）有益效果。

本实用新型是一种用于防护网钢柱与基座间的新型连接结构，与现有技术相比，本实用新型在钢柱端部焊接底板，然后将两块钢柱耳板焊接于底板上，保证了耳板与钢柱的可靠连接，提高钢柱的承载力，保证了防护系统实现预定的防护能级，通过连杆两端的铰连接钢柱耳板与基座耳板，实现了钢柱的平移和侧移，可满足防护系统承载时钢柱的侧向偏转要求，具有推广应用的价值。

（6）小结。

该发明专利通过在钢柱端部焊接底板，然后将两块钢柱耳板焊接于底板上以及通过连杆两端的铰连接钢柱耳板与基座耳板，解决了现有防护网钢柱与基座的连接方式不能充分发挥钢柱的力学性能，钢柱易被破坏，从而导致防护系统失效的技术问题。

5.5　四川奥思特边坡防护工程有限公司

本节主要从四川奥思特边坡防护工程有限公司的企业介绍、申请人专利申请和布局、技术构成及核心技术几个角度进行分析说明。

5.5.1　申请人介绍

四川奥思特边坡防护工程有限公司（以下简称"奥思特"）为成立于 2008 年的一家民营企业，其业务主要集中于道路工程领域，经营范围涵盖特种工程、公路路基工程、钢结构工程、铁路工程、隧道工程、桥梁工程、公路工程、地基基础工程、安全用金属制品、金属丝绳及其制品、钢结构、建筑材料的制造；商品批发与零售；进出口业。

奥思特在柔性防护系统领域的专利共有 23 件，下面将对这些专利作简单分析。

5.5.2　申请人专利申请和布局

本节主要介绍奥思特的整体专利申请情况。其中，奥思特在防护系统领域的专利共有 24 件。

如图 5.14 所示，奥思特在防护系统领域的专利从 2014 年开始申请，说明奥思特在柔性防护方面起步较晚，2014—2019 年申请数量整体维持在 4 件左右，2020 年以后由于公开数量不足，不做分析。

5.5.3 技术构成

如图 5.15 所示，奥思特在防护系统领域的专利与前述分析中的领域和高校对应领域均不相同，主要集中在附属建筑物（E01F，共 12 件）、基础及水下结构物（E02D，共 10 件）和桥梁工程（E01D，共 5 件）这三个领域，且各领域之间相互比较独立。

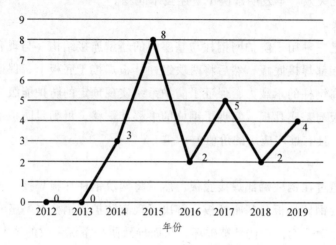

图 5.14　奥思特的专利申请趋势

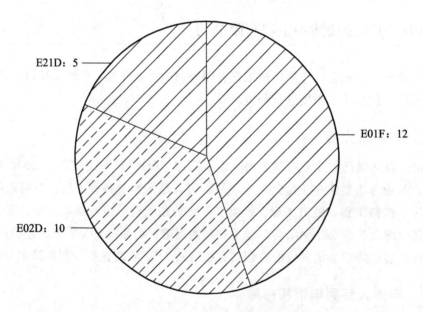

图 5.15　奥思特的专利技术构成

如图 5.16 所示，奥思特在附属建筑物（E01F）领域的专利贯穿了 2015 年至今的年份，而在基础及水下结构物（E02D）领域的集中在 2016 年以前，在桥梁工程（E01D）领域的也就集中在 2019 年及以后，说明奥思特现在的研究中心集中在桥梁工程领域，同时也涵盖附属建筑物领域。

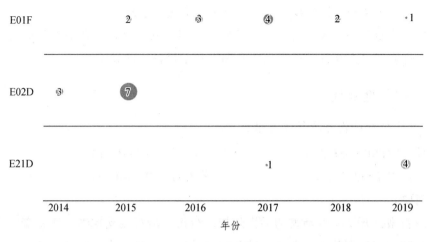

图 5.16　奥思特的专利技术构成

5.5.4　核心技术

对奥思特的核心技术分析时也仅考虑边柔性防护系统，在具体分析中，仍主要参考专利被引用次数和合享价值度，检索筛选出整体排名前 4 的专利申请，具体参见表 5.4。

表 5.4　奥思特重要专利

标题	申请人	申请号	专利类型	被引证次数	当前法律状态	合享价值度
易修复式柔性被动防护网	四川奥思特边坡防护工程有限公司	CN201420503041.8	实用新型	9	授权	9
一种采用环形网的主动防护网	四川奥思特边坡防护工程有限公司，铁道第三勘察设计院集团有限公司，四川睿铁科技有限责任公司	CN201520728965.2	实用新型	5	授权	9
柔性分导系统	四川睿铁科技有限责任公司，四川奥思特边坡防护工程有限公司，四川新途科技有限公司	CN201710441295.X	发明申请	3	实质审查	8
一种边坡防护缓冲消能装置	四川奥思特边坡防护工程有限公司，中铁第五勘察设计院集团有限公司，中铁二院贵阳勘察设计研究院有限责任公司，中铁二院重庆勘察设计研究院有限责任公司	CN201510604923.2	发明申请	2	授权	9

通过表 5.4 可知，奥思特被引用次数排名靠前的几项专利申请，大部分是与多家企业联合申请的；从合享价值度看，其中有 3 项专利的分值都高达 9 分，表明这些专利对应的技术都非常的不错，属于高价值专利。其中，"柔性分导系统"在未授权的情况下，其

合享价值度就高达 8 分，待其授权后，其价值度会进一步提高。

这些高价值专利中，奥思特独立申请的"易修复式柔性被动防护网"被引用次数最高，且合享价值度也为 9 分，可见该项专利是其中最核心的技术。

5.5.5 代表性专利

1．柔性防护网结构易滑行端支撑绳

申请号：CN201520922533.5　　　　　申请日：2015-11-18

公开号：CN205205704U　　　　　　　公告日：2016-05-04

（1）摘要。

本实用新型公开了一种新型的柔性防护网结构易滑行端支撑绳。所述端支撑绳活动连接于柔性防护网的网片上，并将柔性防护网的网片所受力直接传递于端支撑绳端部的基础；所述端支撑绳滑动连接于端柱上，并可为柔性防护网的网片受力后的位移提供适应的行程。本实用新型的端支撑绳易于绕端柱柱头及柱脚滑行，同时布置于端支撑绳上的耗能器能充分发挥作用，端支撑绳能提供较大的变形，满足整个被动防护网系统在拦截落石过程中对大变形、大位移的需要，具有布置方式巧妙、不增加成本、安全可靠等优点。

（2）附图。

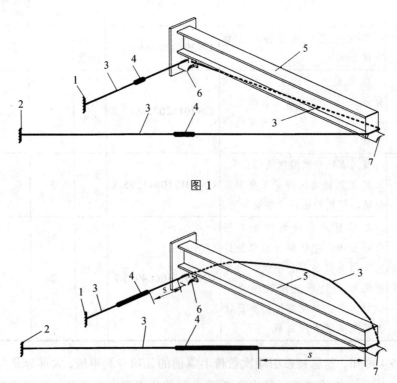

图 1

图 2

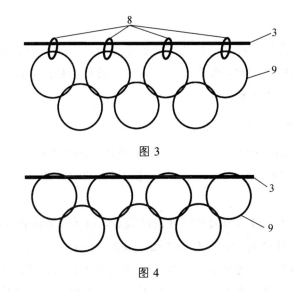

图 3

图 4

（3）权利要求。

① 柔性防护网结构易滑行端支撑绳，其特征在于，所述端支撑绳活动连接于柔性防护网的网片上，并将柔性防护网的网片所受力直接传递于端支撑绳端部；所述端支撑绳滑动连接于端柱上，并可为柔性防护网的网片受力后的位移提供适应的行程。

② 根据权利要求①所述的柔性防护网结构易滑行端支撑绳，其特征在于，端支撑绳两端分别绕过端柱柱头及柱脚，并外延锚固于基础。

③ 根据权利要求①所述的柔性防护网结构易滑行端支撑绳，其特征在于，端支撑绳可绕端柱柱头及柱脚自由滑行。

④ 根据权利要求①所述的柔性防护网结构易滑行端支撑绳，其特征在于，端柱柱头及柱脚均设有为端支撑绳提供侧向支撑的限位装置。

⑤ 根据权利要求①所述的柔性防护网结构易滑行端支撑绳，其特征在于，柔性防护网的网片可沿端支撑绳自由滑移。

⑥ 根据权利要求①所述的柔性防护网结构易滑行端支撑绳，其特征在于，所述端支撑绳外延段上还布置有 1 组或多组耗能器。

⑦ 根据权利要求⑥所述的柔性防护网结构易滑行端支撑绳，其特征在于，所述耗能器完全启动后其末端距离端柱柱头或柱脚的距离 s 大于 0.5 m。

（4）解决的技术问题。

现有的柔性防护网系统中难以满足整个被动防护网系统在拦截落石过程中对大变形、大位移的需要。

（5）有益效果。

端支撑绳易于绕端柱柱头及柱脚滑行，同时布置于端支撑绳上的耗能器能充分发挥作用，端支撑绳能提供较大的变形，满足整个被动防护网系统在拦截落石过程中对大变形、大位移的需要，具有布置方式巧妙、不增加成本、安全可靠等优点。

（6）小结。

该发明专利通过提供一种易滑行的，保证端支撑绳上的耗能器能正常工作的端支撑绳，解决了现有的柔性防护网系统中难以满足整个被动防护网系统在拦截落石过程中对大变形、大位移的需要的技术难题。

2. 一种边坡防护缓冲消能装置

申请号：CN201520730150.8　　　　申请日：2015-09-18

公开号：CN205024704U　　　　　公告日：2016-02-10

（1）摘要。

本实用新型公开了一种边坡防护缓冲消能装置，属于边坡防护领域，其主要由夹头、容纳夹头的套管和夹具组成。套管内部通孔一端大、一端小，大的一端为套管头，小的一端为套管体，使得夹头只能从套管头放入，夹头为圆锥筒，其内部通道大小与绳索大小相当，夹具由上夹具和下夹具组成，上夹具和下夹具结构、大小完全相同，上夹具主要由条形板和夹持部组成，条形板一端开有固定孔，另一端固定连接能套在套管头上的夹持部，夹持部内开有凹槽，凹槽的大小与套管头的外部轮廓相匹配。本实用新型能避免出现边坡防护系统因局部受力偏高和系统中其他构件因过载而被破坏的现象。

（2）附图。

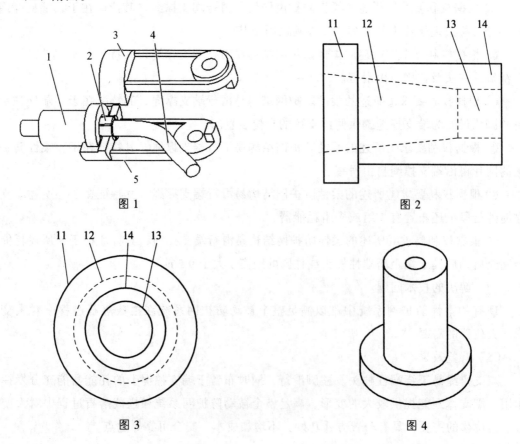

图 1　　　　　　　　　　　　　　　　　图 2

图 3　　　　　　　　　　　　　　　　　图 4

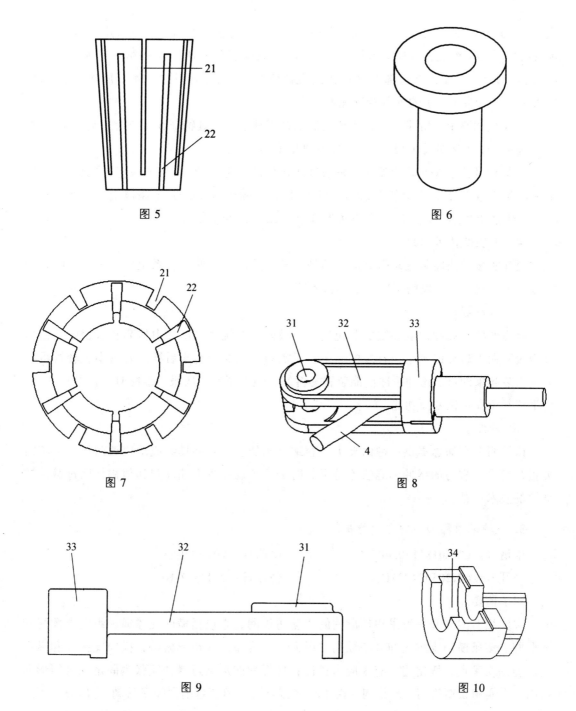

图 5　　　　　　　　　　　　　　　图 6

图 7　　　　　　　　　　　　　　　图 8

图 9　　　　　　　　　　　　　　　图 10

（3）权利要求。

①一种边坡防护缓冲消能装置，其特征在于，它主要由夹头（2）、容纳夹头（2）的套管（1）和夹具组成。所述套管（1）内部通孔一端大、一端小，大的一端为套管头（11），小的一端为套管体（14），使得夹头（2）只能从套管头（11）放入，所述夹头（2）为圆锥筒，其内部通道大小与绳索（4）大小相当，所述夹具由上夹具（3）和下夹具（5）组

成，上夹具（3）和下夹具（5）结构、大小完全相同，所述上夹具（3）主要由条形板（32）和夹持部（33）组成，所述条形板（32）一端开有固定孔（31），另一端固定连接能套在所述套管头（11）上的夹持部（33），所述夹持部（33）内开有凹槽（34），所述凹槽（34）的大小与套管头（11）的外部轮廓相匹配。

②如权利要求①所述的一种边坡防护缓冲消能装置，其特征在于，所述套管（1）的内部通孔一端为喇叭孔（12），另一端为圆孔（13）。

③如权利要求①或②所述的一种边坡防护缓冲消能装置，其特征在于，所述夹头（2）上端均为分布有 2 条以上的上条形开口（21），下端均匀分布有 2 条以上的下条形开口（22），所述上条形开口（21）和下条形开口（22）交错分布。

（4）解决的技术问题。

现有的缓冲消能装置易引起边坡防护系统因局部受力偏高和系统中其他构件因过载而被破坏的现象。本发明解决了上述技术问题。

（5）有益效果。

此边坡防护缓冲消能装置能避免出现边坡防护系统因局部受力偏高和系统中其他构件因过载而被破坏的现象，且装配简单，只需将夹头穿上绳索后插入套管中，套管再与夹具组装起来即可。这种缓冲消能装置易拆卸，绳索不发生屈服，维修时只需更换夹头，再重置复位即可恢复原功能。

（6）小结。

该发明专利通过提供一种由夹头、容纳夹头的套管和夹具组成的边坡防护缓冲消能装置，解决了现有的缓冲消能装置易引起防护系统局部受力偏高和其他构件因过载而被破坏的技术难题。

3. 一种采用环形网的主动防护网

申请号：CN201811505407.4　　　　申请日：2015-09-18

公开号：CN205024701U　　　　公告日：2016-02-10

（1）摘要。

本实用新型公开一种采用环形网的主动防护网，它包括横向支撑绳、纵向支撑绳和环形网。多条横向支撑绳和多条纵向支撑绳交叉排布形成矩形栅格，横向支撑绳和纵向支撑绳的交叉点处固定连接有预应力锚杆；环形网四边通过缝合绳张紧固定在各矩形栅格内。本实用新型采用了环形网，由于其套接点可在圆环范围内随意移动，且环环相扣，冲击力容易被分解，因此其伸缩性非常好，弹性变形吸收更多能量，抗顶破力强，可显著延长主动网使用寿命，并增加了安全性。

（2）附图。

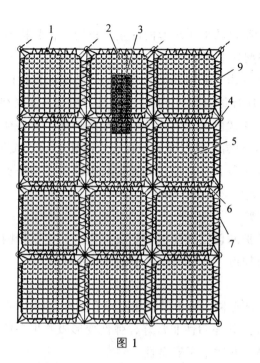

图 1

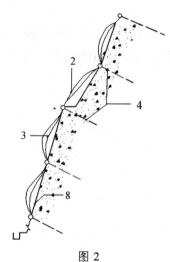

图 2

（3）权利要求。

① 一种采用环形网的主动防护网，其特征在于，它包括横向支撑绳（6）、纵向支撑绳（7）和环形网（2）；多条横向支撑绳（6）和多条纵向支撑绳（7）交叉排布形成矩形栅格，横向支撑绳（6）和纵向支撑绳（7）的交叉点处固定连接有预应力锚杆（4）；环形网（2）四边通过缝合绳（1）张紧固定在各矩形栅格内。

② 根据权利要求①所述的采用环形网的主动防护网，其特征在于，它还包括双绞六边形网（3），双绞六边形网（3）固定在所述环形网（2）之下。

③ 根据权利要求①所述的采用环形网的主动防护网，其特征在于，所述环形网（2）上还固定连接有局部锚杆（5）。

④ 根据权利要求①所述的采用环形网的主动防护网，其特征在于，所述环形网（2）为缠绕型环形网或盘绕型环形网。

⑤ 根据权利要求①所述的采用环形网的主动防护网，其特征在于，所述环形网（2）四边设有张紧绳（9），所述缝合绳（1）的端部通过绳卡与张紧绳（9）固定连接。

⑥ 根据权利要求①所述的采用环形网的主动防护网，其特征在于，所述横向支撑绳（6）和纵向支撑绳（7）的端部通过绳卡与预应力锚杆（4）固定连接。

⑦ 根据权利要求①～⑤任一项所述的采用环形网的主动防护网，其特征在于，所述环形网（2）的网环直径为 80～500 mm。

（4）解决的技术问题。

目前常见的主动防护网包括钢绳锚杆、支撑绳、铁丝格栅网和菱形网，其中菱形网伸缩性较差，使用寿命较短。本发明解决了上述技术问题。

（5）有益效果。

本实用新型采用了环形网，由于其套接点可在圆环范围内随意移动，其中环环相扣，冲击力容易被分解，因此其伸缩性非常好，弹性变形吸收更多能量，抗顶破力强，可显著延长主动网使用寿命，并增加了安全性。

（6）小结。

该发明专利通过提供一种采用环形网的主动防护网，具有伸缩性能好、抗顶破力强、使用寿命长等特点，解决了现有菱形网伸缩性较差、使用寿命较短的技术难题。

第6章

PART SIX

专利诉讼

近年来，随着企业专利保护意识的加强，在其权利受到侵犯时，大多企业会通过诉讼的角度去维护其合法权益，专利侵权诉讼量也逐渐增加。对此，本章对专利诉讼进行分析说明。

6.1 专利诉讼概述

6.1.1 专利诉讼的定义

专利诉讼是指当事人和其他诉讼参与人在人民法院进行的涉及与专利权及相关权益有关的各种诉讼的总称。

专利诉讼有狭义和广义之分。狭义的专利诉讼指专利权被授予后，涉及有关以专利权为标的诉讼活动；广义的专利诉讼还可以包括在专利申请阶段涉及的申请权归属的诉讼、申请专利的技术因许可实施而引起的诉讼、发明人身份确定的诉讼、专利申请在审批阶段所发生的是否能授予专利权的诉讼以及专利权被授予前所发生的涉及专利申请人以及相关权利人权益的诉讼等。

6.1.2 企业提起专利诉讼的意义

权利人向法院提起专利侵权诉讼是有效打击专利侵权、维护权利的一个重要途径，与向知识产权局提起的行政投诉相比，其具有以下特点：

① 可以请求赔偿，有效弥补损失。知识产权局进行行政处理只能对侵权人进行行政处罚，不能裁定赔偿，而法院可以根据权利人提交的诉讼请求、侵权证据等裁定侵权人赔偿权利人的损失。

② 判决或裁定结果具有终局性。当事人对知识产权局的行政裁定不服的，可以提起行政复议或者提起行政诉讼，而经过法院一审、二审程序的判决或裁定具有终局性效力。

6.1.3 专利诉讼的发展趋势

据最高人民法院统计，近年来各级法院审结一审知识产权案件逐年上升，2020 年高达 52 万件，如图 6.1 所示。

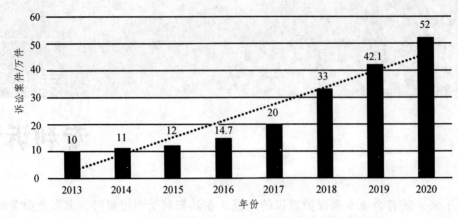

图 6.1　知识产权诉讼一审审结案件数量增长趋势

由图 6.1 可以看出，自 2013 年起，我国知识产权案件已经高达 10 万件；2013—2015 年，知识产权案件增加相对平缓，主要原因是申请人对知识产权保护意识不足；2016—2020 年，我国知识产权一审案件每年出现爆发式增长，一方面是国家对知识产权的大力宣传，使企业的保护意识越来越强，另一方面表明市场竞争加剧，企业逐渐意识到知识产权对企业发展的意义，善于运用法律武器保护自己的合法权益。

6.2　诉讼技术分析

通过对边坡柔性防护方面将近 1 300 件专利进行统计，目前仅一项专利在存续期间发生了专利侵权纠纷，其为发特泽公开股份有限公司转让给布鲁克（成都）工程有限公司的专利号为 CN99800172.4 请求保护的用作碎石护屏或用于保护土壤表层的丝网及其制造方法和装置。该项专利在存续期间，发起了多次专利侵权诉讼，并被其他企业提起多次专利无效，并未被全部无效掉，并在保护期限届满后失效。

用作碎石护屏或用于保护土壤表层的丝网及其制造方法和装置（CN99800172.4），于 1999 年 2 月申请，其是一种用作碎石护屏或用于保护土壤表层的丝网，丝网是用耐蚀丝线编织的，用以铺放在土壤表面上或直立的状态下固定在斜坡或类似地形上。

用作碎石护屏或用于保护土壤表层的丝网及其制造方法和装置的权利要求布局如下：

① 用作碎石网屏或用以保护土壤表面层的丝网，用耐蚀丝线予以编织，铺装在土壤表面上或在直立的状态下固定在坡面上，其特征是丝网内的丝线是用高强度钢制成的。

② 按权利要求①所述丝网，其特征是高强度钢丝的标称强度在 1 000 ~ 2 200 N/mm^2 范围内，钢丝包括绞合丝或弹簧钢丝。

③ 按权利要求①或②所述丝网，其特征是丝网是用单股、螺旋状弯折丝线编织的，丝线分别具有 25° ~ 35° 的倾斜角度（α）。

④ 按权利要求①~③中之一所述丝网，其特征是丝网形成带长斜方形网孔、具有三维垫子状结构的长方形斜交式丝网。

⑤ 按权利要求④所述丝网,其特征是三维成形的丝网具有若干丝线厚度的厚度。

⑥ 按权利要求①所述丝网,其特征是丝线在其端部通过套圈作彼此成对的挠性连接。

⑦ 按权利要求⑥所述丝网,其特征是丝线在弯成套圈后,再在丝线上设置几个套圈,这些套圈绕丝线本身的外周缠绕。

⑧ 按权利要求①所述丝网,其特征是丝网在用作筑堤护体时通过若干固定器予以固定,固定器具有夹板,夹板将丝网压紧在筑堤上,夹板由薄板以及若干与薄板成直角并向下伸出的楔形夹头构成。

⑨ 用以制造权利要求①所述丝网的方法中,丝网由单股、螺旋状弯折的丝线构成,其特征是由高强度钢构成的丝线以规定的倾斜角(α)送进弯折心轴,并以规定的长度(L)绕弯折心轴弯折 180°或与其接近的角度,从而以规定长度(L)将丝线重复地沿其纵轴线一直推到弯折心轴处,并每次绕弯折心轴弯折 180°直至将丝线弯成螺旋形。

⑩ 按权利要求⑨所述方法,其特征是使螺旋状的弯折丝线与一第二螺旋状的弯折丝线交织在一起,再使第二丝线与第三丝线交织在一起,按此重复直至制成所需尺寸的丝网。

⑪ 一种实施权利要求⑨或⑩所述方法的装置,具有一用于将被弯折的丝线的导向面、一弯折心轴和一由一枢轴驱动器转动的弯折机构,通过该装置丝线围绕该弯折心轴被弯折,从而使弯折机构以其转动轴线与弯折心轴同心地对准,其特征是弯折心轴调整成与导向面有间隙,弯折机构通过转动绕转动心轴在倾斜角(α)下对由高强度钢制成的耐蚀丝线弯折 180°或与其接近的角度,还具有一给料机构,用以将丝线在导向面内沿丝线纵轴线推进一个长度(L)。

CN99800172.4 请求保护的丝网在存续期间历经的法律状态如表 6.1 所示。

表 6.1　CN99800172.4 存续期间的法律状态

法律状态公告日	法律状态	详细信息
20000614	公开	公开
20010620	实审请求的生效	
20040609	授权	授权
20101215	专利申请权、专利权的转移	专利权的转移;IPC(主分类):E02D 17/20;变更事项:专利权人;变更前权利人:发特泽公开股份有限公司;变更后权利人:布鲁克(成都)工程有限公司;变更事项:地址;变更前权利人:瑞士罗曼索恩;变更后权利人:611731 四川省成都市高新技术产业开发区西区;登记生效日:20101105
20160420	专利权的无效宣告	专利权部分无效;IPC(主分类):E02D 17/20;申请日:19990202;无效宣告决定号:23409;无效宣告决定日:20140728;授权公告日:20040609;发明名称:用作碎石护屏或用于保护土壤表层的丝网及其制造方法和装置;专利权人:布鲁克(成都)工程有限公司,发特泽公开股份有限公司;委内编号:4W10271;审查结论:在第 20576 号无效宣告请求审查决定维持有效的权利要求 2~11 的基础上,宣告 99800172.4 号发明专利权权利要求 2 无效,在权利要求 3~11 的基础上维持该专利权继续有效

续表

法律状态公告日	法律状态	详细信息
20170510	专利权的无效宣告	专利权部分无效；IPC（主分类）：E02D 17/20；申请日：19990202；无效宣告决定号：29 477；无效宣告决定日：20160714；授权公告日：20040609；发明名称：用作碎石护屏或用于保护土壤表层的丝网及其制造方法和装置；专利权人：布鲁克（成都）工程有限公司，发特泽公开股份有限公司；委内编号：4W103895；审查结论：在2015年8月25日提交的权利要求3~11的基础上，宣告权利要求6、7无效，维持权利要求3~5、8~11有效
20190305	专利权的终止	专利权有效期届满；IPC（主分类）：E02D 17/20；授权公告日：20040609

6.3　诉讼主体分析

用作碎石护屏或用于保护土壤表层的丝网及其制造方法和装置的当前专利权人是布鲁克（成都）工程有限公司，下面对其进行诉讼主体分析。

布鲁克（成都）工程有限公司（以下简称"布鲁克公司"）成立于1995年8月8日，于2000年8月正式迁入位于成都国家高新技术产业开发区西区的产品开发、生产和办公基地，是瑞士布鲁克集团（BRUGG GROUP）在华投资成立的第一家独资子公司，享有瑞士布鲁克集团的全部知识产权。

布鲁克公司将瑞士布鲁克集团于20世纪50年代研制开发并不断改进完善的SNS边坡柔性防护系统技术及其产品引入中国，并于1996年6月在成都建立了自己的生产基地，逐步使该系统国产化。为寻求更进一步的发展，该公司于1999年3月和6月分别成立了WR部（FATZER驻中国办事处）和RITTMEYER部（RITTMEYER驻中国办事处），正式开展索道及电梯钢丝绳、水利水电监测仪器设备的销售和售后服务。

布鲁克公司的SNS边坡柔性防护系统技术已在国内大量山区铁路、公路、矿山、水电和市政工程两百余个工点得到推广应用，覆盖全国26个省（自治区、直辖市），走过了技术引进—消化—基本国产化的发展历程。索道及电梯钢丝绳、水利水电监测仪系统已在几十项工程中得到应用，产品遍布全国。

通过检索发现布鲁克公司拥有61项专利，通过聚类分析，将布鲁克公司的61项专利划分为公路护坡、柔性金属网、金属网、柔性钢丝绳和防护系统几类，聚类结果如图6.2所示。

通过对每个类别进行统计，上述5大类包括的专利数量分别为：公路护坡7项、柔性金属网3项、金属网9项、柔性钢丝绳18项和防护系统24项。

图6.3为布鲁克公司所有专利当前的法律状态。通过统计发现布鲁克公司目前有效的专利数量为20件，实质审查中6件，失效状态43件。失效状态的43件专利中又包含23件未缴纳年费、9件期限届满失效、2件避重撤回、1件申请阶段撤回。

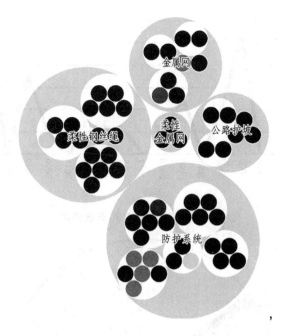

图 6.2　布鲁克公司专利聚类分析结果

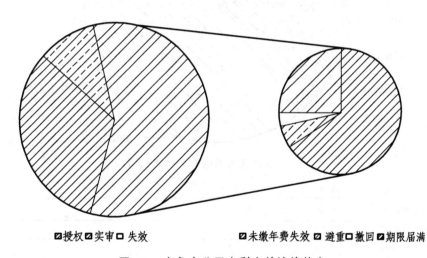

☑授权☑实审☐失效　　　　　☑未缴年费失效 ☑避重☐撤回☑期限届满

图 6.3　布鲁克公司专利当前法律状态

　　如图 6.4 所示，布鲁克公司于 2002 年开始进行专利布局，由于其是外商独资，具有很强的专利意识，所进行的专利布局早于边坡灾害防护领域的大部分企业。

　　从布鲁克公司的专利布局走势看，除少数年份没有专利申请外，其他年份均在进行专利申请，并每隔几年会有一次申请小高峰，说明其在经过一段时间沉淀后，存在新的技术突破。

　　如图 6.5 和 6.6 所示，布鲁克公司的专利技术构成主要分布在分类号 E01F 和分类号E02D，其次是 F16G（用于传动的带、缆、绳）。

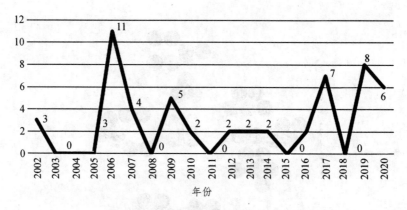

图 6.4　布鲁克公司专利申请趋势

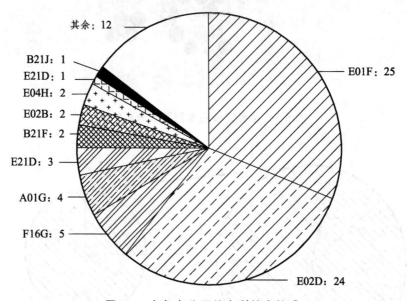

图 6.5　布鲁克公司的专利技术构成

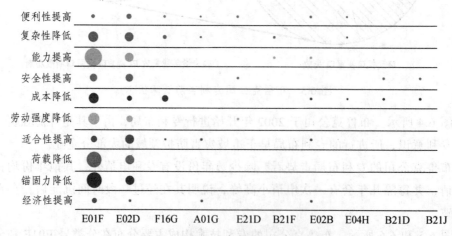

图 6.6　布鲁克公司的专利技术构成

6.4 典型案例分析

通过上述分析，在边坡灾害防护系统仅存在一项专利发生了侵权纠纷，此处仅对该项专利（用作碎石网屏或用以保护土壤表面层的丝网）进行分析，申请人×××工程有限公司在专利存续期间共进行了至少5次主动维权。

（1）×××工程有限公司起诉×××防护工程有限公司侵犯其发明专利，该次诉讼历经两审，分别为成都市中级人民法院和四川省高级人民法院，法律文书信息如表6.2所示。

表6.2 法律文书信息（1）

法律文书题目	×××工程有限公司与×××防护工程有限公司侵犯发明专利权纠纷一审民事判决书		
法律文书编号	（20××）成民初字第×××号	诉讼案由	侵害发明专利权纠纷
裁决判决发生地		法律文书日期	20××0629
法庭	四川省成都市中级人民法院	法律文书种类	判决书
诉讼当事人	×××工程有限公司，×××防护工程有限公司	诉讼代理人	
原告	×××工程有限公司	被告	×××防护工程有限公司

一审中×××工程有限公司指出被告×××防护工程有限公司未经许可，擅自制造、销售涉案专利产品，严重损害了原告的权益。据此，原告诉请人民法院判令：① 被告立即停止生产和销售原告第×××号专利产品的侵权行为；② 销毁被告所有用于侵权的模具及工装夹具；③ 被告赔偿原告经济损失30万元；④ 承担原告为本案支付的合理费用5万元。

四川省成都市中级人民法院经审查后，驳回原告×××工程有限公司的诉讼请求，原告对此不服，向四川省高级人民法院上诉，法律文书信息如表6.3所示。

表6.3 法律文书信息（2）

法律文书题目	×××工程有限公司与×××防护工程有限公司知识产权纠纷一案		
法律文书编号	（20××）川民终字第×××号	诉讼案由	知识产权纠纷
裁决判决发生地		法律文书日期	20××0323
法庭	四川省高级人民法院	法律文书种类	判决书
诉讼当事人	×××工程有限公司，×××防护工程有限公司	诉讼代理人	
原告	×××工程有限公司	被告	×××防护工程有限公司

针对×××工程有限公司的上诉，四川省高级人民法院判决如下：① 撤销四川省成都市中级人民法院（20××）成民初字第×××号民事判决；② 判决×××防护工程有限公司从本判决生效之日起，立即停止制造、销售侵权产品"×××主动防护网"，且在

未合法取得×××号发明专利权、专利使用权前或在该专利权失效前不得实施该专利；③判决×××防护工程有限公司在本判决生效之日起十日内赔偿×××工程有限公司经济损失 15 万元；④驳回×××工程有限公司的其余诉讼请求。

（2）×××工程有限公司起诉×××工程材料有限公司、×××商贸有限公司侵犯其发明专利，该次诉讼历经两审，分别为北京市第二中级人民法院和北京市高级人民法院，法律文书信息如表 6.4 所示。

表 6.4　法律文书信息（3）

法律文书题目	×××工程有限公司与×××工程材料有限公司等侵害发明专利权纠纷一审民事判决书		
法律文书编号	（20××）二中民初字第×××号	诉讼案由	侵害发明专利权纠纷
裁决判决发生地		法律文书日期	20××0430
法庭	北京市第二中级人民法院	法律文书种类	判决书
诉讼当事人	×××工程有限公司，×××工程材料有限公司，×××商贸有限公司	诉讼代理人	
原告	×××工程有限公司	被告	××工程材料有限公司，×××商贸有限公司

×××工程有限公司向北京市第二中级人民法院请求判令：①×××工程材料有限公司停止生产和销售侵害涉案专利权的产品，并销毁所有侵权产品和所有用于生产上述侵权产品的设备和模具；②×××商贸有限公司立即停止销售侵害涉案专利权的产品；③×××工程材料有限公司赔偿×××工程有限公司经济损失 500 万元以及×××工程有限公司为本案支付的合理费用。

对于上述请求，北京市第二中级人民法院判决如下：①×××工程材料有限公司于本判决生效之日起，立即停止制造、销售侵害×××号发明专利权的涉案产品；②×××商贸有限公司于本判决生效之日起，立即停止销售侵害×××号发明专利权的涉案产品；③×××工程材料有限公司于本判决生效之日起十日内，赔偿×××工程有限公司经济损失二百万元；④驳回×××工程有限公司的其他诉讼请求。

被告不服北京市第二中级人民法院（20××）二中民初字第×××号民事判决，向北京高级人民法院提起上诉，法律文书信息如表 6.5 所示。

北京市高级人民法院经审查后，做出如下判决：原审判决认定事实基本清楚，适用法律正确，本院在纠正其错误的基础之上，予以维持。×××工程材料有限公司的上诉理由不能成立，对其上诉请求本院不予支持。

（3）×××工程有限公司起诉×××制品有限公司等侵害发明专利权，法律文书信息如表 6.6 所示。

表6.5　法律文书信息（4）

法律文书题目	×××工程材料有限公司与×××工程有限公司等侵害发明专利权纠纷二审民事判决书		
法律文书编号	（20××）高民终字第×××号	诉讼案由	侵害发明专利权纠纷
裁决判决发生地		法律文书日期	20××0916
法庭	北京市高级人民法院	法律文书种类	判决书
诉讼当事人	×××工程材料有限公司，×××工程材料公司，×××商贸有限公司	诉讼代理人	
原告	×××工程材料有限公司	被告	×××工程有限公司，×××商贸有限公司

表6.6　法律文书信息（5）

法律文书题目	×××工程有限公司与×××制品有限公司等侵害发明专利权纠纷一审民事判决书		
法律文书编号	（20××）京知民初字第×××号	诉讼案由	侵害外观设计专利权纠纷
裁决判决发生地		法律文书日期	20××0417
法庭	北京知识产权法院	法律文书种类	判决书
诉讼当事人	×××工程有限公司，×××制品有限公司，×××进出口贸易有限公司	诉讼代理人	
原告	×××工程有限公司	被告	×××进出口贸易有限公司，×××制品有限公司
诉讼类型	侵权案件		

　　×××工程有限公司向本院提出诉讼请求：① 判令×××进出口贸易有限公司、×××制品有限公司立即停止侵害×××号发明专利权的行为，包括制造、销售、许诺销售行为，并连带赔偿因侵权行为给×××工程有限公司带来的经济损失 600 万元；② 判令×××进出口贸易有限公司、×××制品有限公司销毁库存侵权产品及用于生产侵权产品的设备和模具；③ 判令×××进出口贸易有限公司、×××制品有限公司共同承担×××工程有限公司为制止侵权行为而支出的合理费用 25 万元。

　　北京知识产权法院判决如下：①×××进出口贸易有限公司、×××制品有限公司于本判决生效之日起，立即停止制造、销售、许诺销售侵害×××号发明专利权的涉案产品；②×××进出口贸易有限公司、×××制品有限公司于本判决生效之日起十日内，共同赔偿×××工程有限公司经济损失 6 000 000 元及合理支出 150 000 元；③ 驳回×××工程有限公司的其他诉讼请求。

　　（4）×××工程有限公司起诉×××有限公司等侵害发明专利权，法律文书信息如表6.7所示。

表 6.7　法律文书信息（6）

法律文书题目	×××工程有限公司与×××有限公司等侵害发明专利权纠纷一审民事判决书		
法律文书编号	（20××）京 73 民初×××号	诉讼案由	侵害发明专利权纠纷
裁决判决发生地		法律文书日期	20××0628
法庭	北京知识产权法院	法律文书种类	判决书
诉讼当事人	×××工程有限公司，×××有限公司，×××有限公司，×××防护工程有限公司	诉讼代理人	
原告	×××工程有限公司	被告	×××有限公司，×××有限公司，×××防护工程有限公司
诉讼类型	侵权案件		

×××工程有限公司向北京知识产权法院提出诉讼请求：① 判令×××有限公司、×××有限公司立即停止侵害×××号发明专利权的行为，包括制造、销售、许诺销售行为，并连带赔偿因侵权行为给×××工程有限公司带来的经济损失 500 万元；② 判令×××有限公司、×××有限公司销毁库存侵权产品及用于生产侵权产品的设备和模具；③ 判令×××有限公司、×××有限公司共同承担×××工程有限公司为制止侵权行为而支出的合理费用 15 万元；④ 判令×××防护工程有限公司停止销售侵权产品。

北京知识产权法院判决如下：①×××有限公司于本判决生效之日起立即停止制造、销售、许诺销售侵害×××号发明专利权的产品；②×××有限公司于本判决生效之日起十五日内向×××工程有限公司支付经济损失 500 000 元及合理支出 100 000 元；③×××防护工程有限公司于本判决生效之日起立即停止销售侵害×××号发明专利权的产品；④驳回×××工程有限公司的其他诉讼请求。

（5）×××工程有限公司起诉×××制品有限公司、×××侵害发明专利权，该次诉讼历经两审，分别为天津市第二中级人民法院和天津市高级人民法院，法律文书信息如表 6.8 所示。

表 6.8　法律文书信息（7）

法律文书题目	×××工程有限公司与×××制品有限公司等侵害发明专利权纠纷一审民事判决书		
法律文书编号	（20××）津 02 民初×××号	诉讼案由	侵害发明专利权纠纷
裁决判决发生地		法律文书日期	20××1120
法庭	天津市第二中级人民法院	法律文书种类	判决书
诉讼当事人	×××，×××制品有限公司，×××贸易有限公司，×××工程有限公司	诉讼代理人	
原告	×××工程有限公司	被告	×××，×××制品有限公司，×××贸易有限公司
诉讼类型	侵权案件		

原告×××工程有限公司向本院提出诉讼请求：①×××制品有限公司、×××立即

停止侵犯×××工程有限公司第×××号专利权的生产、销售和许诺销售行为；②×××贸易有限公司立即停止侵犯上述专利权的销售行为；③×××制品有限公司、×××销毁所有侵权产品，并销毁所有专用于生产侵权产品的设备；④×××制品有限公司、×××连带赔偿×××工程有限公司经济损失 2 000 000 元；⑤ 三被告承担本案诉讼费及×××工程有限公司为本案支付的合理费用 501 225 元（包括但不限于调查费、差旅费及其他为行使上述专利权所支付的费用）。

天津市第二中级人民法院判决如下：① 被告×××制品有限公司、×××于本判决生效之日起，立即停止生产、许诺销售、销售侵害原告×××工程有限公司发明专利权（专利号为×××）的产品；② 被告×××贸易有限公司于本判决生效之日起，立即停止销售侵害原告×××工程有限公司发明专利权（专利号为×××）的产品；③ 被告×××制品有限公司、×××于本判决生效之日起十日内，共同赔偿原告×××工程有限公司经济损失（包括为制止侵权行为所支付的合理开支）250 000 元；④ 驳回原告×××工程有限公司的其他诉讼请求。

×××制品有限公司不服天津市第二中级人民法院（20××）津 02 民初×××号民事判决，向天津人民法院提起上诉，法律文书信息如表 6.9 所示。

表 6.9　法律文书信息（8）

法律文书题目	×××工程有限公司、×××制品有限公司等侵害发明专利权纠纷二审民事判决书		
法律文书编号	（20××）津民终×××号	诉讼案由	侵害发明专利权纠纷
裁决判决发生地		法律文书日期	20××0404
法庭	天津市高级人民法院	法律文书种类	判决书
诉讼当事人	×××工程有限公司，×××，×××制品有限公司，×××贸易有限公司	诉讼代理人	
原告	×××工程有限公司	被告	×××，×××制品有限公司，×××贸易有限公司
诉讼类型	侵权案件		

天津市最高人民法院做出如下判决：一审判决认定事实清楚，适用法律正确，应予维持。驳回上诉，维持原判。

通过上述分析可知，×××工程有限公司提起的大部分诉讼都成功了，这说明×××工程有限公司拥有的专利在存续期间权利稳定，经得起维权，可见其是一件非常有市场价值和经济价值的专利。

第7章

PART SEVEN

海外专利分析

本章主要介绍国外在灾害防护系统方面的专利申请情况，主要从专利申请趋势、区域分布、主要申请人及重要专利多个角度进行分析。

7.1 国际专利申请趋势

通过关键词检索，在边坡灾害防护系统方面筛选出 458 项专利申请，通过对这 458 项专利申请进行聚类分析，将其主要划分为岩石、天然岩石、柔性段、防洪墙和防洪堤等类别，如图 7.1 所示。

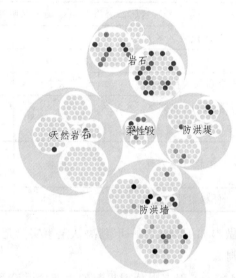

图 7.1 国际专利聚类分析结果

通过对每个类别进行统计，上述 5 大类包括的专利数量分别为：岩石类 116 项、天然岩石类 120 项、防洪堤 65 项、柔性段 13 项和防洪墙 146 项。

如图 7.2 所示，国外在防护系统领域的专利申请较早，从 2002 年开始到 2017 年，呈波动上升的趋势，由年均 20 件以下逐渐增加至年均接近 30 件，这一时期为技术发展期。从 2017 年往后，专利申请量开始明显下降，考虑申请周期，2019 年和 2020 年的参考价值都有限。

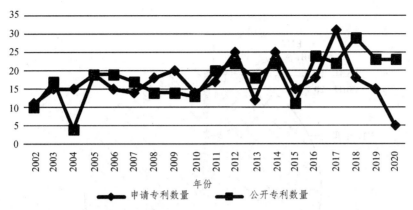

图 7.2 国外防护系统领域专利的申请数量和公开数量趋势

如图 7.3 所示，国外在边坡灾害防护方向参与专利申请的申请人数量比较大，在 2011—2019 年参与申请人循环出现上升—回落的趋势，其中 2015 年参与的申请人位于最低谷，总共 12 家；2017 年，参与的企业达到最高峰，合计 42 家；2020 年，由于时间较近，目前数据不具备参考意义，但从历年趋势看，2020 年参与申请人数量会高于 2019 年。

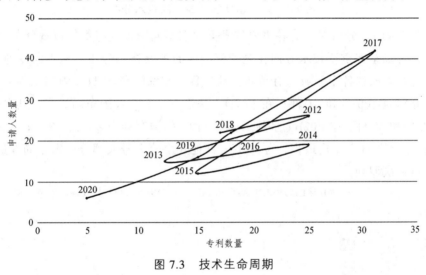

图 7.3 技术生命周期

7.2 国际专利区域分布

国际上，柔性防护系统相关专利主要以日本、韩国、美国、德国、俄罗斯、法国、英国和波兰为主，其中日本 154 件、韩国 137 件、美国 40 件、德国 38 件，其他国家和地区专利数量较少且分布较为平均。

如图 7.4 所示，国外专利主要的细分技术领域分别为道路等建设工程的附属工程（E01F，共 198 件）、用于水利工程的基础或构筑物（E02D，共 136 件）、水利工程（E02B，共 119 件）、井/隧道/地下室内设备（E21D，共 88 件），整体分布与国内的柔性防护系统整体分布相似。

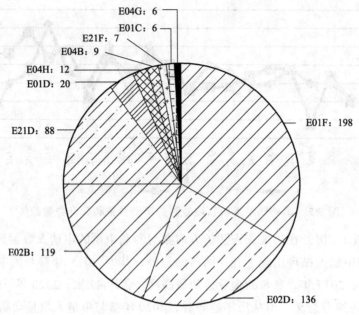

图 7.4　防护领域国外专利的技术分布

　　图 7.5 展示的是分析对象的各主要技术方向在不同国家或组织的数量分布情况。通过对比分析，可以掌握重要技术方向在全球范围内的主要技术分布。从不同专利局的申请情况看，主要国家在各个领域均有布局，其中日本和韩国在 E01F（附属工程）布局专利比较多，分别为 100 件和 51 件；在 E02D（基建）方面，韩国布局最多，其次是日本，分别为 60 件和 38 件；在 E02B（水利工程）方面，韩国布局为多，为 56 件；在 E21D（竖井和隧道）方面，日本布局最多，为 33 件；其他几个分类号大部分国家布局数量比较少，此处就不再依次罗列。

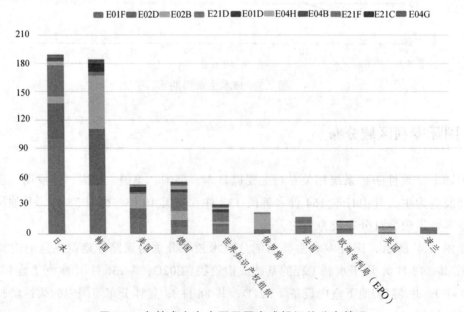

图 7.5　各技术方向在不同国家或组织的分布情况

7.3　国际主要申请人

如图 7.6 所示，国外主要专利申请人包括日本的 Tokyo Seiko Co., Ltd.（18 件）、瑞士的 Fatzer AG（12 件）、韩国的 Korea SE Corporation（8 件）。

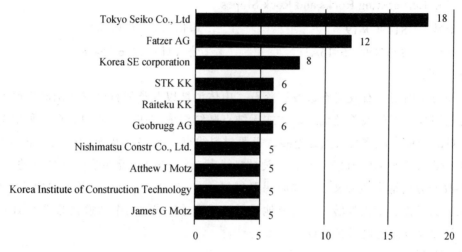

图 7.6　国外专利的主要申请人

如图 7.7 所示，从各申请人的申请趋势看，起步最早的企业是 Korea SE Corporation，2002 年便有专利数据呈现，其次是 Tokyo Seiko Co., Ltd. 起步于 2005 年。

从整体申请趋势看，所有申请人的波动幅度都比较大，说明本领域的专利申请较为分散。

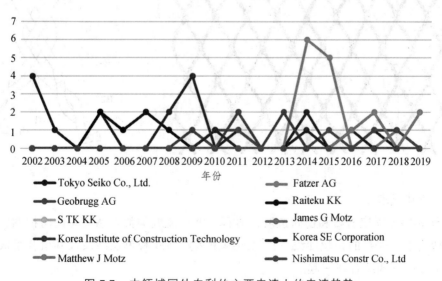

图 7.7　本领域国外专利的主要申请人的申请趋势

7.4 重要专利

本节中的重要专利主要是通过被引用次数挑选出的，共筛选出 2 项专利，分别摘录如下。

1．Net for Securing Rocks and Rock Slopes

申请号：US14900619　　　　　　　申请日：2014-06-24
公开号：US2016/0145816A1　　　　公告日：2016-05-26

（1）摘要。

一种用于固定岩石或岩石边坡、落石、山体滑坡以及类似自然灾害的固定网和防护网，所述网片以多丝或单丝线组的方式无结点联结组成。在该网片中，在每种情况下，两种材料的线束在网格交叉点处连接，每股材料线束（A、B）由至少两条、最多六条独立的线（A1、A2 和 B1、B2）组成，每股材料线束（A 或 B）中至少有一条独立的线（A1、B1）不改变方向地穿过交叉点，同时每股材料（A 或 B）中至少一条独立的线（A2 或 B2）在该交叉点区域内偏转，并与其他材料的线束（B 或 A）中的独立的线（B1 或 A1）组合，不改变方向地通过交叉点。

（2）附图。

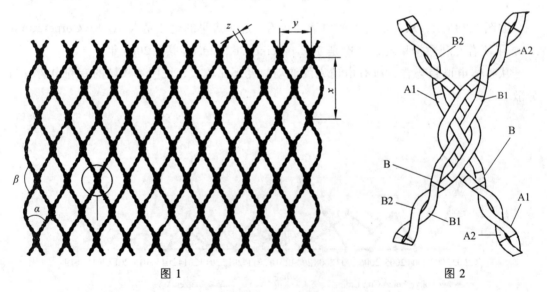

图 1　　　　　　　　　　　　图 2

（3）权利要求。

① 作为用于固定岩石和稳固边坡、落石、泥石流或类似自然灾害的防护网，该网片包括从纱线组中选择的长丝纱线，该纱线组由多丝纱线和单丝纱线及其组合组成，纱线通过无结点的方式组合在一起。

② 根据权利要求①所述的网，包含高模量聚合物纤维。

③ 根据权利要求①所述的网，其包含高性能聚乙烯纤维，尤其是 UHMW-PE 纤维。

④ 根据权利要求③，该纤维具有 3 000 ~ 4 000 N/mm² 的纤维抗拉强度。

⑤ 根据权利要求①，所述网片抗拉强度大于 150 kN/m。

⑥ 根据权利要求①所述的网，包含滴度为 1 200 ~ 1 800 dtex、上佳滴度为 1 400 ~ 1 550 dtex、最佳为滴度为 1 500 dtex 的缠绕纱线。

⑦ 根据权利要求①所述的网，包含用于耐磨和防紫外线目的的涂层。

⑧ 根据权利要求①所述的网，包含不锈钢纤维、天然纤维或矿物纤维或其组合材料。

⑨ 根据权利要求①所述的网，包括材料绳，其中两条材料绳分别在网格交叉点处相遇，其中：

（a）每股材料绳（A、B）由至少两条、最多六条独立的绳索（A1、A2 或 B1、B2）组成；

（b）每股材料绳（A 或 B）中至少有一根独立的绳（A1 或 B1）不改变方向地穿过网格交叉点；

（c）每股材料绳（A 或 B）中至少一根独立绳（A2 或 B2）在该网格交叉点处偏转，并与穿过该网格交叉点的另一股材料绳（B2 或 A2）中的独立绳（B1 或 A1）聚集在一起，并且无方向变化。

⑩ 根据权利要求⑨所述的网，其中所述独立绳索（A1、A2、B1、B2）包含矿物纤维。

⑪ 根据权利要求⑨所述的网，其中未改变方向通过第一个网格交叉点的独立绳索（A1 或 B1）在随后的第二个网格交叉点区域内偏转，并与在前一个网格交叉点区域内偏转的独立绳索相遇以改变其方向。

⑫ 根据权利要求⑨所述的网，包括多边形网格，尤其是四方、六角形网格或菱形网格。

⑬ 根据权利要求⑨所述的网，其中，在静止状态下，材料绳（A、B）在网格交叉点区域内以 15° ~ 90°的 α 角相互交叉。

⑭ 根据权利要求⑬所述的网，角度 α 为 30° ~ 70°。

⑮ 根据权利要求⑨所述的网，其中每根单独的绳索（A1，A2；B1，B2）由多条独立的线组成，这些线是通过绞合、编织、缠绕或彼此基本平行铺设而成的。

⑯ 根据权利要求⑨所述的网，由含有纺织材料的交叉材料绳索（A 和 B）的网状结构组成。

⑰ 根据权利要求⑨所述的网，其中所述独立绳索（A1、A2、B1、B2）含有纺织材料。

⑱ 根据权利要求⑨所述的网，其中所述独立绳索（A1、A2、B1、B2）含有合成纤维、天然纤维或合成纤维和天然纤维。

⑲ 根据权利要求⑨所述的网，其中所述独立绳索（A1、A2、B1、B2）包含矿物纤维。

⑳ 根据权利要求⑨所述的网，其中所述独立绳索（A1、A2、B1、B2）包含金属丝、金属丝束、金属索、金属芯绳，绳索宜由钢材或铝材制成。

㉑ 根据权利要求⑨所述的网，其中所述材料绳（A、B）是通过绞合、编织、缠绕或彼此基本平行铺设而成的。

㉒ 根据权利要求⑨所述的网，其中每股材料绳（A、B）由多条被绞合、编织或大致平行铺设而成的独立绳索（A1、A2、B1、B2）组成。

㉓ 根据权利要求⑨所述的网，所述的独立绳索（A1、A2、B1、B2），其中包含从聚合物纤维、天然纤维、矿物纤维和由不锈钢或铝丝制成的独立绳索中选择的不同材料丝线。

㉔ 根据权利要求①所述的网，包含用于通过夹具或锚杆固定到边坡区域的纤维保护紧固件的保护元件。

㉕ 根据权利要求①所述的网，包含通过黏合、焊接和夹紧在一起的网格交叉点。

㉖ 根据权利要求①所述的网，包括拉舍尔针织结构。

（4）小结。

该发明专利通过多丝或单丝线组的方式无结点联结而成的网片进行耗能，解决了现有金属网片在交叉点处的不利角度导致钢丝更容易断裂及破断力下降的技术难题，使网片具有高弹性、高尺度稳定性、高耐腐蚀性和高抗断裂能力。

2. 一种装配式钢丝网防落石围栏

申请号：PCT /KR2006/0015 84　　　　申请日：2006-04-27

公开号：WO2006118392A3　　　　　公告日：2006-12-28

（1）摘要。

公开了一种装配式钢丝网防落石围栏，其中多个支撑构件呈管状，在上、下纵向上具有矩形凹槽，支撑构件按一定间隔安装在地面上。钢网两端形成的一个矩形板插入到相邻支撑构件的矩形槽内并使用夹具固定，比如螺栓等。沿上下方向堆放的钢网的上下部分用连接构件连接，例如螺栓等。所述钢网的强度是通过在支撑构件中纵向形成的矩形槽以及将钢网的端部插入矩形槽中来提高的。

（2）附图。

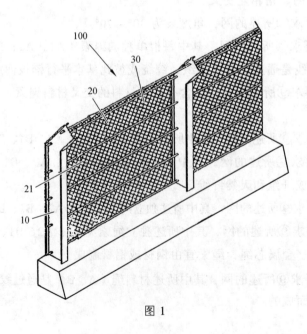

图 1

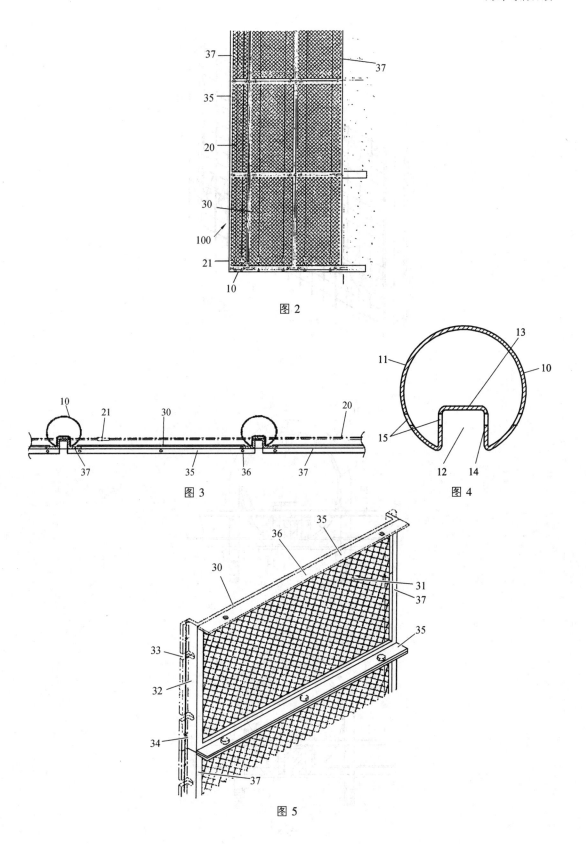

图 2

图 3

图 4

图 5

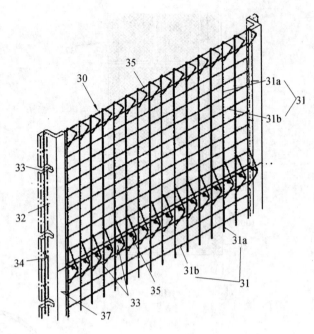

图 6

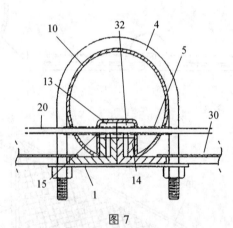

图 7

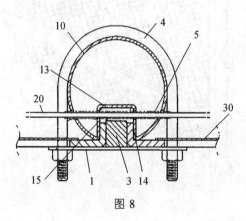

图 8

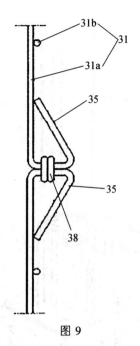

图 9

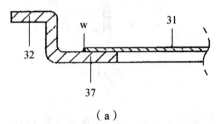

（ a ）

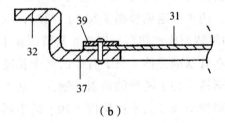

（ b ）

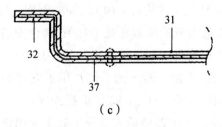

（ c ）

图 10

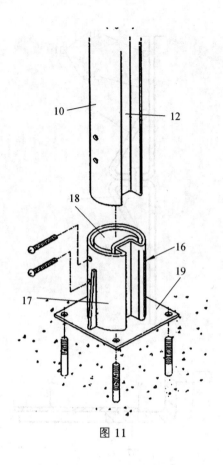

图 11

（3）权利要求。

① 在包括多个垂直安装在地面上的固定间隔的支撑构件（10）的防落石围栏中，多条钢丝绳（20）水平穿过支撑构件（10），多个钢丝绳固定装置（21），固定安装在两端提供的支撑构件（10）上，用于固定钢丝绳（20）的两端，以及安装在支撑构件背面的钢丝网（30）。一种由钢网组装而成的防落石围栏，其特征在于，支撑构件（10）的形成方式为矩形槽（12）设置在管状的主体（11）背面的整个长度上，绳索通孔（15）穿过主体（11）的外表面和矩形槽（12）两侧的侧面；钢网（30）的形成方式为，在矩形板形状的钢网主体（31）的两侧形成插入支撑构件（10）的矩形槽（12）中的槽插入部分（32），以便其插入相邻支撑构件（10）之间，在钢网主体（31）的上下部形成上部和下部连接部（35），用于接合堆叠在支撑构件（10）之间的钢网（30）的上下部；钢丝绳（20）水平穿过在支撑构件（10）处形成的绳索通孔（15）；两个安装在侧面附近且彼此接触的凹槽插入部（32）插入到支撑构件（10）的矩形凹槽（12）中，盖件（1）安装在与矩形槽（12）一起插入的两个槽插入部（32）的后侧，用于支撑钢网（30）的侧端，支撑构件（10）和钢网（30）使用固定螺栓（2）或 U 形螺栓固定。

② 根据权利要求①所述，其中凹槽插入部分（32）在固定钢网主体（37）的矩形框架（37）的两侧弯曲，钢丝绳（20）穿过的切割部分（33）和固定螺栓（2）穿过的螺栓插入孔（34）形成在凹槽插入部分（32）处，上下连接部（35）形成在水平钢板水平弯

曲的矩形框架（37）的上下两端，接合孔（36）形成在水平钢板上并使用螺钉或铆钉接合；在与矩形槽（12）一起插入的两个槽插入部（32）之间插入角管（3）。

③ 根据权利要求①所述，其中凹槽插入部分（32）在固定钢网主体（31）的矩形框架（37）的两侧弯曲，凹槽插入部分（32）的弯曲宽度部分弯曲成与矩形凹槽（12）的一半宽度一样宽的槽形，在凹槽插入部（32）处形成切口部（33），钢丝绳（20）穿过切口部（33），在矩形框（37）的上下端形成上下连接部（35），使水平钢板水平弯曲，使用螺钉或铆钉将接合孔（36）接合在水平钢板上。

④ 根据权利要求①所述，其中钢网主体（31）啮合成矩形网状，其中多条垂直和水平导线（31a）和（31b）啮合，并且垂直导线（31a）的上端和下端形成直角三角形的上下连接部分（35），相互接触的上下连接部（35）通过夹子（38）接合，水平线（31b）从钢网主体（31）的两端突出，凹槽插入部（32）在突出端接合，并且在凹槽插入部分（32）处形成切口部分（33），钢丝绳（20）穿过切口部分，并且在与矩形凹槽（12）一起插入的两个凹槽插入部分（32）之间插入角管（3）。

（4）解决的技术问题。

本发明克服了传统技术中遇到的不易安装、不易维护等问题。

（5）有益效果。

本发明提供了一种防落石围栏，它包括一种可装配的钢网，钢网的强度是通过在支撑构件中纵向形成的矩形槽以及将钢网的端部插入矩形槽中来提高的，从而使安装相邻支撑构件之间的钢网变得简单、容易，并且钢网即使被落石或滑坡损坏，也只需要修复损坏的部分，易于维护，降低了维修成本。

（6）小结。

本发明提供了一种防落石围栏，它包括一种可装配的钢网，支撑构件按一定间隔安装在地面上，钢网的两端呈矩形板状，插入相邻支撑构件的矩形槽内并采用螺栓等夹具进行固定，沿上下方向堆放的钢网的上下部分用连接构件连接，例如螺栓等；钢网的强度是通过在支撑构件中纵向形成的矩形槽以及将钢网的端部插入矩形槽中来提高的，从而使安装相邻支撑构件之间的钢网变得简单、容易，即使钢网被落石或滑坡损坏，也只需要修复损坏的部分，易于维护，可降低维修成本。

第 8 章

PART EIGHT

结论及建议

8.1 结 论

（1）现有针对防护系统领域的专利已度过高速增长阶段，2019—2020 年，专利授权量的增速略有下降，但这是受专利公开延迟的影响导致。

（2）现有防护系统领域的专利申请人较多，但单位申请人的专利申请量较少，说明研发较为分散，但领域主要集中在道路工程、水利工程、桥梁工程以及基础工程等相关领域。

（3）以中铁二院、西南交大、奥思特公司为代表的四川省企业和高校，在本领域为最主要的研发力量。

（4）本领域的研发主要以企业间合作、企业与高校合作、企业与科研院所合作等方式进行，呈现产学研相结合的特征。

（5）棚洞、主动防护网等技术主体仍处于研发早期阶段，本领域专利数量较少，且还在持续增长过程中。

8.2 建 议

（1）现有针对防护系统领域的专利，可从道路工程、水利工程、桥梁工程等方向入手，对于道路工程相关的柔性防护系统技术，依然有较大的发展空间。

（2）具体研发细分领域中，棚洞、自复位技术和主动防护网的相关专利数量较少，且尚未形成明显的专利墙，属于研发的潜在热门区域。

（3）本领域以中铁二院、西南交大、睿铁科技和奥思特公司等企业和高校为主，后续研究可以参考这些单位的成果，以避免侵权。

参考文献

[1] 方平，翁东郁，夏勇，等. 一种复杂边坡用被动防护网：CN210002286U [P].2020-01-31.

[2] 吕汉川，李安洪，高柏松，等. 帘式防护网：CN207934047U，[P]. 2018-10-02.

[3] 康波，徐敏. 泥石流柔性拦挡网及泥石流柔性拦挡坝：CN110344374A[P].2019-10-18.

[4] 吕汉川，张磊，林本涛，等. 一种柔性分导系统：CN107059670A[P]. 2017-08-18.

[5] 余志祥，骆丽茹，金云涛，等. 可扩展模块化耗能防护网单元组及其构成的防护网系统：CN111424573B [P]. 2021-08-17.

[6] 余志祥，郭立平，骆丽茹，等. 柔性防护系统中环形网片承载、变形及耗能的计算分析方法：CN111581741B[P]. 2022-04-19.

[7] 余志祥，骆丽茹，廖林绪，等. 一种用于边坡柔性防护系统的簧式屈服型耗能器及设计方法：CN111254947B[P]. 2021-03-19.

[8] 朱静. 一种边坡被动防护系统中的环形钢筋防护网：CN205421280U[P]. 2016-08-03.

[9] 吕汉川，彭李，刘勇，等. 一种摩擦消能装置：CN105803960B[P]. 2017-09-08.

[10] 阳友奎. 具有启动荷载削峰作用的缓冲消能装置：CN107700374A[P]. 2018-02-16.

[11] 方平，廖山明，梁强. 可重复利用的防护网摩擦消能装置：CN207211163U[P]. 2018-04-10.

[12] 王珣，吕汉川，刘雷，等. 被动防护网立柱柱头连接构造：CN104060552B[P]. 2017-01-04.

[13] 王珣，郑小艳，高柏松，等. 防护网立柱柱脚连接构造：CN204059213U[P]. 2014-12-31.

[14] 吕汉川，田波，刘雷，等. 一种新型防护网用 U 型钢柱基座：CN204163088U[P]. 2015-02-18.

[15] 朱静. 被动柔性防护网结构中的新型十字型柱脚连接：CN205205837U[P]. 2016-05-04.

[16] 方平，廖山明，梁强. 防护网柱头支撑绳滑动连接结构：CN207211164U[P]. 2018-04-10.

[17] 欧阳朝军，何思明. 一种柔性防护棚洞及其设计方法：CN102493328A[P]. 2012-06-13.

[18] 吴帆，张连卫，吴聪，等. 一种柔性结构层的棚洞结构及其施工方法：CN109183639A[P]. 2019-01-11.

[19] 阳友奎. 用于隔离防护飞石或落石的柔性棚洞：CN101666070B[P]. 2012-12-19.

[20] 王峥峥，朱长安，高阳. 用于地震区高陡边坡防落石的组合式消能棚架结构：CN106638340A[P]. 2017-05-10.

[21] 孟津，杨辉，欧红娟，等. 一种隧道口危岩落石多级防护方法及其结构体：
CN107044094A[P]. 2017-08-15.

[22] 袁志刚，李晓园，王珣等. 浮动立柱防护网构造：CN205591134U[P]. 2016-09-21.

[23] 李明清，陈克坚，徐勇，等. 降噪型危岩落石柔性防护结构：CN207933908U[P].
2018-10-02.

[24] 琚国全，熊祥雪，赵万强，等. 棚洞顶部轻型防护构造：CN104695973A[P]. 2015-06-10.

[25] 埃彻尔. 用作碎石护屏或用于保护土壤表层的丝网及其制造方法和装置：
CN1152991C[P]. 2004-06-09.

[26] 李存仁，叶庆，陈善骅，等. 一种防落石的方法及拖挂导向防落石柔性网：
CN1621620[P]. 2005-06-01.

[27] 雷茂锦，时宁，钱志民，等. 一种玄武岩纤维复合筋网与锚间加固条联合的边坡稳
定装置：CN202023196U[P]. 2011-11-02.

[28] 张鸿，吴文清，张红宇，等. 一种柔性伞状支护锚杆：CN204080802U[P]. 2015-01-07.

[29] 沈旭光. 新型主动防护网：CN201704636U[P]. 2011-01-12.

[30] 邓雷，张金松，卜宜顺，等. 一种新型锚网喷复合支护结构：CN205663447U[P]. 2016-10-26.

[31] 周旭. 高强度柔性护坡钢丝网：CN201162222[P]. 2008-12-10.

[32] 梁瑶，蒋自强，侯中学，等. 破碎岩质边坡锚墩式主动防护网结构：CN203684240U[P].
2014-07-02.

[33] 吕汉川，刘雷，彭玉金，等. 覆盖式帘式网：CN204163086U[P]. 2015-02-18.

[34] 吕汉川，陈则连，陈效星，等. 一种采用双绞格栅网的主动防护网：CN205134333U[P].
2016-04-06.

[35] 方平，曾青，翁东郁，等. 一种适用于复杂边坡的主动防护网：CN209873827U[P].
2019-12-31.

[36] 方平，张旭，王飞，等. 一种适用于边坡绿化稳固的防护网：CN209941702U[P].
2020-01-14.

[37] 埃彻尔. 用作碎石护屏或用于保护土壤表层的丝网及其制造方法和装置：CN1256734A[P].
2000-06-14.

[38] 郭琦，魏剑. 预应力钢丝网冲击试验装置及试验方法：CN103076149A[P]. 2013-05-01.

[39] 吕汉川，刘雷，彭玉金，等. 易修复式柔性被动防护网：CN204163087U[P]. 2015-02-18.

[40] 杨涛. 用于钢丝拉绳的消能装置：CN201554029U[P]. 2010-08-18.

[41] 王珣，郑小艳，高柏松，等. 一种应用于被动防护网的消能部件：CN104088287B[P].
2017-02-15.

[42] 吕汉川，高柏松，李明辉，等. 可修复式柔性被动防护系统产品：CN103615013A[P].
2014-03-05.

[43] 朱静. 基于能量匹配原理的防落石被动柔性防护网系统设计方法：CN105256731B[P].
2017-11-07.

[44] 金方康，吕汉川. 分离式被动防护网：CN 202610815U[P]. 2012-12-19.

[45] 余志祥，骆丽茹，廖林绪，等. 一种用于边坡柔性防护系统的簧式屈服型耗能器及设计方法：CN 111254947A[P]. 2020-06-09.

[46] 吕汉川，张磊，林本涛，等. 柔性分导系统：CN212294401U[P]. 2021-01-05.

[47] 王建秀，殷尧，刘笑天，等. 一种用于防治落石的固定牵引装置：CN104912005A[P]. 2015-09-16.

[48] 岳超. 落石柔性分导系统：CN207828986U[P]. 2018-09-07.

[49] 孙新坡，何思明，毕钰璋，等. 一种泥石流分级消能的排导设备：CN108914886A[P]. 2018-11-30.

[50] 方平，廖山明，缪胜林. 一种拦截引导防护网：CN206070406U[P]. 2017-04-05.

[51] 吕汉川，林本涛，张磊，等. 分流防护网：CN209162669U[P]. 2019-07-26.

[52] 吕汉川，林本涛，张磊，等. 分导分流组合防护网及张口帘式分导分流组合网：CN209353239U[P]. 2019-09-06.

[53] 阳友奎. 用于隔离防护飞石或落石的柔性棚洞：CN201538945U[P]. 2010-08-04.

[54] 吕汉川，张磊，林本涛，等. 装配式空间索托柔性棚洞：CN207176529U[P]. 2018-04-03.

[55] 陈雪松. 一种用于边坡防落石的防护网及施工方法：CN105484174A[P]. 2016-04-13.

[56] 张睿，杜江林，汪碧云，等. 一种隧道开挖防岩爆落石的柔性防护装置：CN205243522U[P]. 2016-05-18.

[57] 阳友奎. 柔性拦挡网：CN104018440B[P]. 2016-08-24.

[58] 朱静. 高性能被动防护网结构：CN205205836U[P]. 2016-05-04.

[59] 朱静. 主被动混合拖尾式高性能防护网：CN105256730B[P]. 2018-04-20.

[60] 方平，梁强，何东. 一种适用于大冲击量的柔性防护网系统：CN208933843U[P]. 2019-06-04.

[61] 袁松，余志祥，王峥峥，等. 一种高能级防护钢棚洞：CN211772971U[P]. 2020-10-27.

[62] 张植俊，温海宁，曹学光，等. 铁路沿线危岩落石监控报警系统：CN103824422B[P]. 2017-03-08.

[63] 王凯，朱小海，孙振川，等. 被动防护网及其安装方法：CN105569059A[P]. 2016-05-11.

[64] 代俊，李栋烁. 一种柔性锚杆：CN206753634U[P]. 2017-12-15.

[65] 周旭. 防护网发信减压环：CN201162219[P]. 2008-12-10.

[66] 肖飞，付方建，王西玉，等. 一种被动防护网压力支撑装置：CN209082529U[P]. 2019-07-09.

[67] 王珣，郑小艳，高柏松，等. 一种应用于被动防护网的消能部件：CN204185865U[P]. 2015-03-04.

[68] 姜波，陈锡武，张永平，等. 铁路隧道接长明洞落石防护构造：CN202117685U[P]. 2012-01-18.

[69] 曾小波，冯俊德，封志军，等. 柔性减胀生态护坡构造：CN204356788U[P]. 2015-05-27.

[70] 琚国全,熊祥雪,赵万强,等. 棚洞顶部轻型防护构造:CN204663536U[P]. 2015-09-23.

[71] 吕刚，赵勇，答治华，等. 一种大跨度隧道预应力锚网支岩壳自承载支护结构：CN108756948A[P]. 2018-11-06.

[72] 许浒，余志祥，齐欣，等. 网片顶破拉伸一体化自平衡实验装置及试验方法：CN109443936B[P]. 2020-09-22.

[73] 余志祥，许浒，齐欣，等. 一种多维多向多功能联合冲击试验台：CN110196147B[P]. 2021-07-20.

[74] 余志祥，许浒，齐欣，等. 一种可用于多种柔性防护结构足尺冲击试验的大型综合平台：CN109186916A[P]. 2019-01-11.

[75] 余志祥，许浒，齐欣，等. 一种棚洞结构的高能级多攻角摆锤冲击试验台及其实验方法：CN110243703B[P]. 2021-08-27.

[76] 吕汉川，陈则连，陈效星，等. 一种采用环形网的主动防护网：CN205024701U[P]. 2016-02-10.

[77] 吕汉川，林本涛，洪习成，等. 装配式隧道支护棚架：CN206144577U[P]. 2017-05-03.

[78] 吕汉川，陈则连，陈效星，等. 一种改进型的柔性被动防护网：CN205024700U[P]. 2016-02-10.

[79] 宋道国,王倩,唐黎明,等. 一种高铁沿线落石防护网:CN210341690U[P]. 2020-04-17.

[80] 洪习成，林本涛，薛元，等. 一种感知防护网：CN208830181U[P]. 2019-05-07.

[81] 洪习成，林本涛，刘国庆，等. 一种落石路径引导防护结构：CN208965424U[P]. 2019-06-11.

[82] 薛元，陈建武，封志军，等. 用于防护网钢柱与基座间的新型连接结构：CN205688356U[P]. 2016-11-16.

[83] 吕汉川，薛元，曾永红，等. 一种边坡防护缓冲消能装置：CN105113523B[P]. 2017-01-25.

[84] 朱静. 柔性防护网结构易滑行端支撑绳：CN205205704U[P]. 2016-05-04.

[85] MARCEL FULDE. Net for securing rocks and rock slopes: US2016145816[P]. 2016-05-26.

[86] PARK, JOONG SUK, SEO, et al. A falling rock preventing fence with fabrication typewire net: WO2006118392[P]. 2006-11-09.